U0937194

漳卫南运河年鉴

（2021）

《漳卫南运河年鉴》编纂委员会　编

中国水利水电出版社
www.waterpub.com.cn
·北京·

图书在版编目（CIP）数据

漳卫南运河年鉴. 2021 / 《漳卫南运河年鉴》编纂委员会编. -- 北京 : 中国水利水电出版社, 2022.3
ISBN 978-7-5226-0606-4

Ⅰ. ①漳… Ⅱ. ①漳… Ⅲ. ①运河－天津－2021－年鉴 Ⅳ. ①TV882.821-54

中国版本图书馆CIP数据核字(2022)第056809号

书　　名	**漳卫南运河年鉴（2021）** ZHANG - WEI - NAN YUNHE NIANJIAN (2021)
作　　者	《漳卫南运河年鉴》编纂委员会　编
出版发行	中国水利水电出版社 （北京市海淀区玉渊潭南路 1 号 D 座　100038） 网址：www.waterpub.com.cn E - mail：sales@mwr.gov.cn 电话：（010）68545888（营销中心）
经　　售	北京科水图书销售有限公司 电话：（010）68545874、63202643 全国各地新华书店和相关出版物销售网点
排　　版	中国水利水电出版社微机排版中心
印　　刷	河北尚文雅屹印刷有限公司
规　　格	184mm×260mm　16 开本　15 印张　365 千字
版　　次	2022 年 3 月第 1 版　2022 年 3 月第 1 次印刷
印　　数	0001—1000 册
定　　价	**120.00** 元

编 辑 说 明

一、《漳卫南运河年鉴》（以下简称“本年鉴”）由水利部海河水利委员会漳卫南运河管理局主办，是反映漳卫南运河水利事业发展、全面记录漳卫南运河管理局年度工作发展轨迹、为领导决策提供查考依据、为各部门工作提供信息咨询的工具书。《漳卫南运河年鉴》每年编印一册，2021 年卷主要收录 2020 年的资料。

二、本年鉴包括河系概况、要载·专论、年度综述、大事记、工程建设、工程管理、水政工作、水资源管理与保护、水旱灾害防御、河湖管理、水文工作、综合管理、局属各单位等栏目。

三、栏目内容包含类目、条目、文章和图表。标有方头括号（【】）者为条目名称。

四、本年鉴采用中华人民共和国法定计量单位，技术术语、专业名词、数字、符号力求符合规范要求或约定俗成。

五、本年鉴中水利部海河水利委员会简称“海委”，漳卫南运河管理局简称“漳卫南局”，其他机构名称首次出现时用全称，并加括号注明简称，再次出现时即用简称。

六、“大事记”中，同月同日发生的事件在同一年月日下分段记述；无法确定具体日期的事件，记录在事件发生月的最后，并在段前加“□”。

七、限于编辑水平，本年鉴编辑中存在的错误和疏漏之处，敬请广大读者批评指正。

《漳卫南运河年鉴》编辑部

2021 年 5 月

《漳卫南运河年鉴》编纂委员会

主 任 委 员： 张永明

副主任委员： 李瑞江　徐林波　杨士坤　张永顺　付贵增
王　鹏　姜行俭　李学东

委　　　员： 刘晓光　漳卫南运河管理局办公室（党委办公室）
裴杰锋　漳卫南运河管理局规划计划处
张启彬　漳卫南运河管理局水政处（水政监察总队）
杨丹山　漳卫南运河管理局财务处
张　军　漳卫南运河管理局人事处（离退休职工管理处）
于伟东　漳卫南运河管理局水资源管理与保护处
陈继东　漳卫南运河管理局建设与运行管理处
李孟东　漳卫南运河管理局河湖管理处
饶先进　漳卫南运河管理局监督处（审计处）
张晓杰　漳卫南运河管理局水旱灾害防御处
尹　法　漳卫南运河管理局监察处
王　斌　漳卫南运河管理局直属机关党委（工会）
任重琳　漳卫南运河管理局水文处
刘恩杰　漳卫南运河管理局信息中心
李　靖　漳卫南运河管理局综合事业处
何宗涛　漳卫南运河管理局后勤服务中心
张如旭　漳卫南运河卫河河务局
王孟月　漳卫南运河邯郸河务局
张　华　漳卫南运河聊城河务局
田术存　漳卫南运河邢台衡水河务局
李　勇　漳卫南运河德州河务局
张同信　漳卫南运河沧州河务局
倪文战　漳卫南运河岳城水库管理局
李才德　漳卫南运河四女寺枢纽工程管理局
刘敬玉　漳卫南运河水闸管理局
杨金贵　漳卫南运河管理局防汛机动抢险队
潘岩泉　漳卫南运河管理局德州水利水电工程集团有限公司

《漳卫南运河年鉴》编辑部

主　　编： 刘晓光

副 主 编： 刘　峥

编　　辑： 张洪泉　李海峰　朱宝君　姜怡文　李　博

《漳卫南运河年鉴》特约编辑

吕笑婧　漳卫南运河管理局规划计划处
李文超　漳卫南运河管理局水政处（水政监察总队）
田　伟　漳卫南运河管理局财务处
贺小强　漳卫南运河管理局人事处（离退休职工管理处）
张明月　漳卫南运河管理局水资源管理与保护处
赵　彤　漳卫南运河管理局建设与运行管理处
刘凌志　漳卫南运河管理局河湖管理处
阮荣乾　漳卫南运河管理局监督处（审计处）
尹　璞　漳卫南运河管理局水旱灾害防御处
杨照龙　漳卫南运河管理局监察处
张俊美　漳卫南运河管理局直属机关党委（工会）
安艳艳　漳卫南运河管理局水文处
杨　晶　漳卫南运河管理局信息中心
张伟华　漳卫南运河管理局综合事业处
宋庆宇　漳卫南运河管理局后勤服务中心
夏宇航　漳卫南运河卫河河务局
刘龙龙　漳卫南运河邯郸河务局
李　飞　漳卫南运河聊城河务局
许　琳　漳卫南运河邢台衡水河务局
鲁晓莹　漳卫南运河德州河务局
柴广慧　漳卫南运河沧州河务局
曹文杰　漳卫南运河岳城水库管理局
王丽苹　漳卫南运河四女寺枢纽工程管理局
王　静　漳卫南运河水闸管理局
田　晶　漳卫南运河管理局防汛机动抢险队
王海英　漳卫南运河管理局德州水利水电工程集团有限公司

目　录

河系概况

【河流水系】

漳卫南运河是海河流域南系骨干行洪排涝河道，由漳河、卫河、卫运河、南运河及漳卫新河组成，位于东经112°～118°，北纬35°～39°之间。西以太岳山为界，南临黄河、徒骇河、马颊河，北界滏阳河，东达渤海。以浊漳河南源为源，流经山西、河南、河北、山东、天津四省一市，至天津市三岔河口，全长1050km，流域面积37584km^2。

漳河上游有清漳河、浊漳河两条支流，于河北省涉县合漳村汇合为漳河干流，自观台入岳城水库。岳城水库以上漳河流域面积18100km^2。漳河出岳城水库后进入平原，向东北至馆陶县徐万仓与卫河共同汇入卫运河。按照现行的流域规划，漳河为海河水系源头，漳河自浊漳河南源源头至漳河、卫河汇流处徐万仓村全长460km，流域面积19537km^2，占漳卫南运河流域总面积的51%。

卫河源于太行山南麓山西省陵川县夺火乡南岭，于河北省馆陶县徐万仓与漳河汇流。卫河支流繁多，主要有大沙河、淇河、汤河、安阳河等。由于历史原因，黄河北徙使卫河两岸形成多处洼地，成为蓄滞洪区，如良相坡、柳围坡、长虹渠、白寺坡、小滩坡、任固坡等。从河南省新乡市合河镇始至漳卫河汇合口徐万仓为卫河干流，全长329km。流域面积15229km^2，占漳卫南运河流域总面积的41%。

1958年四女寺枢纽修建后，将漳河、卫河于馆陶县徐万仓村汇合后至四女寺枢纽河段称卫运河。卫运河上承漳河、卫河，下启南运河、漳卫新河，是漳卫南运河水系中游河段，河北、山东两省的省界河道，河道全长157km。卫运河为复式断面，半地上河，河槽之深，在海河流域各河道中居于首位，滩地与河底的高差一般为7～10m，河槽宽为70～200m。

历史上的南运河南起山东临清。1958年，扩挖四女寺减河后，南运河上端改由四女寺南运河节制闸起，经山东省德州市德城区，河北省故城、景县、阜城、吴桥、东光、南皮、泊头市、沧县、沧州市区、青县，天津市静海县进入天津市市区，至三岔河口与北运河交汇入海河干流。南运河自四女寺枢纽至天津市静海县独流镇十一堡上改道闸段，为一级行洪河道，长309km，左堤长271.36km，右堤长273.1km；自十一里堡下改道闸至三岔河口段只作为排沥河道，不再承担防洪任务。

漳卫新河是在四女寺减河基础上人工开挖的一条分洪河道，起自德州市武城县四女寺枢纽，流经山东省德州市、宁津县、乐陵市、庆云县和河北省沧州市吴桥县、东光县、南皮县、盐山县、海兴县，于山东省滨州市无棣县大口河（古称大沽河）入海，全长257km（其中含岔河河道43.5km），流域面积3144km^2。1972—1973年对四女寺减河进行扩大治理期间，从四女寺至吴桥县大王铺（大致依循钩盘河故道）新辟一条岔河，于河北省吴桥县大王铺汇入四女寺减河。治理工程结束后，将四女寺减河、岔河及其汇流后的河段统称为漳卫新河。

【地形地貌】

流域西部（上游）地处太岳山东麓和太行山区，地面高程一般在海拔1000m以上，为土质丘陵区和石质山区，中间点缀着长治盆地，东部及东北部（中下游）为广阔山前洪积、坡积、冲积平原。山区、丘陵区面积25436km^2，占流域总面积的68%，平原面积

$12148km^2$，占流域总面积的32％。西部山区与东部平原直接相接，山前丘陵过渡区很短。地形总趋势西高东低，地面坡度山区丘陵区为0.5‰～10‰，平原为0.1‰～0.3‰。平原内微地形复杂，中游分布着大小不等的几个洼地，成为河道的蓄滞洪区，下游沿海岸带为滨海冲积三角洲平原。

【气象水文】

漳卫南运河流域地处温带半干旱、半湿润季风气候区，降水地带性差异明显，且年内、年际分配极不均匀。雨季大多从6月中、下旬开始至8月下旬结束并集中于7月下旬、8月上旬。根据海河流域水资源公报，1996—2005年，漳卫南运河流域年均地表水资源总量为42.32亿m^3，平均地下水资源量为67.50亿m^3，平均水资源量为94.04亿m^3。

【水旱灾害】

历史上，漳卫南运河洪涝灾害频发，据文献资料记载，1607—1911年的305年中，漳河发生洪水约55次，平均5～6年一次；卫河发生大洪水约106次，平均3年一次；卫运河发生大洪水约60次，平均5年一次。新中国成立后，1956年、1963年、1996年漳卫南运河发生大洪水。1961年、1964年、1977年流域内出现大范围涝灾。

商汤时期，即有“汤有七年大旱”之说（商汤十八年至二十四年，公元前1749—前1743年）。其后，由商、周至春秋、战国和秦，史料中时有“大饥”“大旱”的记载，旱灾屡有发生，但所记情况均极简略。汉代至元代（公元前206—1368年），史料对旱灾的记载较多，但由于漳卫南运河历史变迁等原因，难以对流域旱灾作出统计。明清时期（1368—1911年）旱灾史料记载较连续，且记述详略程度大致具备可比性。明代平均百年2.9次，清代平均百年2.6次。民国时期（1912—1949年）发生大旱灾2次，分别是1920年和1942年。

新中国成立后至1995年，漳卫南运河流域几乎年年有旱灾，有些河道甚至出现断流。典型干旱年有1965年、1978—1982年等。1996年洪水之后至2020年，未出现较大旱灾。

【水利建设】

新中国成立后，国家对漳卫南运河先后多次进行治理。1949—1956年，对南运河、漳河堤防进行整修、加高、培厚，兴建了升斗铺、甲马营分洪口门工程，开辟了长虹渠、白寺坡、小滩坡、大名泛区和恩县洼滞洪区，对卫运河、四女寺减河进行复堤和河道疏浚。1957年，水利部批准《海河流域规划（草案）》，确定“上蓄、中疏、下排、适当地滞”的治水方针。1957—1963年，在漳卫河上游先后兴建了漳泽、后湾、关河、岳城等大型水库、25座中型水库和300余座小型水库，并对卫运河、四女寺减河进行了扩大治理，兴建了四女寺枢纽。1963年海河流域大水后，1964—1984年，先后兴建了恩县洼滞洪区西郑庄分洪闸和牛角峪退洪闸；再次扩大治理卫运河、四女寺减河；改扩建了四女寺枢纽；新建了卫运河祝官屯枢纽和漳卫新河七里庄、袁桥、吴桥、王营盘、前罗寨、庆云、辛集等拦河蓄水闸；对卫河干流下段（浚内沟口—徐万仓）进行扩大治理，对卫河干流上段（西孟姜女河入卫口至老观嘴）进行清淤。1987—1995年，对岳城水库主坝、大副坝、1号小副坝、2号小副坝进行加高，并增建3号小副坝。先后实施了岳城水库大坝加高。1991—1995年，对岳城水库以下漳河进行了整治。经过治理，初步形成了由水库、河道和非工程措施组成的防洪体系，形成了“分流入海、分区防守”的格局。

1996 年 8 月，漳卫南运河发生特大洪水。“96·8”洪水之后，漳卫南运河迎来了新的治理高潮。截至 2020 年年底，先后分 4 批完成“96·8”洪水水毁修复，先后完成西郑庄分洪闸加固工程、漳河岳城水库以下（京广铁路—徐万仓）全长 103.3km 河道整治工程、漳河穿漳涵洞水毁工程和漳河西冀庄险工修复、整治工程、岳城水库除险加固大副坝涌砂处理工程、漳卫新河（四女寺—辛集）治理工程、岳城水库除险加固工程、漳河重点险工整治工程、牛角峪、祝官屯除险加固工程、卫运河治理等多项治理工程。

【社会经济】

漳卫南运河流域是我国粮棉主要产区之一，煤炭、石油资源丰富，交通便捷。流域内粮食作物以小麦、玉米为主，经济作物以棉花、花生、芝麻、绿豆为主，工业有煤炭、石油、钢铁、发电、纺织、造纸以及各类加工企业等，京沪高铁与京广、京九、京沪、石德等铁路和京福、京开、濮鹤、大广、青银等高速公路及 104、105、106、107、205、207、208 等国道、省道及县乡公路构成了四通八达的交通体系。据 2012 年统计资料，漳卫南运河流域内涉及的行政区共有 15 个地级市、67 个县（市、区），全流域总人口 3395.37 万人，地区生产总值 9369.4 亿元。

【历史文化】

漳卫南运河具有悠久的历史。漳河古称降水（绛水），亦称衡漳、衡水。战国时期成书的《禹贡》中即有关于漳河的记载。卫河原为黄河故道，因春秋属卫地而得名，汉代称白沟。历史上，卫河、卫运河、南运河是一条河，唐代称永济渠，宋代称御河，曾是京杭大运河的一部分。北魏郦道元所著《水经注》中对漳水、卫水及其支流的也作了详细的记述。历史上大禹治水、西门豹治邺、曹操“遏淇水入白沟，以通粮道”、史起修建引漳十二渠、陈尧佐筑陈公堤等历史事件都发生在这里。历代水利著述中对漳卫南运河也多有记述，如《畿辅通志》中《九河故道考》、明李柳西《九河辩》、清崔述《御河水道记》《漳河水道记》、清崔乃翚《直隶五大河说》、清吴邦庆《畿辅水道管见》等阐述了河流的来历和变迁过程，明王大本《沧州导水记》、清吕游《开渠说》三篇和《漳滨筑堤论》、清李泽兰《西门渠说略》等名家著述和官吏奏疏，均记述了大量历代有关水利的法律、规章、当年水害状况以及兴修河道堤防的详细情况。

漳卫南运河流域是中华民族发祥地之一。历史上，靠近漳卫南运河边的许多城镇，如魏晋南北朝时期的邺城，北宋时期的大名，明清时期的德州、临清、天津等，凭借运河水路的便利条件，逐渐发展成为重要的区域中心。流域内名胜古迹众多，旅游资源丰富。安阳市殷墟出土的甲骨文在我国古文化研究中颇有价值；汤阴县羑河畔的土城，据传是囚禁周文王的地方，是已知的我国最早的国家监狱所在地之一；淇县的战国军庠是我国第一所军事院校，相传孙膑、庞涓等就读于此；德州市的菲律宾苏禄王墓是中菲友谊的象征；沧州市的铁狮子享誉全国；“人造天河”——红旗渠坐落于河南省林县（现林州市），是水利建设史上的奇迹。

2014 年 6 月 22 日，第 38 届世界遗产委员会会议同意将中国大运河列入《世界遗产名录》。

【漳卫南运河管理局】

漳卫南运河管理局成立于1958年3月24日，隶属于水利部海河水利委员会，为正局级事业单位，在管辖范围内行使水行政主管职责。

漳卫南局机关驻地在山东省德州市，单位实行三级管理体制，局下属10个二级正处级单位和4个直属事业单位，包括卫河河务局、邯郸河务局、聊城河务局、邢台衡水河务局、德州河务局、沧州河务局、岳城水库管理局、四女寺枢纽工程管理局、水闸管理局、防汛机动抢险队、水文处、信息中心、综合事业处、后勤服务中心。二级单位下设35个三级单位，分布于河北、山东、河南3省10市28个县（市）。

漳卫南局所辖防洪工程包括岳城水库及以下漳河、淇门以下卫河、刘庄闸及其以下共产主义渠、卫运河、漳卫新河、南运河（四女寺—第三店）、四女寺枢纽及恩县洼滞洪区的西郑庄分洪闸和牛角峪退水闸。管理的河道干流总长814km，堤防长1536km，大（1）型水库1座、水利枢纽3座（大型2座）、拦河闸5座、挡潮蓄水闸1座、节制闸1座、分洪闸1座、退水闸1座、引黄入卫闸1座。

漳卫南局领导班子成员：

局长：张永明

副局长：李瑞江　杨士坤　张永顺　付贵增　王鹏

总工程师：徐林波（2020年10月免）

要载 · 专论

牢记初心使命　主动担当作为 奋力书写漳卫南运河水利改革发展新篇章

——在漳卫南局2020年工作会议上的讲话（摘要）

张永明

（2020年2月12日）

同志们：

这次会议的主要任务是：积极践行“节水优先、空间均衡、系统治理、两手发力”的治水思路，围绕“水利工程补短板、水利行业强监管”的水利改革发展总基调，全面落实2020年全国水利工作会议和海委工作会议部署，总结我局2019年工作，分析研究我局当前水利形势，部署2020年重点工作，推动我局“一个中心，四个保障”基本工作思路向纵深发展。

下面，我讲三点意见。

一、2019年漳卫南运河水利工作取得新的成绩（略）

二、当前水利工作形势和我们的努力方向

党中央、国务院高度重视水利工作，就水利改革发展提出一系列重大决策部署。习近平总书记视察黄河并发表重要讲话，为新时期水利工作指明方向。鄂竟平部长在今年全国水利工作会上强调，必须坚定不移践行水利改革发展总基调，持续深化补短板、强监管的战略要求，加强制度管水、制度治水。

（一）深刻认识漳卫南运河面临的形势

一是防洪工程体系还不能完全满足社会发展需要，卫河干流还没有系统治理，病险水闸还没有得到除险加固，河系防洪能力还有待提升。二是现有的组织体系与履行职责之间还不够协调。基层党组织战斗堡垒作用发挥不明显，基层各单位与地方有关部门的交流协作机制还不完善。三是经济创收能力不足。局直属各单位要提高创新意识，主动作为，既要较好完成本职工作，也要狠抓经济创收工作。要立足水土资源优势，加大创收力度，增强全局经济保障能力。积极推动浮桥资源开发，挖掘创收潜力，进一步缓解经济创收压力。

（二）准确把握补短板、强监管的主要任务

一要大力推进水利工程建设，补齐水利工程短板。全力做好四女寺北闸除险加固工程建设，确保工程质量和进度。加快推进卫河干流治理工程。开展水库（闸）安全鉴定工作，做好除险加固准备。积极开展水旱灾害防御、水利工程建设与管理、水资源管理、河湖保护以及行业监管等应用系统建设。二要完善监管体系，提升治理能力现代化水平。以

河长制工作为契机，以“清四乱”专项行动为重点，加强河湖管理，加大河湖执法巡查和执法力度。落实“把水资源作为最大的刚性约束”的要求，实行对水资源管理工作的全面监管。加强对工程安全规范运行的监管，加大对在建水利工程监管力度，严格落实各方面、各环节责任，全面提升工程建设质量。

（三）积极探索漳卫南运河治理体系和治理能力现代化的有效途径

一要认真梳理制度建设中存在的突出问题。全面查找各部门、各单位实际工作中存在的制度空白，加快修订出台相关规章制度，聚焦水旱灾害防御、水资源管理、河湖管理、水生态水环境治理、水利工程建设和运行管理等方面，加快构建完备的、务实管用的规章制度体系，促进各项工作有法可依、有规可守。二要将我局“一个中心，四个保障”基本工作思路引向深入。以保持工程良性运行，充分发挥工程效益为中心，大力开展各项工作，围绕“一个中心”也正是践行水利改革发展总基调的生动体现。加快研究建立具有漳卫南局特点的工程管理体系，持续提升与河长制对接的基层一线的管护力度。经济管理、内部管理、综合协调、党的建设是做好中心工作的“四个保障”，完善这四方面的制度体系，需要在实际工作中发现问题，深入分析问题产生的根源，提出有针对性的解决措施，推动“四个保障”的制度规范建设，破解深层次体制机制问题。

三、扎实做好 2020 年各项工作

2020 年是全面建成小康社会和实现“十三五”规划的收官之年，我们要深刻认识水利工作的重要作用。积极践行“水利工程补短板、水利行业强监管”的水利改革发展总基调和海委的工作部署，紧紧围绕我局“一个中心，四个保障”基本工作思路，科学筹划今年的重点工作，推进漳卫南运河水利改革发展取得新突破。

（一）坚决做好防控新冠肺炎疫情工作

各部门、各单位严格执行《漳卫南运河管理局防控新型冠状病毒感染肺炎疫情工作方案》，把打赢疫情防控阻击战作为当前的重大政治任务，做到守土有责、守土担责、守土尽责。各级党组织要保持政治定力，充分发挥战斗堡垒和先锋模范作用，认真落实上级决策部署和属地有关要求，全面落实防控措施，配合做好疫情防控工作。在做好本单位疫情防控的同时，扎实做好水库安全运行、水旱灾害防御、水利安全生产等重点领域水利工作，为打赢疫情防控阻击战提供坚实水利保障。

（二）全面做好各项业务工作

继续立足防大汛抗大洪的要求，完善相关规章制度。督促各单位协助地方政府落实防汛工作行政首长负责制，重点是县、乡两级领导防汛包工程责任制。根据防汛工作开展实际情况，继续对防汛应急响应工作规程进行修订完善。开展洪水预报、防洪调度、防汛应急响应、抗洪抢险等方面的培训和演练，提高技术人员业务水平和应急事务处置能力。做好防汛值守，密切关注水雨工情。

认真做好四女寺北闸除险加固工程建设工作，严把工程质量，强化安全生产，积极推进工程建设进度。推进漳河干流岳城水库至徐万仓治理规划工作。加快推进卫河干流治理工程开工建设；加快推进庆云闸和辛集闸除险加固工程可行性研究，尽快启动工程的前期工作；完成基层单位供暖设施改造工程竣工验收；加快基层单位水、电等配套设施改造和

微波系统及配套设施改造项目前期工作，推进基础设施建设项目立项审批。2020 年全局水利工程维修养护项目实现市场化全覆盖，积极建立符合漳卫南运河实际情况的工程管理模式，强化工程安全运行保障，充分发挥工程效益。

贯彻落实“把水资源作为最大的刚性约束”的要求，建立取水监督检查制度。继续做好水源地保护工作，保障水库供水安全和生态需水量。完善应对重大突发性水污染事件应急预案，开展定期应急演练工作，整合现有水资源、水文、水质等信息，完善水资源监控平台建设。

加大执法巡查和案件查处力度，严厉打击各类水事违法违规行为，严防“四乱”问题反弹。积极推进漳卫新河河口治导线的落地，严控治导线以内影响河口治理实施的各类违法违规问题，尽快完成水利工程管理范围划定工作。加大监管非法采砂力度，加强巡查、严格执法，积极与地方河长机构通报情况，开展联合打击。

继续推进小水库暗访工作，严肃认真查找小水库安全隐患及“三个责任人”落实情况。加强重大水事违法案件查处指导、巩固河湖专项执法活动成果，继续开展河湖违法陈年积案“清零”行动，加大案件督办力度，确保顺利结案。进一步完善各级水行政监察队伍建设，推进支队与大队联合执法，严格落实巡查制度，明确巡查责任，充分发挥日常巡查效能。认真落实预防和调处水事纠纷预案，积极预防和调处省际水事矛盾纠纷，保持管辖范围水事秩序稳定。

不断完善有关规章制度，为强监管提供制度保障。根据上级工作部署安排，继续发挥水利行业监管作用。加大教育培训力度，配齐监管业务人员，强化监管队伍建设。

（三）不断提升经济管理能力

贯彻落实《漳卫南运河管理局经济责任考核暂行办法》，强化考核结果运用，引导各单位立足水土资源优势，增强全局资金保障能力。加大创收工作力度，继续做好水费征收及闸桥运行管理工作，提升基层单位创收能力。继续加强财务监管工作，进一步加大预算执行检查力度，创新工作方法，在日常监管的基础上做好重点领域的专项检查工作，有效防范财务风险。探索新的经济增长点，缓解全局创收压力。

（四）全面提升综合管理能力

积极稳妥推进水利改革，按照水利部、海委有关工作部署，完成我局机构改革的后续工作。及时完成集团公司体制调整后续工作。严格落实《漳卫南运河管理局督办工作管理办法（试行）》，强化责任落实，保障各项业务工作有序推进。进一步提升信息化办公水平，根据实际情况，完成二级局、三级局政务内网建设，提高基层单位行政办公水平。继续推进全方位后勤服务管理，强化服务意识，增强内部管理，不断提升机关食堂和医务室管理水平。加强对外协调，积极推进水价改革和供水管理工作。推进安全生产标准化建设，切实做好安全生产工作。

（五）积极推动全面从严治党向纵深发展

一要提高政治站位，加强党的政治建设。增强“四个意识”、坚定“四个自信”、做到“两个维护”，坚持以习近平新时代中国特色社会主义思想为指导，深入学习习近平总书记关于治水的重要论述精神，全面落实党中央、水利部及海委决策部署。

二要深化作风建设，巩固主题教育成果。严格落实《漳卫南运河管理局党委贯彻落实中央八项规定精神实施办法》要求，持续纠正“四风”。从政治高度集中整治形式主义、官僚主义，对照问题清单，各部门各单位抓紧开展整改工作。开展主题教育“回头看”，进一步巩固主题教育成果。

三要加强组织建设，树立大抓基层理念。持续深入推进党支部标准化、规范化建设，充分发挥基层党组织战斗堡垒作用。继续做好局领导班子蹲点调研工作，密切联系基层单位职工群众，切实解决实际问题，激发基层单位职工干事创业激情。

四要强化廉政建设，做好反腐倡廉工作。加大党风廉政建设压力传导，压紧压实党风廉政建设政治责任，增强干部职工纪律意识、规矩意识。强化日常监督和长期监督，综合运用监督执纪“四种形态”，注重抓早抓小，防微杜渐，将监督责任落实好。不断完善巡察工作机制，持续抓好巡察整改任务，切实做好巡察“后半篇”文章。

五要加强党的全面领导，狠抓干部队伍建设。坚持正确选人用人导向，以领导班子建设为重点，严格干部选拔任用。以漳卫南局党校为平台，加强党员干部教育培养力度。继续深化干部交流工作，充分调动和发挥领导干部的积极性和创造性，充实基层单位人员力量，优化领导干部年龄结构。

（六）全力做好精神文明创建工作

认真贯彻落实《漳卫南运河管理局机关创建全国文明单位实施方案》，持续推进文明单位创建，力争进入全国文明单位行列。充分发挥工会、共青团联系群众的桥梁纽带作用，围绕中心、服务大局，确保精神文明创建各项工作落地见效。开展好系列文体活动，不断提升职工群众的归属感、幸福感。

同志们，2020年注定是不平凡的一年，越是艰难险阻，我们越要发扬漳卫南局优良传统，迎难而上，为漳卫南运河流域各项事业行稳致远贡献力量。让我们更加紧密地团结在以习近平同志为核心的党中央周围，不忘初心，牢记使命，深入贯彻落实“节水优先、空间均衡、系统治理、两手发力”的治水思路和“水利工程补短板、水利行业强监管”的水利改革发展总基调，围绕我局“一个中心，四个保障”基本工作思路，积极践行新时代水利精神，不畏风浪，直面挑战，担当作为，扎实工作，奋力书写漳卫南局更新更美的时代篇章。

强监管　抓保护　促节水
努力建设幸福漳卫南运河

张永明

（2020年3月22日）

2020年，我国“世界水日”和“中国水周”宣传主题为“坚持节水优先，建设幸福河湖”。党的十八大以来，党中央高度重视节约用水工作。习近平总书记深刻指出，水是万物之母、生存之本、文明之源，要坚持和落实“节水优先”方针，要像抓节能减排一样抓好节水，使爱护水节约水成为全社会的良好风尚和自觉行动。近年来，漳卫南局积极践行“创新、协调、绿色、开放、共享”的发展理念，贯彻落实“节水优先、空间均衡、系统治理、两手发力”的治水思路，落实最严格水资源管理制度，不断强化水资源管理与保护，落实《海河流域水安全保障方案》，努力为沿岸经济社会发展提供优质水资源、健康水生态、宜居水环境，努力造福漳卫南运河两岸民众。

一、充分认识坚持节水优先的重大意义

人多水少、水资源时空分布不均、水土资源和生产力布局不相匹配是我国的基本水情，特别是在全球气候变化和大规模经济开发双重因素的交织作用下，我国水资源情势正在发生新的变化，北少南多的水资源分布格局进一步加剧，水资源供需矛盾日益突出。“节水优先”是党中央着眼全局和长远作出的重大部署，是解决我国复杂水问题的根本出路，是促进经济社会高质量发展的必然选择。

第一，这是全面适应治水主要矛盾变化的重要内容。随着经济社会发展，水资源短缺、水生态损害、水环境污染等新问题日益凸现，我国治水的主要矛盾也已经从人民对除水害兴水利的需要与水利工程能力不足之间的矛盾，转变为人民对水资源、水生态、水环境的需求与水利行业监管能力不足之间的矛盾。习近平总书记明确提出了“节水优先、空间均衡、系统治理、两手发力”的治水思路，把节水放在了治水管水的首要位置，为做好新时代节水工作提供了根本遵循和科学指南。

第二，这是贯彻落实水利改革发展总基调的必然要求。新形势对水利工作提出了新要求，鄂竟平部长明确指出，我国现阶段治水的工作重点要从改变自然、征服自然为主转向调整人的行为、纠正人的错误行为为主，要把“水利工程补短板、水利行业强监管”作为新时代治水工作的总基调。坚定不移践行水利改革发展总基调，就要把补足节水短板作为前提，抓好相关基础工作；就要把节约用水作为水资源开发利用、节约保护、配置调度的前提，通过强有力的监管，推动用水方式由粗放向节约、集约转变。

第三，这是破解漳卫南运河新老水问题的关键举措。漳卫南运河流域水资源天然禀赋差，供需矛盾突出。近年来供水保障压力增大、争水矛盾加剧，超量取水、无序取用水等现象时有发生。这些老问题和新矛盾交织，水资源管理、节约与保护形势更加复杂，面临着更严峻的挑战。解决漳卫南运河的水资源问题，首先要加强节水管理，补齐调水、供水工程短板，加强水资源的配置和调度，提高工程供水能力，满足经济社会发展的合理需求；另一方面，要加大水资源监督管理力度，纠正在水资源开发利用配置调度过程中的错误行为，维护河湖健康生命，推进人与自然和谐共生。

二、坚持节水优先，不断提高水资源监管水平

坚持节水优先、不断提高水资源监管水平，是新时代、新形势赋予水利行业的历史使命，更是水利改革发展的必然选择。漳卫南局贯彻落实“水利工程补短板、水利行业强监管”水利改革发展总基调，以“一个中心，四个保障”总体工作思路为方向，坚持节水优先，全面提升水资源管理保护能力和水平，开展了大量卓有成效的工作。

一是“稳”字为基，扎实推进水资源节约。出台《漳卫南运河管理局贯彻落实习近平

总书记在黄河流域生态保护和高质量发展座谈会上重要讲话精神工作方案》，贯彻落实国家节水行动方案、海河流域水安全保障方案；落实建立漳卫南运河“三条红线”指标体系，加强计划用水管理，编制管辖范围取水总量控制方案，强化取水总量管控；优化水资源配置，大力支持地下水超采综合治理，先后组织实施了引岳济沧、引岳济衡、南水北调东线一期北延试通水、引黄济冀等生态补水工作；率先垂范，积极推进节水型机关建设，利用“世界水日”“中国水周”等契机，积极参加全国节约用水大赛，组织开展节水宣传活动，不断提高干部职工、社会公众的节水意识。

二是“强”字为本，强化水资源管理基础。开展调度水情预报、预测，持续深化水量调度工作，强化年度水量调度计划执行管理，不断推进水资源调度科学化、精细化；全面开展取水许可、取水口排查清理，摸清取用水基础数据信息底数，建立取水口台账，补齐基础不牢短板；建立漳卫南运河水资源信息通报制度，全面、客观、及时地反映漳卫南运河水资源信息和漳卫南局水资源管理与保护工作动态，为水资源管理和保护工作提供基础支撑；积极推进落实最严格水资源管理制度示范项目，开展国家水资源监控能力二期建设，努力填补水资源管理基础薄弱、信息化落后和监管能力不足的短板。

三是“严”字当头，严格取用水过程管控。出台《漳卫南运河管理局取水监督管理办法（试行）》，加强取水许可事中事后监管，开展年度取水口监督检查；加强取水管理重点监管，建立漳卫南局重点监控用水名录；强化水资源承载能力刚性约束，强化用水定额运用，严格取水许可延续技术审查，规范取水许可到期延续工作；推进水资源管理执法，严肃查处无证取水和超计划取水，打击水资源违法行为；加强枯水期、调水期等特殊时期取水监督管理要求，强化取水口管控，合理保持河道下泄流量；参加海委水资源管理和节约用水监督检查工作组，完成实行最严格水资源管理制度考核相关工作。

四是“实”字托底，抓好水资源保护重点工作。多措并举，积极应对岳城水库低水位运行的困难，切实加强饮用水水源地保护工作，推进岳城水库饮用水源地安全保障达标建设；全面加强水污染应急能力建设，定期排查水污染隐患，及时调查处理污染隐患，切实强化突发水污染事件应急防范；积极做好河系水质监测和保护工作，监督、监测直管河道水质安全；开展漳卫南运河河湖健康状况调查，推动河系水生态环境修复与保护。

三、强化节水责任，努力把漳卫南运河建设成为人民的幸福河

站在新时代的起点，经济社会高质量发展给我们提出了更高要求。只有管好水、用好水、留住水，才能用可靠稳定的水资源保障经济社会可持续发展，创造更好的经济、社会和生态效益。

第一，凝心聚力促节水。牢固树立在水资源利用上“过紧日子”的思想，把节水优先摆在全局工作的更加突出位置；要围绕“合理分水”总目标，深入研究水资源配置，加快推进跨省河流水量分配工作，推动漳卫南局管辖范围取水总量控制方案出台，实施取水总量控制；重点结合岳城水库、四女寺枢纽工程和各水闸联合调度，科学拦蓄和调配水资源，合理满足上下游、左右岸的用水需求，保证河流生态水量；充分发挥水价杠杆调剂作用，推动水价改革，优化水资源配置，促进节水；持续推进流域节水型社会建设，进一步提高水资源利用效率，坚决抑制不合理用水需求，积极推进我局节水型机关建设；充分运

用各种媒体深入宣传节水重大意义，强化宣传引导，切实增强公众的水资源忧患意识和节约意识。

第二，从严从实强监管。要按照“把水资源作为最大的刚性约束”要求，贯彻落实最严格水资源管理制度，全面监管水资源的节约、开发、利用、保护、配置、调度等各环节工作；围绕“管住用水”，严格取水许可，全面核查摸清底数，安排开展取水口核查、规范治理等工作，强化对重点取水口的日常监管；加强水资源执法巡查，加大对违法取水、超量取水等行为的监督管理力度；建立健全水资源管理制度，推进水资源监管制度化、规范化、常态化，不断加强水资源管理队伍建设和能力建设；强化科技支撑，进一步抓好水资源监控体系建设和运用，充分发挥水资源监控平台的作用，大力提升漳卫南运河水资源管理信息化、智能化水平，保障强监管工作有效落实。

第三，攻坚克难抓保护。深刻把握“重在保护，要在治理”的战略要求，坚持“绿水青山就是金山银山”的理念，积极推进河系生态保护与修复，加强漳卫南运河水环境综合整治；继续做好水源地保护工作，推进水源地长效管护与标准化管理，保障水库供水安全和生态需水量；加强雨洪资源利用，科学制定水资源生态调度方案，充分发挥水资源的经济效益和生态效益；加强水生态环境保护监管，不断扩展水资源监测方式和手段，为漳卫南运河水生态安全提供保障；牢固树立“一盘棋”思想，因地制宜、分类施策，上下游、左右岸统筹谋划，强化保护和治理的系统性、整体性、协同性，努力把漳卫南运河建设成为满足沿河群众“防洪保安全、优质水资源、健康水生态、宜居水环境”需要的“幸福河”。

年度综述

2020年漳卫南局水利发展综述

2020年是极不平凡的一年，新年伊始，面对突如其来的新冠肺炎疫情冲击，在党中央、国务院和水利部、海委党组的坚强领导下，全局上下攻坚克难，砥砺前行，始终坚持目标不变、压力不减，倒排工期、压实责任，统筹推进疫情防控和年度重点工作，圆满完成了全年工作任务。

一、全面抓好新冠肺炎疫情防控各项工作

迅速落实党中央、国务院决策部署，按照水利部、海委、德州市有关部署要求，坚持科学防控、精准施策，第一时间成立应对疫情工作领导小组，制定疫情防控工作方案，细化完善防控措施，织牢织密疫情防控网，抓紧抓实抓细各项防控工作，发布疫情防控专项通知38次，自发组织干部职工捐款支持疫情防控工作，全局系统未发生新冠肺炎感染病例。

二、水旱灾害防御工作扎实有效

深入贯彻习近平总书记关于防灾救灾重要指示精神，坚持人民至上、生命至上，严格落实水利部、海委部署要求，及时调整水旱灾害防御组织机构，召开水旱灾害防御专题会议，全面分析防汛形势，压紧压实防汛责任，细化完善防汛措施，深入开展督导检查，加强防汛技能培训演练，成功应对4次强降雨过程。

三、水利基础设施建设加快推进

四女寺北闸除险加固工程建设，于2020年11月26日圆满完成全部建设任务，未发生任何质量、安全和疫情事故。同时，漳卫南局基层单位供暖设施改造工程、漳卫南局水政监察基础设施（二期）建设、漳卫南局大江大河监测系统建设工程（一期）项目建设通过竣工验收。积极推进辛集浮桥建设，现已基本具备通车试运行条件。

卫河干流（淇门—徐万仓）治理工程初步设计及水土保持方案变更，已经水利部行政许可；漳河干流岳城—徐万仓段治理规划，已经水利部水利水电规划设计总院（简称“水规总院”）审查，并报水利部审批；协助海委和设计单位编制庆云闸和辛集闸除险加固工程可行性研究报告、漳卫南局基层单位水电等配套设施改造可行性研究报告、漳卫南局水资源监测能力建设可行性研究报告，编制漳卫南局直管水利工程智慧化提升需求方案、漳卫南局建议纳入国家“十四五”规划的重大水利工程项目、漳卫南局2021年中央预算内水利投资建议等。

四、工程管理水平显著提升

全部水管单位完成2020年度维修养护项目的市场化招投标工作。落实一线维修养护

队伍，制定一线养护人员考勤制度，落实水管单位职工包堤、包段、包闸、包库责任制，将上级暗访、督查、考核等结果与干部职工的年终考核挂钩，并建立相应责任追究制度。顺利完成工程管理与保护范围划界工作。

五、水利强监管有力有效

一是水资源监管全面加强。出台了《漳卫南运河管理局取水监督管理办法（试行）》等12项制度（规划），扎实开展了取用水管理专项整治行动，国家水资源监控能力建设项目（二期）通过水利部最终验收，实现水资源强监管常态化；通过岳城水库向邯郸、安阳两市供水2471万m^3，通过实施河系水资源统一调度成功向四女寺枢纽调水近4000万m^3，配合有关方面引黄济冀输水7.5亿m^3（创历史新高），配合有关方面首次由南水北调中线向漳河生态补水1600万m^3；圆满完成漳卫南局节水机关建设任务。

二是河湖监管取得突破。深入落实河长制湖长制决策部署，以河湖“清四乱”和河湖违法陈年积案“清零”行动为抓手，强力推进解决352个直管河库“四乱”问题清理整治，清除违建32万余m^2、树障428万余m^2、生活建筑垃圾19万余m^3，清理整治完成率达82%。强化水政执法巡查，10起遗留案件已全部结案，立案查处水事违法行为8起，现场制止水事违法行为22起，维护了水事秩序稳定。

三是工程监管全面展开。组建监管专家库，全年共派出101人次，完成小型水库、水闸、河湖、水资源节约和保护、南水北调中线工程、农饮安全等28批次监督检查，检查项目972项，发现各类问题1209个。加强对四女寺北闸除险加固、辛集闸交通桥等高风险领域的专项检查，积极推动水利安全生产化达标建设，确保工程安全稳定运行。

四是资金和政务监管扎实推进。修订《漳卫南运河管理局经济责任考核暂行办法》，严格经济责任考核。积极配合华北水利水电工程集团有限公司进行股权划转，成立新的养护公司或恢复原有养护公司的水利工程维修养护业务。加强重点项目投资计划执行情况监督检查，严格控制资金违规使用风险。加强政务督办，制定印发督办事项清单，加大清单执行力度，确保各项决策部署落地见效。

六、综合管理不断加强

持续深化社会主义核心价值观学习教育，大力弘扬新时代水利精神，漳卫南局机关成功跨入“全国文明单位”行列，改善和提高了职工的精神文化生活，营造了良好的干事创业氛围。持续推动机关规范化建设，完成全局180余项制度制定修订任务。新闻宣传工作取得了质的提升，实现了根本性突破，新闻宣传的平台建设、队伍建设、政治建设、业务能力建设成就突出，起到了传递正能量、树立新形象的正确舆论导向，各项指标居海委系统前列。深入开展档案规范化管理评估工作，积极配合海委完成部分档案评估参评单位的督导检查。保密、信访、信息通信、后勤保障、工青妇等工作稳步开展，保持了全局安定团结的良好局面。

七、全面从严治党不断深入

一是落实“两个责任”。认真落实水利部、海委党组和叶建春副部长关于全面从严治党的工作部署，漳卫南局党委4次专题研究全面从严治党工作，精心组织局系统各级党组织分3个专题深入学习贯彻叶建春副部长专题党课精神。制定了全面从严治党主体责任清单，明确履行“一岗双责”总体要求，班子成员认真推动分管领域从严治党工作，普遍开展约谈。积极组织开展意识形态相关工作，坚决守牢意识形态主阵地。以党建巡察为契机，持续推进基层党组织建设，推进支部标准化、规范化，切实找准党建与业务工作融合点，做到两手抓、两不误、两促进。

二是严明政治纪律和政治规矩。深入开展廉政警示教育活动，通报违纪违法典型案例和局党委四轮巡察发现的共性问题，以身边事教育身边人，筑牢思想道德防线。狠抓专项整治，持续跟踪督办海委党组形式主义官僚主义专项巡察整改事项。启动实施巡察“回头看”，抓好巡察整改“后半篇文章”。扎实开展政治机关建设，巩固深化“不忘初心、牢记使命”主题教育成果，认真开展“灯下黑”问题专项整治和“不作为、不担当”专项治理等工作。

三是强化监督执纪问责。严肃执行责任清单制度，对标海委纪检组确定的六类监督事项，出台了漳卫南局纪委全面从严治党监督责任清单，督导局属各单位结合本单位实际制定全面从严治党监督责任清单，紧盯重要时间节点和薄弱环节，常态化纠治“四风”，对“两费”收支开展专项检查。科学运用监督执纪“四种形态”，采取提醒谈话、批评教育、集体约谈、下达纪律检查建议书等形式，抓早抓小、防微杜渐，推进管党治党更加“严紧硬”。

大事记

2020 年漳卫南局大事记

1 月

8—9 日　海委副主任徐士忠率检查组对漳卫南局安全生产工作进行检查指导。漳卫南局副局长李瑞江参加检查。

10 日　漳卫南局党委书记、局长张永明走访慰问漳卫南局部分困难党员，并向他们致以节日的问候。

漳卫南局副局长杨士坤赴岳城水库检查工程管理相关工作。

15 日　德州市直机关工委副书记李建忠一行到漳卫南局走访慰问部分老党员。漳卫南局党委委员、纪委书记王鹏参加慰问。

16 日　海委党组成员、副主任田友率考核组对漳卫南局领导班子和局级干部进行年度考核，并先后到故城河务局和祝官屯枢纽管理所走访慰问基层职工。

17 日　漳卫南局组织召开离退休老干部座谈会，开展走访慰问离退休老干部活动。局党委书记、局长张永明出席座谈会并讲话，二级巡视员姜行俭率队走访慰问部分离退休老干部。

21 日　漳卫南局召开“不忘初心、牢记使命”主题教育总结会议。局党委书记、局长张永明作总结讲话；局党委委员、副局长李瑞江主持会议；局领导徐林波、杨士坤、付贵增、王鹏，二级巡视员姜行俭、李学东出席会议；海委第二指导组组长黄诚出席会议并作点评讲话。

27 日　漳卫南局党委书记、局长张永明安排部署漳卫南局关于新型冠状病毒感染肺炎疫情防控工作，《漳卫南运河管理局办公室关于进一步做好新型冠状病毒疫情防控工作的通知》印发。

28 日　漳卫南局党委书记、局长张永明主持召开专题会议，进一步安排部署新型冠状病毒感染肺炎疫情防控工作。局领导李瑞江、徐林波出席会议。漳卫南局成立应对新型冠状病毒感染肺炎疫情工作领导小组，漳卫南局党委书记、局长张永明担任组长，局领导李瑞江、徐林波、杨士坤、张永顺、付贵增、王鹏担任副组长。

漳卫南局党委印发《关于加强党的领导、为打赢疫情防控阻击战提供坚强政治保证的通知》（漳党〔2020〕6 号）。

30 日　《漳卫南运河管理局防控新型冠状病毒感染肺炎疫情工作方案》印发。

2 月

2 日　《漳卫南运河管理局关于加强疫情防控期间水利保障工作的紧急通知》（漳传发〔2020〕2 号）印发。

12 日　漳卫南局党委书记、局长张永明主持召开党委扩大会议，进一步学习贯彻习近平总书记关于新冠肺炎疫情防控工作的重要指示批示、重要讲话精神和党中央、国务院决策部署，贯彻落实水利部、海委党组有关要求，专题研究部署新冠肺炎疫情防控与近期重点工作。局党委委员李瑞江、徐林波、杨士坤，二级巡视员姜行俭出席会议。

漳卫南局召开2020年工作会议。局党委书记、局长张永明作工作报告，局党委委员、副局长李瑞江主持会议并作总结讲话，局党委委员、总工徐林波传达2020年海委工作会议精神，局党委委员、副局长杨士坤宣读表彰决定，二级巡视员姜行俭出席会议。

漳卫南局机关成立党员志愿服务队，深入帮扶社区开展疫情防控工作。

20日　四女寺枢纽北进洪闸除险加固工程正式复工。

28日　漳卫南局党委理论学习中心组召开学习研讨会，深入研究疫情防控和全局各项工作。局党委书记、局长张永明主持学习并讲话，局党委理论学习中心组成员参加学习。

漳卫南局召开2020年党风廉政建设工作视频会议。局党委书记、局长张永明出席会议并讲话，局党委委员、副局长李瑞江主持会议并传达海委党风廉政建设工作会议精神，局领导徐林波、杨士坤、张永顺及二级巡视员姜行俭、李学东出席会议。会议印发了漳卫南局党委委员、纪委书记王鹏代表局纪委所作的工作报告。

3月

2日　漳卫南局召开水利工程建设、运行和供水安全工作视频会议。局长张永明出席会议并讲话，局总工徐林波出席会议，副局长杨士坤主持会议并传达有关会议和文件精神。

《漳卫南运河管理局2020年工作要点》（漳办〔2020〕3号）印发。

《漳卫南运河水利风景区运行管理办法（试行）》（漳河湖〔2020〕2号）印发。

7日　漳卫南局广大党员干部自愿捐款支持新冠肺炎疫情防控工作。

四女寺枢纽北进洪闸除险加固工程实现全面复工。

10日　海委组织召开漳卫南运河四女寺枢纽北进洪闸除险加固工程稳定复核及控制楼基础设计变更审查视频会。漳卫南局副局长付贵增及相关部门负责人在局机关五楼会议室分会场参加会议。

11—13日　水利部水规总院组织召开卫河干流（淇门—徐万仓）治理工程初步设计报告审查视频会议。漳卫南局副局长付贵增及相关部门和单位在分会场参加会议。

18日　漳卫南局党委委员、纪委书记王鹏带队检查四女寺北闸除险加固工程新冠肺炎疫情防控和工程复工情况。副局长、四女寺北闸建管局局长付贵增一同检查。

19日　漳卫南局党委理论学习中心组学习《党委（党组）落实全面从严治党主体责任规定》。局党委书记、局长张永明主持学习并讲话，漳卫南局党委理论学习中心组成员参加学习。

20日　漳卫南局党委书记、局长张永明发表纪念“世界水日”和“中国水周”署名文章《强监管、抓保护、促节水　努力建设幸福漳卫南运河》。

漳卫南局召开安全生产重点工作推进视频会议。副局长、局安全生产领导小组副组长李瑞江主持会议并讲话。

22—28 日　漳卫南局机关及局属各单位围绕“坚持节水优先，建设幸福河湖”主题，开展形式多样的“世界水日”“中国水周”纪念宣传活动。

23 日　漳卫南局副局长杨士坤带队检查四女寺北闸除险加固工程建设管理工作。

《漳卫南运河管理局 2020 年安全生产工作要点的通知》(办监督〔2020〕1 号）印发。

24 日　漳卫南局副局长李瑞江带队检查四女寺北闸除险加固工程复工复产安全生产管理工作。

25 日　漳卫南局党委召开会议，专题听取海委党组形式主义、官僚主义专项巡察反馈意见整改落实情况，集体审议整改落实情况报告，研究部署下一阶段整改工作。局党委书记、局长、专项巡察整改工作领导小组组长张永明主持会议，漳卫南局党委委员李瑞江、徐林波、杨士坤、张永顺、付贵增、王鹏出席会议。

27 日　漳卫南局召开节水机关建设部署会议，全面启动节水机关建设工作。副局长付贵增出席会议并讲话。

4 月

1 日　漳卫南局党委委员、纪委书记王鹏带队对驻德州市有关单位新冠肺炎疫情防控及工作秩序恢复情况进行检查。

2 日　漳卫南局召开 2020 年安全生产工作会议。副局长、局安全生产领导小组副组长李瑞江出席会议并讲话。

17 日　漳卫南局召开党建工作领导小组会议。局党委书记、局长张永明主持会议并讲话，局党委委员张永顺、王鹏出席会议。

漳卫南局组织职工到四女寺枢纽北进洪闸除险加固工程建设工地开展“绿美工地”植树绿化活动。漳卫南局党委委员、纪委书记王鹏参加植树活动。

20 日　漳卫南局召开文明创建工作推进会，部署局机关文明创建有关工作。局党委委员、副局长张永顺主持会议并讲话。

21—24 日，海委副主任徐士忠带队赴漳卫南局，对“五一”节前安全生产有关工作和安全生产标准化建设开展情况进行督导检查。副局长李瑞江参加检查。

23 日　漳卫南局局长张永明赴四女寺枢纽检查指导四女寺北闸除险加固工程建设工作。副局长、四女寺北闸除险加固工程建管局局长付贵增参加检查。

27 日　漳卫南局召开工程运行管理工作视频会议。局长张永明出席会议并讲话，副局长杨士坤主持会议。

5 月

2 日　德州市委副书记、市长杨洪涛到四女寺枢纽北进洪闸除险加固工程现场检查工程建设工作。漳卫南局局长张永明、总工徐林波参加检查。

7 日　海委组织召开国家水资源监控能力建设项目海河流域项目（2016—2018 年）验收会议，漳卫南局相关部门代表和专家通过视频会议在漳卫南局分会场参加验收。

14 日　漳卫南局副局长李瑞江赴辛集闸临时浮桥工程施工现场检查指导工作。

《漳卫南运河管理局关于进一步做好水利工程运行管理工作的通知》(漳建管〔2020〕

16号）印发。

17日　德州河务局及所属武城河务局积极参加在山东省武城县鲁权屯镇开展的德州市恩县洼滞洪区应急救援综合演练。山东省防汛抗旱指挥部秘书长、省应急厅副厅长邵光东，漳卫南局局长张永明，德州市委副书记、市长杨洪涛，漳卫南局总工徐林波等领导出席演练活动。

19日　漳卫南局开启穿卫枢纽和穿漳卫新河倒虹吸工程闸门，全面启动2020年度引黄济冀应急输水工作。

20—26日　漳卫南局组织上游组和下游组同时开展汛前检查和雨毁修复项目检查工作。

25—29日　漳卫南局抽调精干力量组成督查组，以“四不两直”方式对山西省娄烦县落实中央水利扶贫政策、保障农村饮水安全情况进行了督查暗访。

27日　四女寺北闸建管局联合四女寺枢纽工程管理局、防汛机动抢险队，组织各参建单位开展了防汛抢险演练。漳卫南局副局长、四女寺北闸建管局局长付贵增指挥演练，防御处主要负责人对演练进行现场指导。

29日　漳卫南局召开河湖管理工作视频会议。副局长张永顺出席会议并讲话。

6月

1日　漳卫南局召开2020年廉政警示教育大会，海委副主任田友出席会议并讲话。漳卫南局党委书记、局长张永明出席会议并讲话，局党委委员、副局长李瑞江主持会议，局领导张永顺、徐林波、杨士坤、付贵增、王鹏，二级巡视员姜行俭、李学东出席会议，出席会议的还有二级巡视员张朝温、张启彬。

2—4日　岳城水库管理局获“2019年度扶贫脱贫帮扶工作优秀市派单位”荣誉称号，该局驻邯郸市肥乡区东漳堡镇中行村村工作队荣获“2019年扶贫脱贫工作良好等次村工作队”称号。

13日　漳卫南局党委委员、纪委书记王鹏带队赴岳城水库管理局结对帮扶的邯郸市肥乡区东漳堡乡中行村、邯郸河务局结对帮扶的邯郸市馆陶县柴堡镇东苏堡村，实地检查调研精准扶贫工作开展情况，看望慰问派驻坚守在脱贫攻坚第一线的工作队员。

14—16日，漳卫南局以“档案见证小康路、聚焦扶贫决胜期”为主题，在全局开展第十三个国际档案日系列宣传活动。

18日　海委组织召开漳卫南局基层单位供暖设施改造工程竣工验收视频会议，副局长付贵增出席会议。

19日　卫河河务局再获“河南省文明单位”荣誉称号，该局已连续11年保持此项殊荣。

22日　漳卫南局召开2020年水旱灾害防御工作会议，对流域水旱灾害防御工作进行动员部署。局长、局水旱灾害防御工作领导小组组长张永明出席会议并讲话，总工、局水旱灾害防御工作领导小组副组长徐林波主持会议。

28日　四女寺北闸除险加固工程全部闸门具备启闭运行条件，为主汛期充分发挥工程效益奠定了坚实基础。

30 日　漳卫南局党委理论学习中心组召开学习研讨会，学习习近平总书记对防汛救灾工作的重要指示精神。局党委书记、局长张永明主持学习并讲话，局党委理论学习中心组成员参加学习。

2020 年度岳城水库防汛指挥部工作会议召开。岳城水库防汛指挥部指挥长、邯郸市市长张维亮，第一副指挥长、安阳市委常委、政法委书记曹忠良，漳卫南局总工徐林波出席会议并讲话；副指挥长、邯郸军分区副司令员祃有连出席会议。

7 月

1 日　漳卫南局举办以“践行初心使命、奋力担当作为”为主题的党日活动。局党委委员、副局长杨士坤为全体党员讲授了题为《积极推进党建工作与业务工作深度融合》的专题党课。活动过程中，表彰了 2019—2020 年度局机关直属先进基层党组织、优秀共产党员和优秀党务工作者，进行了新党员集体宣誓、老党员重温入党誓词。局领导张永明、李瑞江、张永顺、付贵增、王鹏，二级巡视员姜行俭、李学东参加活动，参加活动的还有二级巡视员张朝温、张启彬。副总工，局机关各部门及机关事业各单位党支部书记、主要负责人，2019 年新发展党员在主会场参加活动；局机关各部门及直属事业单位党员通过蓝信视频参加活动。

2 日　漳卫南局党委委员、副局长张永顺带队走访慰问漳卫南局新中国成立前入党的老党员和离退休困难党员。

2—3 日　海委河湖处、政法处联合河南省河长办、河湖中心及漳卫南局河湖处、水政处组成工作组，对卫河、共渠河湖“四乱”问题整改落实及陈年积案“清零”开展情况进行现场监督检查。

3 日　山东省副省长汲斌昌率队到漳卫南局检查漳卫南运河（山东段）防汛备汛工作。漳卫南局局长张永明、总工徐林波参加检查。山东省办公厅、水利厅、应急厅，德州市、武城县等有关单位负责人参加检查。

6—7 日　海委副主任翟学军率队对四女寺北闸除险加固工程、岳城水库工程进行工程建设、运行管理及防汛备汛工作检查。漳卫南局局长张永明，副局长杨士坤，副局长、四女寺北闸建管局局长付贵增参加检查。海委建管处、防御处，漳卫南局建管处、防御处，四女寺枢纽工程管理局、岳城水库管理局、四女寺北闸建管局等单位相关负责人参加检查。

7 日　河南省委常委、统战部长、漳河省级河长孙守刚检查岳城水库防汛工作。河南省应急管理厅、水利厅、财政厅，安阳市，岳城水库管理局等有关单位负责人参加检查。

10 日　漳卫南局召开 2020 年年中工作会议。局长张永明主持会议并作总结讲话，局领导李瑞江、徐林波、杨士坤、张永顺、付贵增、王鹏分别就分管工作作出安排部署，二级巡视员姜行俭、李学东出席会议，出席会议的还有二级巡视员张朝温、张启彬。副总工，机关各部门、局直属各单位负责人参加会议。

漳卫南局党委召开 2020 年度廉政约谈会。局党委书记、局长张永明对机关各部门、局直属各单位主要负责人进行集体廉政约谈，局党委委员、副局长张永顺主持会议，局党委委员李瑞江、徐林波、杨士坤、付贵增、王鹏，二级巡视员姜行俭、李学东出席会议，出席会议的还有二级巡视员张朝温、张启彬。副总工，机关各部门主要负责人、局直属各单位党政主要负责人参加约谈会。

15 日　漳卫南局召开 2020 年水旱灾害防御专题会议。局长张永明主持会议并讲话，总工徐林波传达上级文件精神，二级巡视员张朝温、张启彬出席会议。各河系（水库）组、职能组有关责任人参加会议。

16 日　漳卫南局党委书记、局长、党建工作领导小组组长张永明主持召开 2020 年度党建工作领导小组第二次会议并讲话，局党委委员、副局长张永顺出席会议。办公室、人事处、监察处、直属机关党委主要负责人参加会议。

17 日　海委党组成员、一级巡视员户作亮带队到漳卫南局调研基础设施建设“十四五”规划。漳卫南局局长张永明、副局长付贵增参加调研。

20 日　漳卫南运河四女寺枢纽北进洪闸除险加固工程顺利通过了漳卫南局代海委组织的部分工程投入使用验收。漳卫南局副局长杨士坤主持验收，副局长、四女寺北闸建管局局长付贵增出席验收会。

22—24 日　海委主任王文生率检查组，对漳卫南河系防汛备汛工作进行全面检查。漳卫南局局长张永明、副局长付贵增参加检查，局领导李瑞江、徐林波、张永顺、付贵增、王鹏参加座谈，二级巡视员李学东、姜行俭参加座谈，参加座谈的还有二级巡视员张朝温。海委办公室、人事处、建管处、防御处，漳卫南局办公室、建管处、防御处、水文处，德州河务局、岳城水库管理局、四女寺枢纽工程管理局、四女寺北闸除险加固工程建管局等单位负责人参加检查或座谈。

22 日　漳卫南局召开纪检工作座谈会。局党委委员、纪委书记王鹏出席会议并讲话，局机关各部门及直属事业单位负责人，局属各单位纪委书记或分管纪检工作的负责人、纪检部门负责人参加会议。

24 日　海委党组书记、主任王文生深入漳卫南局人事处党支部工作联系点，参加支部党日活动。漳卫南局党委书记、局长张永明，二级巡视员姜行俭参加活动。

27 日　漳卫南局党委理论学习中心组传达学习贯彻习近平总书记在中央政治局常委会会议上关于防汛救灾工作的重要讲话精神，进一步研究部署漳卫南局水旱灾害防御工作。局党委书记、局长张永明主持学习并讲话，局党委理论学习中心组成员参加学习。

29 日　漳卫南局局长张永明赴邢衡河务局检查工程管理工作，副局长杨士坤参加检查。

30 日　漳卫南局召开党建督查工作会议。局党委委员、副局长张永顺出席会议并讲话，机关各部门、直属事业单位党支部书记，驻德州市单位相关负责人、党支部书记，以及各部门、各单位党务工作者参加会议。

31 日　漳卫南局召开宣传工作座谈会，学习贯彻海委主任王文生在漳卫南局调研时强调的要大力加强宣传工作的讲话精神。局党委委员、副局长杨士坤出席会议并讲话，二级巡视员李学东出席会议。局机关各部门及直属事业单位相关负责人，局属各单位、四女寺北闸建管局分管负责人参加会议。

7 月底至 8 月中旬，漳卫南局水政监察总队组成检查组，对局属 9 支水政监察支队及 15 支水政监察大队开展了年中执法检查和陈年积案复核工作。

8 月

4 日　漳卫南局党委书记、局长张永明到基层蹲点单位、基层党支部联系点大名河务局调研指导工作。

漳卫南局纪委召开水旱灾害防御工作约谈会。局党委委员、纪委书记王鹏主持会议并讲话，水旱灾害防御河系（水库）组、职能组组长参加会议。

“漳卫南运河动态”微信订阅号正式上线。

7 日　漳卫南局组织召开紧急防汛会商会议。局长张永明主持会议并讲话，总工徐林波参加会商，办公室、防御处、水文处、信息中心等部门有关人员参加会商。

漳卫南局召开 2020 年年中财务经济工作会议。副局长李瑞江出席会议并讲话，财务处负责人、局直属各单位分管财务负责人、财务部门负责人及业务骨干等参加会议和培训。

15 日　14 时 30 分，四女寺枢纽北进洪闸除险加固工程实现首次拦蓄上游来水，开始发挥防洪和兴利效益。

16 日　漳卫南局召开供水领导小组工作会议。副局长李瑞江、付贵增主持会议并讲话，水政处、财务处、水资源处、防御处、水文处、综合事业处等供水领导小组成员单位，以及邢衡河务局、四女寺枢纽工程管理局、水闸管理局等单位主要负责人参加会议。

24 日　漳卫南局召开工程运行管理约谈会。局长张永明出席会议并讲话，局领导李瑞江、杨士坤、王鹏出席会议并讲话。副总工，水政处、建管处、河湖处、监督处、防御处、监察处主要负责人，局属各河务局、管理局主要负责人、分管负责人、工管科主要负责人参加会议。

9 月

1 日　漳卫南局党委书记、局长张永明走访慰问抗日战争时期及以前参加革命工作的老同志。

6—11 日　海委对四女寺北闸除险加固工程开展稽察，副局长、四女寺北闸建管局局长付贵增在交换意见会上进行表态讲话。

16—17 日　海委副主任张胜红带队到漳卫南局就网络建设与应用工作开展专项检查，漳卫南局局长张永明、副局长杨士坤参加座谈。

17 日　海委副主任张胜红对四女寺北闸除险加固工程进行检查指导。漳卫南局副局长杨士坤，副局长、四女寺北闸建管局局长付贵增参加检查。

20 日　海委原主任任宪韶到四女寺北闸除险加固工程进行检查指导。漳卫南局局长张永明，副局长、四女寺北闸建管局局长付贵增参加检查。

28 日　海委在邯郸主持召开岳城水库大坝安全鉴定审查会，由海委总工梁凤刚任主任委员的大坝安全鉴定审查专家委员会及漳卫南局总工徐林波、副局长杨士坤出席会议。

10 月

13 日　漳卫南局召开漳卫南运河推进河长制协作机制研讨会。邯郸市、鹤壁市、安阳市、濮阳市水利局相关领导及河长办负责人参加会议。河湖处、卫河河务局、邯郸河务局等单位相关负责人参加会议。

14日　海委党组书记、主任王文生赴漳卫南局检查调研工程管理、河湖“清四乱”以及基层单位改革发展等工作情况。漳卫南局党委书记、局长张永明参加调研。海委办公室、建管处，漳卫南局办公室、建管处，邢衡河务局等单位相关负责人参加调研。

23日　水利部副部长叶建春赴漳卫南局基层联系点调研指导，实地检查四女寺枢纽北进洪闸除险加固工程建设，参加四女寺枢纽工程管理局第一党支部主题党日活动，并在漳卫南局机关讲授专题党课。海委党组书记、主任王文生参加调研并主持党课学习；漳卫南局党委书记、局长张永明参加调研，局领导李瑞江、徐林波、杨士坤、张永顺、付贵增、王鹏，二级巡视员姜行俭参加学习，参加学习的还有二级巡视员张朝温、张启彬；海委办公室、直属机关党委主要负责人，漳卫南局机关处级以上干部、全体党员，局直属单位主要负责人及四女寺枢纽管理局第一党支部全体党员参加党课学习。

25日　漳卫南局开启穿漳卫新河倒虹吸工程闸门，正式启动2020年度第二次潘庄线路引黄济冀输水工作。

28日　漳卫南局党委理论学习中心组集中学习研讨鄂竟平部长《强化政治机关意识　走好第一方阵》专题党课。局党委书记、局长张永明主持学习并讲话，局党委理论学习中心组成员参加学习研讨。

漳卫南局召开党委扩大会议，学习叶建春副部长专题党课精神。局党委书记、局长张永明主持会议并讲话，局党委委员、副局长李瑞江传达叶建春副部长《以党建为引领　推动水利改革发展总基调落地见效》专题党课内容，局党委委员、总工徐林波传达海委主任王文生关于落实叶建春副部长专题党课精神的要求，局党委委员、副局长杨士坤宣读叶建春副部长专题党课学习方案。局领导张永顺、付贵增参加会议，二级巡视员姜行俭参加会议，参加会议的还有二级巡视员张朝温、张启彬。副总工，机关各部门副处级以上领导干部，机关各事业单位负责人参加会议。

28日　上午9时，四女寺北闸除险加固工程交通桥恢复两岸通行，标志着四女寺北闸除险加固工程建设正式进入收尾阶段。

29—30日　水利部直属机关党委二级巡视员、直属机关工会主席付静波率水利部党建第六督查组赴漳卫南局督查党建工作。漳卫南局党委书记、局长张永明，局党委委员、副局长张永顺参加党建督查相关工作。海委直属机关党委、漳卫南局直属机关党委、邢衡河务局等单位主要负责人参加检查。

29日　漳卫南局（机关）被中央文明委授予“全国文明单位”荣誉称号。

30日　海委党组成员、副主任翟学军赴四女寺北闸建管局开展“问计基层、问需群众”走访调研活动。漳卫南局党委书记、局长张永明，局党委委员、副局长杨士坤，局党委委员、副局长、四女寺北闸建管局局长付贵增参加调研。海委建管处、四女寺北闸建管局全体党员参加活动。

11月

3—4日　漳卫南局完成河北省2020年取用水管理专项整治行动监督检查工作。

4 日、10—12 日　国家发展改革委对卫河干流（淇门—徐万仓）治理工程初步设计概算进行核定。国家发展改革委国家投资项目评审中心副主任王卫东出席评审会议并讲话。国家投资项目评审中心主管部门负责人和相关专家，漳卫南局副局长付贵增、中水北方公司党委书记张仁杰参加有关活动。海委规划计划处负责人，漳卫南局副总工、规计处负责人、卫河河务局负责人，中水北方公司相关部门负责人等参加相关评审活动。

9 日　漳卫南局召开党委理论学习中心组扩大会议，传达学习党的十九届五中全会精神。局党委书记、局长张永明主持会议并讲话，局领导李瑞江、徐林波、杨士坤、张永顺、付贵增、王鹏参加学习，二级巡视员姜行俭、李学东参加学习。局机关副处级以上干部、机关各事业单位主要负责人参加学习。

13 日　漳卫南局巡察工作领导小组召开会议，听取巡察“回头看”工作情况汇报。局党委书记、局长、巡察工作领导小组组长张永明出席会议并讲话，局党委委员、副局长、巡察工作领导小组副组长张永顺出席会议，局党委委员、纪委书记、巡察工作领导小组副组长王鹏主持会议。局巡察工作领导小组成员、检查组和巡察办有关人员参加会议。

16—27 日　漳卫南局开展党建督查工作。局党委书记、局长、党建领导小组组长张永明动员部署，局党委委员、副局长、党建工作领导小组副组长张永顺研究安排，对全局 10 个党委和 7 个基层支部开展党建督查。

17—19 日　海委组织召开漳卫南局水政监察基础设施建设（二期）项目竣工验收会议。漳卫南局办公室、规计处、水政处、财务处，设计、监理、施工和运行管理等单位代表参加验收会议。

19 日　海委副主任徐士忠赴辛集闸交通桥检查安全运行情况。漳卫南局副局长李瑞江参加检查。海委监督处负责人，漳卫南局综合事业处、水闸管理局等单位负责人参加检查。

20 日　海委副主任徐士忠对四女寺北闸除险加固工程进行督导检查和第四阶段跟踪审计。漳卫南局副局长、四女寺北闸建管局局长付贵增参加检查。海委审计处、四女寺枢纽工程管理局、四女寺北闸建管局等单位负责人参加检查。

23 日　漳卫南局组织召开漳卫新河第五次河口联席会议。二级巡视员张启彬出席会议。水政处、河湖处、沧州河务局、水闸管理局等单位负责人，无棣、海兴县人民政府分管县长、水务局长及沿河乡镇负责人参加会议。

25 日　漳卫南局召开 2020 年度水文工作会。局总工徐林波出席会议并讲话，水文处负责人，局属各河务局、管理局分管负责人及技术骨干，水文处技术骨干参加会议。

26 日　四女寺枢纽北进洪闸除险加固工程全部完工，正式进入竣工验收准备阶段。

27 日　漳卫南局管辖范围内 118 处办证取水口和 152 处未办证取水口已经全部完成核查登记，并录入全国取水口专项整治登记系统。

12 月

1 日　漳卫南局党建领导小组召开会议，专题研究全局党建工作。局党委书记、局长、党建工作领导小组组长张永明主持会议并讲话，局党委委员、副局长、党建工作领导小组副组长张永顺参加会议。局办公室、人事处、直属机关党委负责人参加会议。

辛集浮桥工程通过单位工程验收。

1—13 日、16 日　漳卫南局副局长、考核组组长杨士坤率考核组，对局机关各部门、局直属各单位开展 2020 年度目标管理年终考核。

2 日　海河档案馆组织的专家评估组完成对漳卫南局档案规范化管理的综合评估，全局 25 个申报单位全部通过评估。其中，局机关达到水利部水利档案工作规范化管理二级标准，局属有关单位达到水利部水利档案规范化管理三级标准。

7 日　漳卫南局召开《漳卫南运河管理局局史》《岳城水库志》《四女寺水利枢纽工程志》编纂工作启动会。局长张永明出席会议并讲话，副局长杨士坤主持会议，二级巡视员姜行俭、李学东出席会议，出席会议的还有二级巡视员张朝温。“一史两志”编纂委员会有关人员参加会议。

23—24 日　漳卫南局举办学习贯彻十九届五中全会精神处级干部暨党支部书记培训班。局党委书记、局长张永明参加培训并作总结讲话，局党委委员、副局长张永顺主持培训。局党委委员、副局长杨士坤、付贵增，漳卫南局党委委员、纪委书记王鹏，二级巡视员姜行俭、李学东参加培训，参加培训的还有二级巡视员张朝温、张启彬。副总工，机关各部门、机关各事业单位副处级以上干部，机关各直属基层党组织书记，局属各单位主要负责人和党务部门负责人等共 90 余人参加培训。

24 日　漳卫南局党委书记、局长张永明讲授以《深入学习贯彻十九届五中全会精神切实走好政治机关第一方阵》为题的专题党课。局党委委员、副局长张永顺主持党课学习。局党委委员、副局长杨士坤、付贵增，局党委委员、纪委书记王鹏，二级巡视员李学东参加学习，参加学习的还有二级巡视员张朝温、张启彬。副总工，机关各部门及直属事业单位全体党员，机关各直属基层党组织书记，局属各单位主要负责人和党务部门负责人等共 130 余人参加学习。

28 日　漳卫南局党委委员、副局长付贵增听取分管部门和联系单位党风廉政建设情况汇报，进行集体约谈并讲授专题党课。规计处、水资源处、后勤服务中心负责人，四女寺枢纽工程管理局、防汛机动抢险队、德州水电集团公司等单位领导班子成员参加会议。

28—30 日　四女寺枢纽北进洪闸主体重建工程、主体加固工程等 4 个单位工程通过单位工程验收，北进洪闸除险加固工程施工（第 1 标段）等 2 个合同工程通过合同工程完工验收。

工 程 建 设

【前期工作】

1. 卫河干流（淇门—徐万仓）治理工程

卫河干流（淇门—徐万仓）治理工程任务是对卫河干流淇门—徐万仓段和共产主义渠淇门—老观嘴段进行防洪治理，恢复河道设计行洪与排涝能力，完善流域防洪工程体系，保障卫河两岸防洪安全。

工程治理范围为卫河干流淇门—徐万仓段，河道长度为 183km；共产主义渠淇门—老观嘴段，河道长度 44.2km。

为推动卫河干流（淇门—徐万仓）治理工程尽早开工建设，2020 年年初，漳卫南局成立了以局长为第一责任人、规计处为直接责任人的前期工作办公室，加强项目初设阶段工作的指导、协调、督促落实。制定了推进工作方案，主动对接上级主管部门、设计单位、有关地方省、市政府和职能部门，克服疫情带来的不利影响，采取积极主动、灵活多样的工作方式，紧扣时间节点，压茬推进，确保工作成效。

2020 年 3 月 11—13 日和 6 月 28—30 日，水利部水规总院组织了两次卫河干流（淇门—徐万仓）治理工程初步设计报告视频审查会。会后漳卫南局及时跟进，采取电话沟通、发函督促、现场督导等方式，要求设计单位倒排工期，限时完成报告修改。

2020 年 9 月 15 日，水利部以水规计〔2020〕196 号文将卫河干流（淇门—徐万仓）治理工程初步设计概算报送至国家发展改革委进行核定。

2020 年 11 月 4 日，国家发展改革委国家投资项目评审中心组织召开了工程初步设计概算审查视频会。11 月 10—12 日组织专家查勘了工程现场。此后，漳卫南局根据河系实际多次与国家投资项目评审中心进行沟通，最大限度地保留了堤顶路面硬化、管理设备设施等项目的投资。

为保证工程水土保持方案符合开工要求，漳卫南局及时组织设计单位修改完善报告，协调相关地方政府出具弃渣场场址确认函。2020 年 12 月 5 日，水利部水规总院召开视频审查会，审查了工程水土保持方案变更报告书。12 月 25 日，水利部以水许可决〔2020〕82 号文批复了工程水土保持方案变更。

2. 漳河干流岳城水库至徐万仓段治理规划

2020 年 6 月 3 日，海委召开漳河干流岳城水库至徐万仓段治理规划编制成果汇报会，听取了规划编制成果及报告修改情况汇报。

11 月 20 日，水规总院以水总规〔2020〕239 号文将规划报告审查意见上报水利部。

3. 庆云拦河蓄水闸、辛集挡潮蓄水闸除险加固工程

2020 年 10 月，海委分别组织完成漳卫新河庆云拦河蓄水闸和辛集挡潮蓄水闸除险加固工程可行性研究阶段勘测设计招标工作。其后，漳卫南局积极配合设计单位进行了工程现场查勘，并对完善配套基础设施提出意见。

（陈哲）

【在建项目】

1. 漳卫南局基层单位供暖设施改造工程

2017 年 12 月 27 日，海委批复《漳卫南运河管理局基层单位供暖设施改造初步设计报告》，工程总工期为2年，总投资825万元。该项目2018年3月20日开工建设，2018年11月全部完成。2020年6月，通过了海委组织的竣工验收。

漳卫南局基层单位供暖设施改造工程对邢衡河务局等17个基层单位的供暖系统进行改造升级，面积共21674m^2，解决了307名职工的取暖问题，改善了职工生产生活条件，提升了职工的获得感、幸福感、安全感。

2. 四女寺枢纽北进洪闸除险加固工程

2017年9月，国家发展改革委以发改农经〔2017〕1700号文批复漳卫南运河四女寺枢纽北进洪闸除险加固工程立项。2019年1月，水利部下达了《漳卫南运河四女寺枢纽北进洪闸除险加固工程初步设计报告准予行政许可决定书》，核定工程总投资9940万元，工期14个月。

工程主要建设内容包括：原中8孔一联反拱底板闸室拆除重建，左右各2边孔闸室改造加固，全闸机架桥、排架柱、检修桥、交通桥等上部结构拆除重建，闸上铺盖、护底和闸下消力池、海漫、防冲槽加固，两岸护坡加固，下游河道清淤，混凝土防腐、防碳化处理，安全监测设施修复，闸门及启闭设备更换、增设检修门，供电线路更新改造等。

该工程于2019年8月26日开工建设，2020年6月28日闸门具备启闭条件，7月20日部分工程通过投入使用验收，8月15日首次拦蓄上游来水，10月28日交通桥恢复通车，2020年11月26日工程全部完工。

（吕笑婧）

工程管理

【建设管理】

督促配合四女寺北闸建管局严格按照程序高效完成四女寺北闸除险加固工程相关工作。完成上级相关文件的传达贯彻及相关文件信息的上报工作，为工程顺利施工提供了保障。7 月 20 日，受海委委托，组织了四女寺北闸除险加固工程部分工程投入使用验收；积极配合海委对四女寺北闸建管局的稽察工作。

完成全国水利建设市场信用体系评价（漳卫南局部分）工作；督促项目法人及各单位学习《保障农民工工资支付条例》。

（赵彤）

【工程运行管理】

完成四女寺枢纽工程管理局、岳城水库管理局维修养护实施方案的批复工作，按照要求，编制了 2021 年维修养护项目、确权划界项目、水闸安全鉴定项目的预算申报文本。

1 月 6 日，印发《漳卫南运河管理局关于做好 2020 年度水利工程维修养护市场化工作的通知》（漳建管〔2020〕1 号），对 2020 年度工程维修养护市场化工作进行安排部署，指导漳卫南局全部水管单位严格按照国家有关法律法规完成 2020 年度维修养护项目的市场化招投标等工作。

督促卫河河务局、邯郸河务局、聊城河务局、德州河务局、沧州河务局、四女寺枢纽工程管理局、水闸管理局开展 2020 年度工程划界工作，已全部完成。

根据《水利部关于做好疫情防控期间水库大坝安全管理和正常运行工作的通知》（水运管〔2020〕18 号）等文件要求，督促岳城水库完善了新冠肺炎疫情期间大坝应急管理措施，落实 24 小时轮班值守、每日信息报送制度，全面开展工程巡视检查、工程监测工作，确保水库大坝在疫情防控期间的安全运行。

3 月 2 日，召开水利工程建设、运行和供水安全工作视频会议，贯彻落实水利部、海委关于疫情防控期间有关工作部署要求，全面部署漳卫南局水利工程建设、运行和供水安全各项工作。

4 月 27 日，召开全局工程运行管理工作视频会议，重点部署一线维修养护队伍的落实工作。共落实 1126 名养护人员，基本做到了一公里一人，制定一线养护人员考勤制度，按照有关规定，并结合工程实际制定养护人员的工作内容、要求、标准，开展一线养护人员考核。同时，建立退出机制，对不符合要求的人员坚决予以辞退，落实水管单位职工包堤、包段、包闸、包库责任制，将上级暗访、督查、考核等结果与干部职工的年终考核挂钩，并建立相应责任追究制度。

完成岳城水库 2019 年度安全运行管理情况上报工作；完成 2020 年各月岳城水库垃圾围坝情况统计并上报海委；完成 2020 年各季度岳城水库大坝安全鉴定情况统计并上报海委；完成岳城水库大坝安全鉴定审查工作，经鉴定为二类坝。

组织局属各单位完成堤防水闸信息管理系统数据复核工作，对填报不准确、不规范的数据进行完善。

完成《水利工程维修养护管理办法》《水利工程管理考核办法》等有关规章制度的修订工作。

1月，印发了《漳卫南运河管理局关于进一步做好工程绿化工作的通知》（漳建管〔2020〕2号），对绿化工作进行了安排。2020年各单位共完成绿化植树29万余棵，其中杨树21.4万棵、白蜡2.08万棵、法桐1万棵、丝棉木1.3万棵、国槐0.63万棵、其他树种（女贞、黄金槐、金叶榆等）2.5万余棵。11月，编写了《漳卫南运河管理局2020年水利绿化工作总结》并上报海委。

（赵彤）

【科技管理】

认真组织了全局日常科技管理工作，配合海委国际合作与科技处做好相关工作，完成漳卫南局科普统计调查上报工作；配合海委完成2020年度大禹水利科学技术奖的提名上报、水利部国际合作与科技司开展的第二十二届中国专利奖推荐等工作；组织职工积极参与第24届海峡两岸水利科技交流研讨会论文投稿等其他征集活动和2020年海委水利科学技术进步奖评选以及各级水利学会学术论文交流，漳卫南局《漳卫南运河水资源承载能力和生态修复研究》获得海委科技进步奖一等奖，《漳卫南运河河湖连通和生态调度研究》《漳卫南运河洪水预报与防洪调度一体化研究》获得海委科技进步三等奖。

完成2019年漳卫南局优秀论文评选、业务成果、技术创新及推广应用优秀成果的证书和奖金发放工作，赴济南有关部门办理科技刊物的前期工作。7月，修订印发了《漳卫南运河管理局科学技术进步奖评审办法》《漳卫南运河管理局优秀科技论文评选办法》《漳卫南运河管理局技术创新及推广应用优秀成果评审办法》《漳卫南运河管理局业务成果奖励办法》。

10月，开展了业务成果、科技进步奖和技术创新及推广应用成果的统计工作。共评选出2020年科技进步奖2项，见表1；2020年技术创新及推广应用优秀成果18项，见表2；2019年业务成果取得者见表3。

表1　2020年漳卫南局第三届科技进步奖获奖成果名单

序号	奖项	项目名称	申请单位	主要完成人
1	二等奖	漳卫南运河供水水量水质模型	水文处	李孟东、韩朝光、李志林、高翔、唐曙暇、杨苗苗
2	三等奖	基于系统动力学的卫运河区域水资源优化配置研究	水文处	任重琳、于伟东、李志林、高迪

表2　2020年漳卫南局技术创新及推广应用优秀成果名单

序号	单位	成果名称	成果完成人
1	水文处	盛奥华6B-2000型定量试剂配置法设备应急测定COD	任重琳、李志林、唐曙暇、魏荣玲、杨苗苗、高迪
2	水文处	德州赫施曼Solarus太阳能电子滴定器在水环境监测中的应用	任重琳、高迪、杨苗苗、李志林、刘邑婷、范馨雅
3	水文处	手持式叶绿素仪在水环境检测中的应用	任重琳、杨苗苗、李志林、高迪、段信斌

续表

序号	单位	成果名称	成果完成人
4	水文处	基于水文学法的漳卫河生态基流分析	任重琳、孙雅菊、刘邑婷、徐宁、朱志强、高迪、段信斌
5	水文处	岳城水库以上地区降雨径流规律变化对洪水预报影响分析	任重琳、孙雅菊、徐宁、朱志强、刘邑婷、段信斌
6	四女寺局	水位流量关系曲线的拟定和应用	王玲
7	聊城局	新型玻璃钢百米桩在堤防维修养护工程中的推广及应用	黄英明、王振鹏、张鹏、任士陶、张涤卉、刘敏、张妙男、赵相月
8	聊城局	Leica FlexLine TS09 与 AOTUCAD 在引黄灌区农业节水工程本站测量中的结合应用	王振鹏、黄英明、任士陶、赵相月、刘敏、张鹏、张涛、张妙男
9	德州局	德州河务局堤防绿化管理数据库软件开发与应用	李燕、罗志宝
10	德州局	CPC 混凝土防碳化涂料在八屯险工混凝土网格坝修复施工中的推广应用	邵红燕、王小虎、聂法林、崔战民、罗志宝、满炳涛、陈然、秦伟
11	水电集团公司	带式承压舟在辛集闸浮桥建设 EPC 总承包项目中的应用	关宇飞、王振锋、李永超、潘增翼、董炜、张鹏、黄婷、王震
12	水电集团公司	地埋式一体化污水处理设备在水土保持及环境保护工程中的应用及推广	潘增翼、关宇飞、黄永刚、廖贵凯、刘桂英、魏玉涛、李曙霞、张鹏
13	水电集团公司	钢筋除锈工艺在辛集闸浮桥建设 EPC 总承包项目中的应用	安旭、张涤卉、黄婷、张鹏、刘敏、董炜、姜娟娟、王震
14	水电集团公司	恒智天成资料软件在水利水电工程质量评定中的应用及推广	张涤卉、廖贵凯、黄永刚、黄婷、徐明明、王振锋、李曙霞、姜娟娟
15	水电集团公司	广联达 BIM 土建计量软件在水利水电工程计量支付中的应用及推广	李燕、王震、黄永刚、廖贵凯、关宇飞、潘增翼、李永超、汪洲
16	水电集团公司	伸缩式升降给水栓在禹城市梁家镇1万亩高标准农田建设项目——机井工程中的推广应用	黄英明、李永超、潘增翼、关宇飞、张涤卉、徐明明、王振锋、王世帅
17	邢衡局	管道防护技术在水利管道施工中的推广应用	张英、王世帅、崔春生、解士博
18	沧州局	高强聚合物砂浆在险工丁坝、网格坝修补中的推广应用	祖秀琢、王敏、李晓红、任一、霍保雷、林英姿、谢峰、陈兆明

表 3　2019 年漳卫南局业务成果取得者名单

一	获奖论文			
序号	姓名	所在单位	成果名称	成果类别
1	李　博	水闸局	基层“尖兵”	“我心中的新时代水利精神”主题征文一等奖
2	宋爱莲	抢险队	新时代审计人员能力建设探析	2019 年水利系统内部审计研究课题优秀论文

续表

序号	姓 名	所在单位	成 果 名 称	成 果 类 别
3	王 颖	办公室	贯彻新方针 把握新基调 秉承新精神 推动海委人才队伍建设再续新篇章	“不忘初心兴水利，我为海委谋新篇”海委青年职工创新大赛铜奖
4	张俊美	机关党委	开拓创新，建设治水重器 科学规划，打造运河明珠	“不忘初心兴水利，我为海委谋新篇”海委青年职工创新大赛铜奖
5	张 淼	水文处	漳卫南局水文工作若干问题的思考	“不忘初心兴水利，我为海委谋新篇”海委青年职工创新大赛铜奖
6	李志林 高 翔	水文处	关于构建漳卫南运河供水水量水质模型的思考与分析	2019年海委优秀科技论文
7	李志林 杜慧滨	水文处	基于系统动力学的漳卫南运河水资源优化配置模型构建	2019年海委优秀科技论文
8	戴永翔 彭德泰	水政处	漳卫南局水行政执法现状分析和对策	2019年漳卫南局优秀科技论文
9	高园园 杨苗苗 高 迪	水文处	岳城水库饮用水水源地安全保障达标对策研究	2019年漳卫南局优秀科技论文
10	高 迪 高园园 杨苗苗	水文处	岳城水库浮游植物多样性研究	2019年漳卫南局优秀科技论文
11	徐 宁 朱志强	水文处	基于水文序列分析的漳河地区枯季径流量研究	2019年漳卫南局优秀科技论文
12	李志林	水文处	现状延续下的卫运河区域水资源结构模拟与优化配置	2019年漳卫南局优秀科技论文
13	杨苗苗 高 迪 高园园	水文处	原子荧光光度法测定水中硒的精密度偏性试验分析	2019年漳卫南局优秀科技论文
14	李肖洁	沧州局	基层单位财政预算支付进度的难点与对策分析	2019年漳卫南局优秀科技论文
15	于杨卓艺	岳城局	岳城水库近年来供水情况分析及未来供水工作探讨	2019年漳卫南局优秀科技论文
16	刘邑婷 朱志强	四女寺局 水文处	厄尔尼诺事件与漳卫河流域汛期降水的相关关系研究	2019年漳卫南局优秀科技论文
17	于江怀 蔡秀峰	岳城局	岳城水库进水塔伸缩缝监测数据分析评价	2019年漳卫南局优秀科技论文
18	杨云霄 于江怀	岳城局	岳城水库垂直位移监测资料分析	2019年漳卫南局优秀科技论文
19	蔡秀峰 杨云霄 侯亚男	岳城局	岳城水库除险加固后坝基渗流监测资料分析	2019年漳卫南局优秀科技论文
20	王 玲	四女寺局	漳卫南运河防洪调度关键点和难点分析	2019年漳卫南局优秀科技论文

续表

序号	姓 名	所在单位	成 果 名 称	成 果 类 别
21	纪情情	盐山局	利用 Excel 表格实现档案管理信息化	2019 年漳卫南局优秀科技论文
22	范福林	东光局	基层水政执法现状的思考	2019 年漳卫南局优秀科技论文
二	漳卫南局通过国家级、海委级示范单位复核的单位			
序号	单 位		文 件	级 别
1	清河局		办运管〔2019〕254	国家级水管单位
2	夏津局		办建管〔2020〕1	海委级水管单位
3	东光局		办建管〔2020〕1	海委级水管单位

（赵彤）

水政工作

【普法宣传】

根据水利部、海委“七五”普法规划，制定2020年度普法及依法治理工作计划，推动水利普法工作深入开展。9月，开展了漳卫南局“七五”普法总结验收工作，对局属各河务局、管理局“七五”普法工作进行检查，收集整编普法工作资料报送海委。

第二十七届“世界水日”、第三十二届“中国水周”期间，结合新冠肺炎疫情防控要求，全局围绕“坚持节水优先，建设幸福河湖”宣传主题，开展了形式多样的宣传纪念活动。“中国水周”期间，全局共出动宣传车辆10次，设置宣传专栏10个，悬挂宣传横幅标语39条，张贴标语、宣传画198条（张），发放宣传材料9600余份。部分基层单位创新宣传形式，通过微信公众号等线上渠道开展水法规宣传，并以点对点的方式向地方防控检疫站点赠送宣传材料，最大程度减少人员聚集。

4月15日，组织开展全民国家安全教育日宣传纪念活动，在漳卫南局门户网站发布《总体安全　固本宁邦》国家总体安全观宣传教育片，视频累计播放300余次；组织全局职工参加由司法部、全国普法办主办的2020年全民国家安全教育日知识竞赛活动，全局累计参加200余人次。

11月，制定印发《漳卫南运河管理局系统学习宣传民法典实施方案》，部署《中华人民共和国民法典》宣传重点及目标，局党委中心组开展民法典专题学习。12月17日，漳卫南局举办民法典专题讲座。

11月30日至12月4日第二个“宪法宣传周”期间，围绕“深入学习宣传习近平法治思想，大力弘扬宪法精神”宣传主题，组织全局干部职工参加了海委系统2020年“宪法宣传周”法律知识竞赛活动。宣传期间，全局设立宣传台4个，设置宣传专栏14个，悬挂宣传横幅标语47条，张贴标语、宣传画174条（张），发放宣传材料11550余份。

（李文超）

【水政监察队伍建设】

1. 完善水政监察制度体系建设

按照水利部、海委有关要求，漳卫南局组织开展《中华人民共和国水法》《中华人民共和国河道管理条例》《中华人民共和国河道采砂管理条例》修订征求意见工作，积极配合水利部、海委开展相关水法律法规修订。

结合工作实际，对现行水政监察制度进行修订完善，按照水行政执法工作实际和重点，制定水政监察规章制度3项、修订6项、废止2项、保留2项。

2. 水政监察人员培训

9月27—29日，举办2020年水行政执法培训班，邀请有关专家对河长制湖长制、民法典对行政执法新要求等业务知识进行授课，并对水政监察规章制度、水行政执法文书填报及水行政执法程序等进行解读。培训结束后组织召开座谈会，就水行政执法与河湖管理工作存在的问题、工作难点和今后工作意见和建议进行交流。局属各单位结合年度工作重点，以举办培训班、工作座谈、案例讲解、模拟办案等形式开展水行政执法人员培训工作，共组织10期。

3. 水政监察队伍考核

12月开展了年度水政监察工作考核，对局属各水政监察支队2020年度水法规宣传、水行政执法、队伍管理和执法保障工作开展情况进行考核，并对各支队推荐的优秀水政监察大队进行复核。根据考核结果，经漳卫南局总队推荐，海委总队复核，确定卫河支队、邯郸支队为2020年度优秀水政监察支队，南乐、故城、冠县、宁津和无棣等5支水政监察大队为2020年度优秀水政监察大队。

4. 推进水政监察基础设施建设

4月，完成《水政监察基础设施建设（三期）可行性研究报告》并上报海委审查。

11月17—19日，海委在河北省沧州市组织召开了海委漳卫南局水政监察基础设施建设（二期）项目竣工验收会议，水政监察基础设施建设（二期）项目顺利通过竣工验收。

（李文超）

【水行政执法与监督管理】

1. 完成河湖违法陈年积案“清零”行动

按照海委河湖违法陈年积案“清零”行动方案要求，利用河长制湖长制平台等多种手段加力，确保“清零”工作如期完成。同时，漳卫南局将陈年积案“清零”行动列入海委年度督办清单，制定专项工作计划，明确时间节点，落实案件处理进展周报制度，定期上报陈年积案进展情况。此外，漳卫南局水政监察总队根据疫情防控要求，多次赴案件现场开展陈年积案督导，与地方政府多次沟通协调。截至8月30日，漳卫南局管辖范围内10起遗留案件已全部结案，累计拆除违章建筑10处、简易板房14间，迁移坟墓110座，拆除违章建筑面积总计14754.91m^2，按期完成水利部陈年积案“清零”任务。

2. 坚持做好执法巡查

7月底至8月中旬，漳卫南局水政监察总队开展了2020年年中执法检查，由水政监察总队成立检查组，通过看现场、查案卷以及座谈交流等方式，对局属各水政监察支队、大队2020年度水行政执法巡查、水事违法案件查处、水政监察队伍建设、执法统计与信息报送、水法规宣传等工作进行检查。此次检查出动执法人员7人，巡查河道700km，检查水政监察支队9支、水政监察大队15支。

2020年，全局各级水政监察队伍累计出动执法人员5165人次、车辆1379车次，巡查河道长度43951.58km，出动船只15次，巡查水域202km^2，现场制止水事违法行为68起。

3. 严厉打击各类水事违法行为

2020年，全局各级水政监察队伍共立案查处水事违法行为9起（邯郸局7起、德州局1起、岳城局1起）。其中，盗伐护堤林木4起，滩地取土3起，倾倒危险化学品1起，盗窃防汛备料石材1起，9起案件已全部结案。

2020年，漳卫南局水政监察总队共接到线索交办和群众举报漳卫新河河口违建船厂、漳卫新河滩地取土、漳河采砂、路庄扬水站违规建坝等水事违法行为6起，针对上述水事违法行为，局总队高度重视，派员赴现场调查情况，并指导支队和大队依法依规处置各类违法行为。截至2020年年底，6起违法行为已全部顺利解决。

（李文超）

【规范浮桥管理】

按照《漳卫南运河浮桥管理暂行办法》，进一步落实管理责任，规范监督与管理工作，组织各单位对管辖范围内现有浮桥进行全面统计，并督促建设方按照规定，办理备案手续，对不符合要求的，一律拆除。2020 年，漳卫南局管辖范围内存有浮桥 4 座，均已备案登记。

（李文超）

【岳城水库库区采煤监管】

加强对岳城水库库区及周边地区采煤的监督管理，督促相关煤矿企业采取各种技术、管理措施，严格按照上级批复的范围、方式生产，开展汛前有关煤矿的监督检查。

（李文超）

【漳卫新河河口管理】

组织协调开展河口管理和执法，积极推进两岸联合执法，并利用河口视频监控系统对重点区域进行监视，发现问题及时处理。2020 年组织开展联合执法 3 次，解决了河口区域长期存在的难点和热点问题。11 月 23 日，在山东省无棣县组织召开了漳卫新河河口第五次联席会议，就加强沟通协调、推进联合执法进一步达成共识。

（李文超）

【预防调处省际水事纠纷】

认真落实预防和调处水事纠纷预案，通过水法规宣传、水行政执法、与地方政府及有关部门的沟通协调，掌握河系水事动态，预防水事纠纷，加强山东、河南、河北省界水利工程管理，积极做好水资源开发工程前期工作。

（李文超）

水资源管理与保护

【水资源管理制度体系建设】

印发《漳卫南运河管理局关于明确取水监督管理范围和监管职责的通知》（漳资源〔2020〕13号），出台《漳卫南运河管理局取水监督管理办法（试行）》（漳资源〔2020〕1号）、《漳卫南运河管理局应对突发水污染事件应急预案》（漳资源〔2020〕27号）、《漳卫南运河管理局计划用水管理办法》、《漳卫南运河管理局水资源保护监督管理办法》、《漳卫南运河管理局水资源监控系统运行维护办法》（漳资源〔2020〕38号）、《岳城水库水量调度方案》（漳资源〔2020〕44号）、《漳卫南运河管理局机关节水考核制度》、《漳卫南运河管理局机关用水巡回检查制度》、《漳卫南运河管理局机关用水计量管理制度》、《漳卫南运河管理局机关用水设施设备维护制度》（办资源〔2020〕1号）等10项管理制度，制定《漳卫南运河管理局管辖范围取水总量控制方案》（漳资源〔2020〕33号）和《漳卫南运河管理局水资源管理和保护工作规划（2020—2030年）》（漳资源〔2020〕43号），建立健全水资源管理和保护制度体系和技术管理体系。

（张明月）

【取水监督管理】

1. 明确监管职责，细化工作目标

制定《漳卫南运河管理局2020年水资源管理工作目标和评分标准》，明确年度工作目标和工作要求；明确各河务局、管理局取水监督管理范围和监管责任，建立漳卫南局机关和局属二级局督查、三级局日常巡查的取水口监督检查制度，实现取水督查漳卫南局机关3年全覆盖、二级局年度全覆盖、三级局月度全覆盖；加强对民有渠、漳南渠、军留扬水站等10个重点监管对象的取水管理监管工作。

2. 全面开展取用水管理专项整治行动

积极部署取用水管理专项整治行动，先后印发《漳卫南运河管理局取用水管理专项整治行动工作方案和2020年工作计划》（漳资源〔2020〕28号）、《漳卫南运河管理局关于加快推进取用水管理专项整治行动的通知》（漳资源〔2020〕29号），完成直管范围270处取水口的核查登记工作；完成河北省邢台市、邯郸市和石家庄市共321个取水口现场监督检查工作；完成漳卫南局工作范围（即海河流域河北省石家庄市、沧州市、衡水市、邢台市、邯郸市，山东省济南市、德州市、聊城市、滨州市、东营市，河南省焦作市、鹤壁市、新乡市、安阳市、濮阳市等15个地市）90个取水口现场审核排查和15597个取水口重点审核工作。

3. 实现监督检查全覆盖，推进强监管常态化

建立漳卫南局及局属二级局、三级局取水口监督检查制度，按照《漳卫南运河管理局取水监督管理办法（试行）》，制定《漳卫南运河管理局2020年度取用水监督检查工作方案》，组织开展2020年度取用水监督检查。7—9月，按照海委有关要求，印发《漳卫南运河管理局关于印发2020年度取用水管理问题“回头看”监督检查工作方案的通知》（漳资源〔2020〕31号），联合漳河上游局全面完成漳卫河流域取用水管理问题“回头看”监督检查工作。通过检查，漳卫南局管辖范围的河北省邯郸市生态水网管理处、河南省安阳市水利局幸福渠管理处等19个取水户（23套取水许可证）全部完成问题整改。

4. 严格计划用水管理

依据《取水许可和水资源费征收管理条例》《取水许可管理办法》等有关法律法规，结合漳卫南运河2020年流域气象、水文预报预测、取水户近三年实际用水量及2020年用水需求，综合考虑漳卫南运河水库蓄水情况，经海委批准，漳卫南局直管范围取水口均按照50%许可水量下达2020年用水计划，强化计划用水和用水过程管理、跟踪管理，加强枯水期、调水期等特殊时期取水监督要求，强化取水口管控，合理保持河道下泄流量。

5. 全面规范取水许可延续技术审查工作

按照海委授权，组织开展取水许可证有效期延续技术审查，编制取水许可证到期延续评估报告范本和漳卫南局管辖范围农业用水灌溉定额参照标准，全面完成漳卫南局管辖范围内27处取水口的取水许可证到期延续工作，并配合海委完成马庄扬水站、幸福渠引水闸取水许可证注销程序。

6. 纠正未批先建、非法取水等行为

配合完成陈年积案“清零”工作，对卫河浚县、漳卫新河无棣县小泊头镇未批先建取水口等非法取水工程进行督办。严厉查处馆陶县路庄扬水站非法取水案件。

7. 完成2019年取用水户取用水工作总结

组织漳卫南局属各河务局、管理局、取用水户完成2019年取水户取用水工作总结并上报海委，主要内容包括2019年取水许可管理总体情况、取水计划申请审核与下达情况、实际取用水情况及分析、取用水监管工作情况、存在问题、措施及建议等。

8. 完成2020年水资源管理和节约用水监督检查工作

按照海委部署，对河北省邢台市清河县、宁晋县、沙河市开展水资源管理和节约用水监督检查。在监督检查过程中，检查组严格落实监督检查工作要求，明晰检查标准，严格执行“四不两直”工作规定，通过实地查看、查阅资料、问询工作人员、与被检查县（市）座谈等方式，认真查找在水资源管理和节约用水中存在的问题，并将检查发现的问题及时反馈各县（市）水行政主管部门，按时完成监督检查报告、“一省一单”及问题整改建议。

（张明月）

【水资源调度】

1. 严格执行直管工程年度水量调度计划审批制度

根据《海委关于进一步加强漳河水量调度管理工作的通知》（海节保〔2020〕2号）要求，组织实施岳城水库水量调度方案和2019—2020年度水量调度计划，定期向海委报送岳城水库水量调度数据，组织编制《岳城水库2020—2021年度水量调度计划》并报海委审查。

2. 配合做好2020年度引黄济冀输水工作

2020年以来，根据河北省引黄申请和黄委计划安排，漳卫南局精心组织、周密安排，克服新冠肺炎疫情影响，先后配合开展引黄济冀输水工作6次，穿卫枢纽断面年度累计过水4.56亿m^3，耿李杨断面年度累计过水2.90亿m^3，第三店断面年度累计过水2.71亿m^3。

3. 积极推进漳河生态补水方案实施

按照《2020年度华北地区地下水超采综合治理河湖生态补水方案》部署，配合完成漳河生态补水任务，补水河长9km，补水面积145万m^2。

4. 实施河系水资源统一调度

8—10月，坚持水资源“一盘棋”思想，统筹谋划水资源配置和供水工作，实行管辖范围取水严格管控，成功为四女寺枢纽调水近4000万m^3，漳卫新河下泄约1300万m^3，南运河下泄约1000万m^3。

5. 积极推进流域区域协调与合作

前往鹤壁市、安阳市、邯郸市、衡水市、沧州市、德州市等地市及武城县、馆陶县等重点县开展水资源工作调研，主动沟通协调，推进水资源配置和供水协商机制建设，大力加强流域区域协调与合作。

6. 组织开展“漳卫南局水资源统一配置与调度难点和关键问题研究”课题调研

通过调研，全面掌握漳卫南局水资源配置与调度工作现状，系统分析工作中存在的难点和关键问题，提出推进水资源统一调度意见，拟定《漳卫南运河管理局水量调度管理办法》（草稿）。

7. 进行年度调水总结

对2019年度水资源调度工作进行总结，整理完成《漳卫南运河管理局2020年度输水资料整编》，编制并上报了《漳卫南运河管理局关于报送2019年度水资源调度工作情况的报告》（漳资源〔2020〕2号）。

（张明月）

【水资源保护】

1. 加强水源地保护力度

持续推进岳城水库饮用水水源地安全保障达标建设，完成2020年度岳城水库饮用水水源地安全保障自评估，加强岳城水库水源地管理保护，完成海委年度岳城水库现场饮用水水源地抽查评估。

2. 加强供水安全保障能力

针对近年岳城水库蓄水严重不足、长期处于低水位运行等问题，及时向上级主管部门反映情况，增加水质监测和水位观测频次，及时掌握蓄水及供水数据、水质变化等情况，提升风险防控能力。在新冠肺炎疫情防控期间，密切关注岳城水库、引黄穿卫枢纽等重要供水节点，做好应急处置的各项准备工作，保障了岳城水库供水及引黄济冀输水工作的正常开展。

3. 强化突发水污染事件应急防范

严格执行突发水污染事件月报及重大活动、节假日期间值班及零报告制度。印发《漳卫南运河管理局应对突发水污染事件应急预案》（漳资源〔2020〕38号），举办突发水污染事件应急处置培训班，联合水文处开展突发水污染事件应急监测演练，提升了突发水污染事件应急处置能力和整体合力。

（张明月）

【节水机关建设】

2020年3月以来，在全局组织开展节水机关建设工作，实现漳卫南局节水机关建设全覆盖。

（张明月）

【水资源监控能力建设】

1. 水资源监控系统项目通过验收

5月7日，海委召开“国家水资源监控能力建设项目（2016—2018年海委部分）验收视频会议”，漳卫南局水资源监控能力建设项目通过海委初步验收。7月29日，漳卫南局水资源监控能力建设项目通过水利部审计。9月4日，水利部验收组现场察看尖塚扬水站取水监控设施运行情况，听取漳卫南局项目建设情况汇报并观看水资源监控管理信息平台现场演示。9月5日，水利部验收组在海委对国家水资源监控能力建设海河水利委员会项目（2016—2018年）进行验收。验收组同意通过验收。

2. 持续强化系统平台运维管理

建立水资源监控系统检查和维护制度，加强取水口视频监控系统和水资源监控管理平台的运用，强化取水口实时监管，组织完成岳城水库遥测系统、水资源监控系统检查和维修，充分发挥水资源监控系统在强监管中的作用，强化了取水监管力度。

（张明月）

【水资源基础工作】

1. 不断完善水资源信息通报制度

2020年，完成《漳卫南运河水资源信息通报》月报12期、年报1期，全面、客观、及时地反映漳卫南运河水资源信息和水资源工作动态。

2. 加强水资源管理与保护队伍建设

组织开展了漳卫南局取水许可监督管理、水资源节约与保护、突发水污染事件应急处置、水资源调度等业务培训班。

（张明月）

【水资源工作科研成果】

10月，代表海委参加“人水和谐·美丽京津冀”创新示范引领劳动竞赛，漳卫南局水资源管理与保护团队得到了专家组的充分肯定，并获得优胜奖。

11月，牵头完成的“漳卫南运河水资源承载能力和生态修复研究”项目和“漳卫南运河河湖连通和生态调度研究”项目分别获得2020年海委水利科技进步一等奖和三等奖。

（张明月）

水旱灾害防御

【汛前准备】

1. 落实防汛抗旱责任制

5月13日，漳卫南局根据人员变动情况调整了水旱灾害防御组织机构，新增监督组和人力组，明确了局领导工作职责、包河包库分工和各单位（部门）职责。督促局属各单位落实地方防汛行政首长责任制，特别是县、乡两级防汛包工程责任制，统计汇总地方各级防汛行政责任人。局属各单位落实领导包河、职工包堤段、包险工等各项责任制，层层压实责任。

2. 汛前检查

3月25日，对照漳卫南局承担的防汛职责和工作任务，结合漳卫南局所辖工程现状情况，漳卫南局向局属各单位发出《关于做好水旱灾害防御有关准备工作的通知》（漳防御〔2020〕1号），就汛前检查、防汛责任制落实、防汛培训演练、涉河工程监管、河道清障、防洪预案编报等工作提出具体要求，指导各二级局开展各项水旱灾害防御准备工作。

3月下旬至5月上旬，漳卫南局系统县级局、市级局及局防御处分别开展了局系统汛前检查，重点检查堤防隐患、险工险段、穿堤建筑物、阻水障碍、常备物料、通信设备、防洪预案编制等情况，针对检查中发现的问题明确整改责任人、整改措施和整改时限，跟踪抓好整改落实，消除防汛隐患。4月初漳卫南局向海委上报自查报告，各二级局及时向有关县（市）防汛抗旱指挥部报送了汛前检查报告，局领导张永明、李瑞江、徐林波、杨士坤、张永顺、付贵增、王鹏先后多次率队赶赴一线进行水旱灾害防御检查。

3. 水旱灾害防御工作会

6月22日，漳卫南局召开2020年水旱灾害防御工作会议，贯彻落实海委主任王文生讲话精神，全面分析漳卫南运河水旱灾害防御工作形势，为应对水旱灾害进行动员部署。

4. 梳理完善防洪预案和超标准洪水防御

漳卫南局根据防汛工作实际，对《漳卫南运河管理局防汛应急响应工作规程》部分内容进行了补充修订，及时编制上报《漳卫河超标洪水防御预案》，局系统各单位采取预案培训班等多种形式强化对预案的学习，切实加强了防汛制度体系建设。

5. 洪水调度

严格执行《漳卫河洪水调度方案》和《水利部关于印发汛限水位监督管理规定》。根据气象预报、水雨情信息，防御处提前与水闸局、四女寺北闸建管局和四女寺局进行沟通，结合工程实际，提出了以蓄为主、兼顾引水、泄水为辅的洪水出路建议，合理安排卫河上游来水出路，协同有关部门做好供水工作，其间共签发调度单14份。

6. 水库安全度汛

汛前及时审核并批复了《岳城水库2020年汛期调度运用计划》，落实岳城水库“明白人”，安排制定岳城水库年度调度方案、调度年度记录制度，督促岳城水库做好安全度汛工作。

7. 四女寺枢纽工程度汛

配合四女寺北闸建管局制定北闸施工期防洪预案，为度汛培训提供技术支撑，实地观摩四女寺北闸建管局抢险演练，及时审核批复《四女寺枢纽工程2020年度汛方案》。

8. 培训演练

5月，漳卫南局组织基层骨干参加海委水旱灾害防御知识培训班；5月17日，局长张永明参加德州市恩县洼滞洪区防洪应急救援综合演练，德州河务局参与前期筹备、演练脚本制定、科目参演等工作；5月27日，四女寺北闸建管局组织开展2020年防汛抢险演练；6月19日，岳城水库管理局开展2020年防汛应急演练。培训演练达到了检验预案、拉练队伍、增强应急处置能力的预期效果，为安全度汛打下坚实基础。2020年度，局系统各单位共开展16次培训演练，累计培训403人次。

9. 度汛应急项目

2020年度汛应急项目为四女寺枢纽节制闸交通桥修复和岳城水库120kW备用发电机组更新，项目投资56.67万元，所有工程均已完工。

10. 物资准备

汛前，漳卫南局盘查了各单位的防汛物资储备情况，局机关委托水利部漳卫南局德州水利水电工程集团有限公司管护机关防汛物资仓库。局系统各单位均严格执行防汛物资使用规程，做好防汛物资使用前的调试准备工作。

11. 基础技术工作

委托水文处开展漳卫河系1951—2016年的较大规模洪水调查工作，对历史数据进行分析，并录入数据库，形成《漳卫河系重要控制断面历史洪水过程调查技术报告》。

（尹璞）

【汛期工作】

1. 雨情

2020年汛期（6月1日至9月15日）漳卫南运河流域面降水量为375.3mm，较多年同期平均面降水量偏多10%～20%，其中漳河地区面降雨量为370.1mm，卫河地区面降雨量为396.0mm。

2. 水情

8月8日19时，受上游局部暴雨影响，漳河观台水文站出现径流，结束了长达686天的断流，最大流量为70.9m^3/s，出现在8月10日19时30分，8月30日再次断流；元村站最大流量为68.8m^3/s，出现在8月13日20时。岳城水库6月1日8时坝上水位为123.19m，蓄水量为0.204亿m^3；8月14日16时后坝上水位升至125.00m以上；9月15日8时坝上水位为128.57m，蓄水量为0.877亿m^3，汛期蓄水变量为0.673亿m^3。

各段河道水势平稳，未发生汛情险情；岳城水库汛期水位未超出汛限水位。

3. 汛期应对

2020年汛期漳卫南局全面贯彻落实水利部、海委水旱灾害防御工作部署，加强汛期值守，强化会商研判，保障信息畅通，密切关注天气变化和水雨情，及时作出防范强降雨工作部署，有效应对了多场降雨。其间共转发明传电报11份，编发明传14份。

6月15日，参加海委召开的防汛视频会，汇报水旱灾害防御工作开展情况及下一步工作重点。7月15日，召开水旱灾害防御专题会，传达习近平关于防汛救灾工作重要指示精神，李克强重要批示要求，国务院常务会议精神和鄂竟平、王文生重要安排部署。

8 月 7 日，组织召开紧急防汛会商，分析强降雨防范应对过程，研判漳卫河系降雨形势，部署各项防御工作。局属各单位对所辖堤防险工、备防石、防洪工程水情监测设施、堤顶路面、闸门、启闭机、机电设备设施、防汛物资、通信设备、辛集浮桥在建工程、防汛设备基地等进行巡查检查，及时开展堤防断面修复工作，保证防汛抢险设备以及配套防汛物资设施存放安全，水文部门全面做好应急监测工作，有效防范此次强降雨带来的洪涝灾害。海委于 8 月 5 日 18 时启动海河流域水旱灾害防御Ⅳ级应急响应。漳卫南局根据漳卫河实际情况未启动应急响应。

根据水利部、海委要求，8 月 4—6 日，漳卫南局副局长李瑞江率水利部工作组赴河南省检查卫河水旱灾害防御工作。

（尹璞）

【汛后管理】

1. 雨毁修复工程

2020 年雨毁项目经上级审查后安排总经费 60 万元，涉及邯郸局、邢衡局、聊城局、德州局和沧州局，2021 年安排实施。

2. 防汛业务费管理工作

根据海委和漳卫南局财务处相关通知，防御处完成 2021—2023 年局机关防汛业务费项目申报书、实施方案等文本的编制，指导局属单位完成项目的编报工作，并完成全局防汛业务费的汇总上报。

（尹璞）

河湖管理

【河长制工作】

1. 制定2020年河湖管理工作要点

制定印发了《漳卫南运河管理局2020年河湖管理工作要点》，从深化河湖监管和推动河湖管理机制创新两方面对漳卫南局河湖管理提出了明确要求。

2. “清四乱”专项行动

5月，漳卫南局开展河湖“四乱”问题再排查、再移交工作。7月，漳卫南局机关及局直属各单位狠抓机遇、主动出击，借助沿河各省总河长工作会议和汛期防汛减灾有利时机，积极与省、市、县各级河长办及水行政主管部门协调对接，集中清理整治各类“四乱”问题133个，共清理违章建筑近1万m^2，清理河道树障近100万m^2。10月，漳卫南局成立督导组对卫河、邯郸、聊城等河务局“清四乱”工作进行督导推进。截至12月底，漳卫南局累计共清理整治各类“四乱”问题1053个，拆除违章建筑约22万m^2，清理阻水树障约269万m^2，清理生活及建筑垃圾约19万m^3。

3. 印发实施《漳卫南运河推进河湖长制工作协作机制》

11月，经专题研究，多方搜集材料，局领导亲自把关审核，并通过召开研讨会和电话函询的方式广泛征求沿河10市河长办及水行政主管部门的意见和建议，几经讨论修改，《漳卫南运河推进河湖长制工作协作机制的通知》（漳河湖〔2020〕19号）印发实施。

4. 督查暗访

2020年，漳卫南局共派出4个督查组12人次，先后对河北省7个市69个县进行督查，通过实地查看、电话问询、走访群众、查阅资料、座谈等方式排查发现各类问题60个，全部通过河湖督查系统上报并下发地方。同时复核了2019年河北省已销号台账内“四乱”问题1900个，超额完成督查任务。

（刘凌志）

【涉河建设项目管理】

2020年，漳卫南局配合海委审查漳卫南局管辖范围内涉河建设项目10个，海委已完成水行政许可8个。漳卫南局对秦滨国家高速公路埕口（鲁冀界）至沾化段项目漳卫新河特大桥工程、国道107邯郸段改建工程漳河特大桥等在建涉河建设项目进行工程建设过程监管，对海委行政许可的国道515定州—浚县公路邯郸段改建工程跨漳河特大桥防护与补救措施工程设计进行了研讨。印发了《漳卫南运河管理局关于进一步明确河道管理范围内建设项目补救措施管护责任的通知》（漳河湖〔2020〕15号），要求各单位重视河道管理范围内建设项目监管。

（刘凌志）

【采砂管理】

3月，组织岳城水库管理局、邯郸河务局对管辖范围内河道采砂管理任务较重的重点河段、敏感区域进行了核实，并将漳卫南局管辖范围内河湖采砂重点河段、敏感水域情况和相关责任人报海委。

6月，认真研究《漳河干流河道采砂管理规划》并向海委反馈意见以及直管河道河段采砂管理权限建议。

7—8 月，漳卫南局针对漳河无堤段以及下游非法采砂重点区域开展了重点检查，要求各有关单位加强执法巡查，协调地方政府及相关部门开展联合执法、探索采砂管理长效机制。

8—10 月，在 15 部委《关于促进砂石行业健康有序发展的指导意见》（发改价格〔2020〕473 号）印发后，河湖处认真学习贯彻，开展了相关技术性工作和管理体系研究。完成起草《漳卫南运河管理局直管河道采砂监督管理办法》，结合岳城水库淤积情况，起草了《岳城水库清淤及砂石资源利用工作方案》，并委托漳卫南局水文处完成岳城水库底质检测。

11 月，组织河湖处、水政处、岳城水库管理局及邯郸河务局等有关单位前往邢台市水务局开展调研，并编写了《邢台市河道采砂管理调研报告》。

（刘凌志）

【漳卫新河河口管理】

12 月，漳卫新河河口管理第四次联席会议在山东省无棣县召开。漳卫南局水政处、河湖处，无棣县、海兴县人民政府、水务局等参加会议。会上各联席单位进行交流发言，并围绕河口管理、水行政执法、推进落实河长制等进行了座谈讨论。

（刘凌志）

【水域岸线管理】

5 月，就《海河流域重要河道岸线保护与利用规划》中涉及漳卫南运河的内容，汇总整理其他相关部门和单位的意见并向海委进行反馈。

漳卫南局先后印发了《漳卫南运河管理局关于加快推进中央直管河道管理范围划定公告工作的通知》（漳河湖〔2020〕1 号）、《漳卫南运河管理局办公室关于确保河湖管理范围划定和公告工作按期完成的通知》（办河湖〔2020〕1 号），积极开展直管河道管理范围划定和公告工作。7 月，漳卫南局所辖的 10 个市 27 个县（区）的 814km 河道、1536km 堤防及所有枢纽、闸等水利工程全部由地方人民政府进行了管理范围划定公告，彻底解决了漳卫南局河道及水利工程边界不清、权属不明的问题。

（刘凌志）

【水利风景区管理】

制定印发了《漳卫南运河水利风景区运行管理办法（试行）》（漳河湖〔2020〕2 号），为进一步规范水利风景区的建设、管理原则以及厘清责任关系提供了指导性依据。

（刘凌志）

水文工作

【雨情水情】

1. 雨情

汛期（6月1日至9月30日），漳卫南运河流域面平均降雨量为384.2mm，其中6月59.4mm、7月88.9mm、8月208.9mm、9月27.0mm。

2. 水情

汛期，漳河观台水文站最大流量出现在8月10日21时30分，为70.9m^3/s；卫河元村水文站最大流量出现在8月13日20时，为68.8m^3/s；卫运河临清水文站最大流量出现在8月16日8时，为43.6m^3/s。

汛期，岳城水库最高水位出现在9月15日8时，为128.57m；最低水位出现在7月11日8时，为122.56m。

2020年1月1日至12月31日，岳城水库年最高水位出现于9月15日8时，为128.57m，相应蓄水量为0.877亿m^3；年最低水位出现于7月11日8时，为122.56m，相应蓄水量为0.152亿m^3。

（安艳艳）

【汛前准备】

2020年3月，转发《水利部办公厅关于做好2020年水文测报汛前准备工作的通知》，安排部署直属测站开展汛前准备和水文测验质量自查工作，扎实做好2020年汛前准备和安全生产工作。5月7日，漳卫南局水文测验质量检查评定领导小组对岳城水库、穿卫枢纽、辛集、祝官屯、王营盘、牛角峪、耿李杨、第三店等水文测站水文测报汛前准备、水文测验质量和安全生产相关工作进行检查。

（安艳艳）

【制度建设】

2020年3月，结合具体情况编制印发《关于成立漳卫南运河管理局水文处水质自动站运行管理工作组的通知》（水文综〔2020〕3号）、《漳卫南运河管理局水文处关于加强劳动纪律的通知》（水文综〔2020〕8号）、《漳卫南运河管理局水文处维修维护费使用管理办法（试行）》（水文综〔2020〕5号）、《漳卫南运河管理局水文处水质自动监测站运行管理办法》（水文综〔2020〕6号）、《漳卫南运河管理局水文处水质数据管理办法》（水文综〔2020〕7号）、《漳卫南运河管理局水文处实验室管理办法》（水文综〔2020〕9号）等系列管理办法和规章制度，进一步加强内部管理，规范工作流程，提升管理水平。4月30日，梳理各项规章制度并编印成册，印制了《水文处规章制度汇编》。

12月，印发《漳卫南运河管理局水文处“三重一大”决策实施细则（试行）》，进一步完善“三重一大”决策机制。

（安艳艳）

【大江大河水文监测系统建设工程】

4月30日，完成漳卫南局大江大河水文监测系统建设工程（一期）项目竣工财务决算编制。5月底，完成西郑庄水文站新建水准点高程引测，新建闸上、闸下水尺零点高程测量。9月30日，全面完成海委大江大河水文监测系统建设工程（一期）（漳卫南局项目）工程档案资料整理工作。10月27日，海委大江大河水文监测系统建设工程（一期）项目顺利通过海委竣工验收。11月25日，完成穿卫枢纽水文站改建、西郑庄水文站建设和漳卫南局巡测设备购置项目资产移交手续办理。

（安艳艳）

【水文测验】

3月，对漳卫南运河桥测断面进行巡查，对设施设备进行检查，为安全度汛做好准备工作。

5月9日，海委检查组对漳卫南局直属岳城水库、穿卫枢纽、辛集国家基本水文站进行检查评定。5月20日，印发《漳卫南运河管理局关于2020年汛前检查和水文测验质量检查评定情况的通报》（水文综〔2020〕15号）。6月2日，海委水文局印发《海委水文局关于2020年海委水文测验质量检查评定情况的通报》（水文〔2020〕29号），漳卫南局获得海委汛前准备、水文测验质量和安全生产检查评定第一名。

7月，按照海委水文局“以测补报”工作思路，整理上报了漳卫南运河主要河道行洪能力，水库、蓄滞洪区和枢纽水闸技术指标，以及巡测断面布设及测量成果等，为开展应急监测做好技术支撑。

8月，开展了水文应急监测，分别在南陶、西常庄、临清、郑口实测过水断面流量，成果可靠，为分析南陶至临清水量变化提供了支撑。

9月，按照水利部办公厅水明发〔2020〕142号文“强化风险意识，认真做好其他领域安全防范工作”要求，部署漳卫南局直属水文测站做好水文监测安全防范和管控，落实好隐患排查和整治，确保测报安全。

（安艳艳）

【水质监测】

按月开展漳卫南局管辖范围22个地表水国家重点水质站的采样及检测业务，监测项目为《地表水环境质量标准》（GB 3838—2002）中24项基本项目。开展岳城水库坝上和库心10个监测项目。每月形成水质检测报告，全年开展监测项目58项，出具检测结果约6500个。

为确保自动监测系统整体安全稳定运行，3月，漳卫南局水文处与天津市龙网科技发展有限公司签订观台、岳城水库坝上、龙王庙水质自动监测站运行维护合同。4月，组织开展观台、岳城水库坝上、龙王庙自动监测站开站前检查，确保设施设备安全运行。6月，对观台、岳城水库坝上、龙王庙水质自动监测运行维护中期检查并通报反馈运营公司。6月17—19日，海委水文局对漳卫南局水质自动监测站、实验室进行水质监测工作检查。9月，完成5个水质监测自动站比对实验。11月，完成对岳城水库坝前、龙王庙、观台三个自动监测站的验收工作。

10月，对漳卫南局所辖范围内全国重点河流站水质监测断面（元村、龙王庙、秤钩湾、营镇桥、徐万仓、穿卫枢纽、祝官屯闸）重新复核，确保监测数据更加科学准确。

12月，加密监测临清红旗渠、临清大桥、油坊桥断面，排查所辖河道水污染情况。

（安艳艳）

【水资源监测】

（1）引黄济冀位山线路。2020年引黄济冀位山线路应急调水实施3期。

第一期调水自2019年11月18日开始，至2020年2月4日结束，历时79天。穿卫枢纽站累计过水1.684亿m^3，实测最大流量42.4m^3/s，累计发报90次，开展水位观测969次、水温观测79次、流量测验45次、泥沙测验52次。水质监测共检测26批次，取得数据390个。

第二期调水自2020年4月17日开始，至7月10日结束，历时85天。穿卫枢纽站累计过水3.484亿m^3，最大流量78.4m^3/s，累计发报92次，开展水位观测1092次、水温观测84次、流量测验41次、泥沙测验次85次。水质监测共检测28批次，取得数据420个。

第三次调水自2020年12月18日开始，至2021年2月8日结束，历时53天。穿卫枢纽站累计过水1.266亿m^3，最大流量49.0m^3/s，累计发报57次，开展水位观测685次、水温观测51次、流量测验27次、泥沙测验21次。水质监测共检测17批次，取得数据255个。

（2）引黄济冀潘庄线路。2020年引黄济冀潘庄线路应急调水实施三期。

第一期调水自2019年12月6日开始，至2020年1月15日结束，历时41天。在耿李杨测验断面开展水位观测406次、流量测验58次、泥沙测验39次，耿李杨断面累计过水量1.0606亿m^3，日均流量为29.2m^3/s；在第三店断面开展水位观测376次、流量测验56次、泥沙测验40次，累计过水量0.9459亿m^3，日均流量为26.1m^3/s。累计发报103次，发送水情信息118份。开展第九桥和第三店断面的水质监测工作，共检测24批次，取得数据360个。

第二期调水自2020年5月19日开始，至7月4日结束，历时47天。耿李杨站累计过水0.9331亿m^3，最大流量65.9m^3/s，累计发报91次，开展水位观测555次、流量测验84次、泥沙测验43次。第三店站累计过水0.7969亿m^3，最大流量37.0m^3/s，累计发报89次，开展水位观测696次、流量测验84次、泥沙测验44次。水质监测共检测21批次，上报315个数据。

第三期调水自2020年10月25日开始，至12月7日结束，历时44天。耿李杨站累计过水1.629亿m^3，累计发报84次，开展水位观测537次、流量测验83次、泥沙测验41次。第三店站累计过水1.578亿m^3，累计发报82次，开展水位观测548次、流量测验87次、泥沙测验42次。水质监测共检测19批次，取得数据285个。

（安艳艳）

【水文情报预报】

1. 水情报汛

直属测站严格按照海委办公室《关于下达2020年报汛任务的通知》（办水文〔2020〕1号）文件精神要求开展报汛工作。汛期，中央报汛站岳城水库、穿卫枢纽到报率100%。截至2020年12月31日，向水利部、海委报送2个国家基本水文站水情信息1221条，30分钟内信息到达率100%。

2. 水文预报

汛期，密切监视漳卫河系雨情、水情，关注台风信息，及时开展水情预报和洪水预报。共编制发布《漳卫南运河水情简报》108期，开展洪水预报超过50次，岳城水库纳雨能力分析2次。

3. 以测补报

8月11—14日，对漳卫河系上游地区开展深入细致的调查和踏勘，获取了丰富的工程、水文信息和现场资料。同时，与沿河地方管辖水文机构建立联系，强化汛期水文信息共享，推进了河系“以测补报，以快补准”工作。

9月30日，完成卫河系重要控制断面历史洪水过程调查，完成14场次洪水调查分析。12月3日，组织人员赴恩县洼滞洪区管理处调研蓄滞洪区调度和管理情况，为进一步推进“以测补报”、提升预报精度积累现场资料。

（安艳艳）

【水文信息化建设】

为加大历史水文资料数字化建设，逐步实现水文资料数字化，开展“漳卫南运河2007—2011年历史水文资料数字化”项目，8月完成全部数据电子转化和提取工作，对全部数据校核2遍，10月完成项目验收。

4月28日，统计岳城水库自动遥测系统站点相关信息，完成岳城水库自动遥测系统站点名录报送。5月初，完成岳城水库以上地区遥测系统数据与实时水雨情数据库同步，并实现所有遥测数据实时传输至海委水文局。

5月，强化预测预警能力，细化洪水预报调度方案，做好应对各种条件下暴雨洪水以及极端天气的准备。在常规预报模型的基础上，细化非常规预报模型应用方案，形成多模型联动，提升预报精度；通过精确分析河道水位流量关系及卫河各分洪溃口控制条件，完善蓄滞洪区运行条件下的预报方案；完善岳城水库及四女寺枢纽调度规则，实现规则调度与人工交互的密切结合。

12月，漳卫南运河水系洪水预报调度一体化系统设计与研究项目获海河水利委员会科学技术进步三等奖；漳卫南运河供水水量水质模型、基于系统动力学的卫运河区域水资源优化配置研究分别荣获漳卫南局第三届科学技术进步二等奖、三等奖。岳城水库以上地区降雨径流规律变化对洪水预报影响分析、盛奥华6B-2000型定量试剂配置法设备应急测定COD等5项成果获得漳卫南局2020年技术创新及推广应用优秀成果。

（安艳艳）

【水文应急演练】

5月25日、6月18日，先后组织开展2次洪水预报调度演练，针对历史洪水和可能发生的暴雨洪水进行模拟演练，有效提升洪水预报及调度实战能力。

6月16—17日，在岳城水库召开水源地突发水污染事件应急监测技术培训及演练，漳卫南局副局长付贵增赴现场观摩演练。演练设置应急实验室搭建、机动采送样、涉水现场指标测定、水质评价上报、质量控制、资料整汇编和安全保障等环节，调动了水质监测车、监测船、采样运输车等交通工具，投入GPS定位仪、多参数水质监测仪等20余台

（套）水质分析设备，并与漳卫南局实验室分析检测实现全程联动。

（安艳艳）

【水文预报测报规范】

4 月 22 日，编制完成《岳城水库水文站超标准洪水水文应急测报预案》《辛集水文站超标准洪水水文应急测报预案》，完善了国家基本水文站应急测报机制和作业流程。

4 月 30 日，编制完成《漳卫南运河超标洪水水文情报预报应对预案》，提出了超标准洪水水文测报和情报预报的应对措施，不断提升预报精度和准度，延长洪水预见期。6 月 28 日，编制完成《漳卫南运河超标准洪水水文应急测报预案》并以漳水文〔2020〕1 号文件印发，制定了漳卫南局管辖范围内漳卫南运河发生超标准洪水条件下水文站点和堤防决堤、溃口，蓄滞洪区分洪，以及其他突发水事件的水文应急测报机制与作业流程，为漳卫南运河超标准洪水水文应急测报工作安全有序提供保障。

5 月 6 日，落实水文报汛任务，按照海委下达的具体报汛任务以及漳卫南局实际情况，印发《漳卫南局水文处关于下达 2020 年报汛任务的通知》（水文综〔2020〕13 号），对各测站水情报汛任务进行分解和量化。

6 月 30 日，编制《岳城水库 2020 年度水资源调度方案》，进行了岳城水库以上漳河流域的水文气象、工程概况、水资源供需现状等基础资料的收集工作，对漳河、卫河水情形势进行分析、来水量预测，对邯郸、安阳两市需水量预测，对岳城水库（漳河）、元村集、临清站的生态流量进行了计算。

（安艳艳）

【资料整编】

1 月，完成 2019 年度漳卫南局属水文测站水文资料整编及审查工作。12 月，召开漳卫南局直属水文测站 2020 年 1—10 月水文资料整编成果审查会议，对局属水文测站水文原始资料和整编成果进行审查，并参加 2019 年度海委水文测站 1—11 月水文资料整编成果复审，对发现的问题及时进行修正，向海委提交了漳卫南国家基本水文站水文资料整编成果。

2 月，完成 2019 年漳卫南运河流域水质资料的整编工作。完成 2019 年《中国水资源公报》编制工作并上报。

（安艳艳）

【水文工作会】

2020 年 5 月 7 日，组织召开水文备汛工作会议，漳卫南局总工程师徐林波听取关于防汛备汛工作汇报，研究指导水文备汛等工作。

11 月 25 日，召开漳卫南局 2020 年度水文工作会，分析当前水文发展面临的形势和任务，总结 2020 年全局水文工作，并安排部署 2021 年重点工作。漳卫南局总工程师徐林波出席会议并讲话。相关单位就 2020 年水文工作和 2021 年工作展望进行总结汇报，并进行交流座谈。

（安艳艳）

【水文统计】

截至2020年12月31日，核实统计水文固定资产总额1915.77万元，在职人员18人，离退休人员5人。

（安艳艳）

【水文队伍建设】

5月29日，进行水文汛期防汛值班业务培训，针对汛期值班流程、水文应用系统操作及值班注意事项进行讲解。9月9—13日，组织水质监测人员参加CCAI计量溯源性测量不确定度评定与表示判定规则实际操作培训，提升水质监测能力与水平。9月，举办漳卫南局水文测报技术应用培训班、漳卫南局水文应急监测演练暨技术交流会议，培训、技术交流及应急监测演练均达到了预期目标。

（安艳艳）

综合管理

【财务情况】

1. 财务收支情况

（1）预算安排情况。2020年全局收入预算47418.22万元。其中，年初预算46140.32万元，包括财政拨款27870.74万元、事业收入17767.79万元、其他收入501.79万元；年中调整预算1277.90万元，包括追加财政拨款预算1180.72万元（职务职级并行增加11.8万元，离退休人员经费153.31万元，基本养老保险缴费676.75万元，职业年金缴费338.86万元）、追加事业收入预算97.18万元（自筹项目）。

2020年全局支出预算47418.22万元。其中，基本支出预算30042.54万元，包括人员经费26634.37万元（含追加1180.72万元）、日常公用经费3408.17万元；项目支出预算17095.68万元，包括行政事业类项目12155.68万元（含追加自筹项目97.18万元）、基本建设类项目4940万元；上缴海委支出预算280.00万元。

（2）预算执行情况。2020年全局收入预算47418.22万元，实际完成38762.77万元，预算完成率81.75%。具体包括：财政拨款预算29051.46万元，全部完成；事业收入预算17864.97万元，实际完成9212.28万元，完成率为51.57%；其他收入预算501.79万元，实际完成499.03万元，完成率99.45%。

2020年全局支出预算47418.22万元，实际完成38259.61万元，预算完成率80.69%。具体包括：基本支出预算30042.54万元，实际完成23863.62万元，完成率79.43%，主要因为创收收入未能完成预算，造成应由创收发放的部分工资项不能兑现，以及受新冠肺炎疫情影响各单位普遍压缩了公用经费支出；项目支出预算17095.68万元，实际完成14115.99万元，完成率82.57%，主要因为部分自筹项目未实施；上缴海委280.00万元，预算全部完成。

2. 资产情况

截至2020年12月31日，全局资产总额（账面净值，下同）376852.03万元，较2019年减少2.83%。负债总额7482.84万元，较2019年减少2.14%。净资产369369.19万元，较2019年减少2.84%。

（1）资产构成。流动资产9493.31万元，较2019年减少1.03%，占资产总额的2.52%；固定资产11988.3万元，较2019年减少0.02%，占资产总额的3.18%；在建工程9965.31万元，较2019年减少77.53%，占资产总额的2.64%；长期投资861.86万元，占资产总额的0.23%；无形资产2069.93万元，较上年减少46.82%，占资产总额的0.55%；公共基础设施342473.32万元，占资产总额的90.88%。

（2）重点资产情况。

1）土地资产情况。截至2020年12月31日，全局土地账面面积12956886.57m^2，账面原值2025.38万元，账面净值2025.38万元。2020年度新增账面面积2733.00m^2，账面原值0万元。

2）房屋资产情况。截至2020年12月31日，全局房屋账面面积93124.48m^2，账面价值11625.32万元。其中，办公用房面积57487.83m^2，占房屋的61.73%；业务用房面积400.00m^2，占0.43%；其他用房面积35236.65m^2，占37.84%。2020年度新增账面面积 160.00m²，账面原值 9.28 万元；2020 年度处置账面面积 15.00m²，账面原值 2.21 万元。

3）车辆资产情况。截至 2020 年 12 月 31 日，全局车辆账面数量 66 辆，账面原值 1450.27 万元，账面净值 259.26 万元。2020 年度无新增车辆；处置车辆 32 辆，账面原值 575.87 万元。

4）在建工程情况。截至 2020 年 12 月 31 日，全局账面在建工程 9965.31 万元。2020 年度新增 4885.31 万元，处置 0 万元。

3. 国有资产收益情况

固定资产出租收益 213.31 万元；资产处置收益 62.09 万元。

（田伟）

【财务管理】

1. 预算管理工作

完成 2021—2023 年三年滚动项目储备工作，完成 2021 年部门预算“一上”“二上”的编报及 2020 年部门预算的批复工作。完成 2019 年预算项目绩效评价和总体验收工作。

2. 财务决算、日常核算及基础性管理工作

完成漳卫南局 2019 年各类财务决算、资产报表、企业报表的编制、汇总、上报工作，完成 2020 年各项经费的日常核算和日常报表工作。

3. 资金支付

2020 年全年主要时间节点资金支付达到序时进度要求，年末财政资金支付率 100%。

4. 加强单位内部管理

加强单位内部管理，完善内控体系相关制度。修订印发《漳卫南运河管理局经济责任考核暂行办法》。

5. 监管信息化

通过水利部财务管理信息系统，常态化监督全局预算单位的资金支付工作，防范资金风险，确保资金使用安全。

6. 财务队伍建设

为安排部署 2021 年预算编报工作，进一步提高财务人员综合素质和履职能力，8 月举办一期财会人员培训班，培训 40 余人次。

（田伟）

【人事管理】

1. 人事任免

2019 年 12 月 6 日，漳卫南局党委研究决定，段忠禄任监察处一级调研员；刘书兰、陈萍任办公室（党委办公室）二级调研员；曹磊任规划计划处二级调研员；仇大鹏任水政处（水政监察总队）二级调研员；王建辉、赵爱萍任财务处二级调研员；王德利任人事处（离退休职工管理处）二级调研员；张宇任水资源管理与保护处二级调研员；张润昌任建设与运行管理处二级调研员；祁锦、梁文永任水旱灾害防御处二级调研员；任俊卿任卫河河务局二级调研员；刘长功任邯郸河务局二级调研员；魏强、王玉哲任聊城河务局二级调研员；王海军、赵铁群任邢台衡水河务局二级调研员；杨百成、肖玉根、王金功任德州河务局二级调研员；刘铁民、陈俊祥任沧州河务局二级调研员；张建军、李永宁、赵宏儒任岳城水库管理局二级调研员；贾卫、于清春任水闸管理局二级调研员。以上人员职级任职时间自 2019 年 12 月起算（漳任〔2020〕2 号至 9 号）。免去刘铁民的沧州河务局副局长职务、二级调研员职级，自 2019 年 12 月 31 日起退休（漳任〔2020〕11 号）。

2019 年 12 月 31 日，漳卫南局党委研究决定，免去倪文战同志的中共水利部海委漳卫南运河卫河河务局委员会副书记职务（漳党〔2020〕9 号）。免去倪文战的卫河河务局局长职务（漳任〔2020〕14 号）。任命倪文战同志的中共水利部海委漳卫南运河岳城水库管理局委员会副书记（漳党〔2020〕10 号）。任命倪文战为岳城水库管理局局长（漳任〔2020〕15 号）。免去万军同志的中共水利部漳卫南局德州水利水电工程集团有限公司委员会委员职务，免职时间自 2019 年 12 月起算（漳党〔2020〕11 号）。任命万军同志为中共水利部海委漳卫南运河聊城河务局委员会委员职务，任职时间自 2019 年 12 月起算（漳党〔2020〕12 号）。免去万军的德州水电集团公司副总经理职务，免职时间自 2019 年 12 月起算（漳任〔2020〕16 号）。任命万军为聊城河务局副局长（试用期一年），任职时间自 2019 年 12 月起算（漳任〔2020〕17 号）。

根据《水利部机关公务员及流域管理机构纪检组监察局参公人员职务与职级并行制度实施方案》规定，经水利部党组会研究，部任〔2019〕112 号文件通知：晋升徐林波为一级巡视员，职级任职时间自 2019 年 12 月起算，职级任职年限按照有关规定执行（漳任〔2020〕12 号）。

2020 年 1 月 20 日，漳卫南局党委研究决定，免去魏强聊城河务局二级调研员职级，自 2020 年 2 月 29 日起退休（漳任〔2020〕13 号）。

2020 年 3 月 19 日，漳卫南局党委研究决定，赵厚田达到法定退休年龄，解聘其信息中心主任职务，自 2020 年 4 月 30 日起退休（漳任〔2020〕22 号）。解聘段百祥的水利部海委漳卫南局防汛机动抢险队副队长职务（漳任〔2020〕43 号）。免去段百祥同志的中共水利部海委漳卫南局防汛机动抢险队委员会书记职务（漳党〔2020〕53 号）。

2020 年 5 月 11 日，漳卫南局党委研究决定，任命耿高峰为水旱灾害防御处副处长（试用期一年）（漳任〔2020〕26 号）。任命尹法为监察处处长、一级调研员，免去其直属机关党委副书记职务、一级调研员职级。免去杨丽萍的监察处处长职务、一级调研员职级（漳任〔2020〕28 号）。

2020 年 5 月 18 日，漳卫南局党委研究决定，聘任刘伟为信息中心副主任，解聘其信息中心总工程师职务（漳任〔2020〕25 号）。任命李清为监察处副处长（试用期一年）（漳任〔2020〕29 号）。

2020 年 6 月 17 日，漳卫南局党委研究决定，任命贾健、王颖为办公室（党委办公室）副主任（试用期一年）（漳任〔2020〕30 号）。聘任辛全民为信息中心副主任（试用期一年）（漳任〔2020〕31 号）。聘任荆荣斌为综合事业处副处长（试用期一年）（漳任〔2020〕32 号）。任命段峰为水利部海委漳卫南运河卫河河务局副局长（试用期一年）（漳任〔2020〕33 号）。任命李修勤为水利部海委漳卫南运河岳城水库管理局副局长（试用期一年）（漳任〔2020〕34 号）。聘任王传云为水利部海委漳卫南局防汛机动抢险队副队长

（试用期一年）（漳任〔2020〕35 号）。聘任吕元伟为后勤服务中心副主任（试用期一年）（漳任〔2020〕36 号）。免去李焊花财务处一级调研员职级，自 2020 年 7 月 31 日起退休（漳任〔2020〕37 号）。任命段峰同志为中共水利部海委漳卫南运河卫河河务局委员会委员（漳党〔2020〕38 号）。任命李修勤同志为中共水利部海委漳卫南运河岳城水库管理局委员会委员（漳党〔2020〕39 号）。任命王传云同志为中共水利部海委漳卫南局防汛机动抢险队委员会委员（漳党〔2020〕40 号）。免去杨金贵的水闸管理局三级调研员职级（漳任〔2020〕41 号）。聘任刘恩杰为信息中心主任（漳任〔2020〕42 号）。聘任杨金贵为水利部海委漳卫南局防汛机动抢险队副队长（试用期一年），解聘刘恩杰的水利部海委漳卫南局防汛机动抢险队队长职务（漳任〔2020〕43 号）。任命杨金贵同志为中共水利部海委漳卫南局防汛机动抢险队委员会书记（试用期一年），免去刘恩杰同志的中共水利部海委漳卫南局防汛机动抢险队委员会副书记职务（漳党〔2020〕53 号）。漳卫南局党委研究决定，免去张安宏的水利部海委漳卫南运河邯郸河务局副局长职务（漳任〔2020〕44 号）。免去张安宏同志的中共水利部海委漳卫南运河邯郸河务局委员会书记职务（漳党〔2020〕52 号）。

2020 年 7 月 2 日，漳卫南局党委研究决定，任命张华雷同志为中共水利部海委漳卫南运河沧州河务局委员会委员（漳党〔2020〕48 号）。免去刘志军的水利部漳卫南局德州水利水电工程集团有限公司总经理职务（漳任〔2020〕45 号）。免去刘志军同志的中共水利部漳卫南局德州水利水电工程集团有限公司委员会书记职务（漳党〔2020〕54 号）。任命刘志军为漳卫南局水资源管理与保护处二级调研员（漳任〔2020〕46 号）。任命张安宏为漳卫南局监督处（审计处）二级调研员（漳任〔2020〕47 号）。

水利部以部任〔2020〕39 号文件通知：经任职试用期满考核合格，任命付贵增为水利部海河水利委员会漳卫南局副局长（漳任〔2020〕48 号）。

2020 年 7 月 31 日，漳卫南局党委研究决定，刘群任水资源管理与保护处三级调研员，职级任职时间自 2020 年 7 月起算（漳任〔2020〕51 号）。耿建伟任清丰河务局三级调研员；张秀堂任内黄河务局四级调研员。以上人员职级任职时间自 2020 年 7 月起算（漳任〔2020〕52 号）。任命王孟月为邯郸河务局局长（漳任〔2020〕53 号）。万军任聊城河务局三级调研员，职级任职时间自 2020 年 7 月起算（漳任〔2020〕54 号）。任命田术存为邢台衡水河务局局长（漳任〔2020〕55 号）。陈永瑞任德州河务局三级调研员；张军、李永春分别任德州河务局四级调研员。以上人员职级任职时间自 2020 年 7 月起算（漳任〔2020〕56 号）。孙建义任岳城水库管理局三级调研员，职级任职时间自 2020 年 7 月起算（漳任〔2020〕57 号）。刘春华任庆云闸管理所三级调研员，职级任职时间自 2020 年 7 月起算（漳任〔2020〕59 号）。崔金峰任沧州河务局四级调研员，职级任职时间自 2020 年 7 月起算（漳任〔2020〕61 号）。于延成任邯郸河务局二级调研员；刘亚峰任邯郸河务局二级调研员；免去以上人员原任职级。职级任职时间自 2020 年 7 月起算（漳任〔2020〕64 号）。倪文战任岳城水库管理局一级调研员。职级任职时间自 2020 年 7 月起算（漳任〔2020〕65 号）。刘敬玉任水闸管理局一级调研员；石屹任水闸管理局二级调研员；免去石屹原任职级。职级任职时间自 2020 年 7 月起算（漳任〔2020〕66 号）。张如旭任卫河河务局一级调研员；江松基任卫河河务局二级调研员；免去江松基原任职级。职级任职时间自2020年7月起算（漳任〔2020〕67号）。刘志军任漳卫南局水资源管理与保护处一级调研员；张安宏任漳卫南局监督处（审计处）一级调研员；王丽任漳卫南局直属机关党委（工会）二级调研员；免去以上人员原任职级。职级任职时间自2020年7月起算（漳任〔2020〕68号）。

2020年8月7日，漳卫南局党委研究决定，任命李孟东为河湖管理处处长，位建华为财务处副处长，王丽君为人事处（离退休职工管理处）副处长，王铁英为河湖管理处副处长，杜平为监督处（审计处）副处长（漳任〔2020〕50号）。任命李才德为四女寺枢纽工程管理局局长（漳任〔2020〕58号）。任命任重琳为水文处处长（漳任〔2020〕60号）。免去陈萍的办公室（党委办公室）二级调研员职级，自2020年8月31日起退休（漳任〔2020〕63号）。

2020年8月28日，漳卫南局党委研究决定，免去段忠禄的监察处一级调研员职级，自2020年9月30日起退休（漳任〔2020〕69号）。

2020年9月22日，根据机构改革情况和实际工作需要，漳卫南局党委决定：任重琳任海河流域漳卫南运河水质监测中心主任；韩朝光任海河流域漳卫南运河水质监测中心副主任（漳任〔2020〕70号）。任命王宇、刘红艳为水利部漳卫南局德州水利水电集团有限公司副总经理（试用期一年）（漳任〔2020〕71号）。任命王宇、刘红艳为中共水利部漳卫南局德州水利水电集团有限公司委员会委员（漳党〔2020〕73号）。根据《海委关于免去张华职级的通知》（海任〔2020〕27号），中共海委党组研究决定，免去张华的水利部海委漳卫南局所属正处级机关二级巡视员职级。免去张华的水利部海委漳卫南运河聊城河务局局长职务，自2020年10月31日起退休（漳任〔2020〕72号）。免去赵爱萍的财务处二级调研员职级，自2020年10月31日起退休（漳任〔2020〕73号）。任命潘岩泉为水利部漳卫南局德州水利水电工程集团有限公司总经理（试用期一年）（漳任〔2020〕74号）。任命潘岩泉同志为中共水利部漳卫南局德州水利水电工程集团有限公司委员会书记（试用期一年）（漳党〔2020〕78号）。

2020年10月19日中共水利部党组决定，部任〔2020〕96号文件通知，免去徐林波的水利部海委漳卫南局总工程师职务（漳任〔2020〕75号）。部党任〔2020〕68号文件通知，免去徐林波同志的中共水利部海委漳卫南局委员会委员职务（漳党〔2020〕80号）。

2020年12月4日，经任职试用期满考核合格，漳卫南局党委研究决定，任命万军为聊城河务局副局长（漳任〔2020〕77号）。

根据《水利部所属流域管理机构各级参公机关职务与职级并行制度实施方案》，经中共海委党组研究，海任〔2020〕34号文通知，晋升张同信为漳卫南局所属正处级参照公务员法管理机关二级巡视员，职级任职时间自2020年10月起算（漳任〔2020〕78号）。

2020年12月30日，漳卫南局党委研究决定，免去李修勤的岳城水库管理局四级调研员职级（漳任〔2020〕79号）。

（贺小强）

2. 临时机构设置与调整

（1）2020年3月，漳卫南局批准综合事业处成立辛集闸浮桥建设管理处（漳人事〔2020〕10号）。辛集闸浮桥建设管理处为辛集闸浮桥建设项目法人，代综合事业处行使项目法人职责。

处　长：石评杨

技术负责人：黄明君

1）综合财务组。

组　长：纪　喆

成　员：孙　欣

2）工程技术组。

组　长：黄明君（兼）

成　员：陈智勇

3）计划合同组。

组　长：刘全胜

成　员：许秀娟

(2) 2020年3月，漳卫南局成立节水机关建设工作领导小组（漳人事〔2020〕14号），主要职责是贯彻落实水利部和海委水利行业节水机关建设工作的精神和要求，部署漳卫南局机关及局属单位节水机关建设工作，研究解决节水机关建设工作中的重要问题。

组　长：张永明

副组长：付贵增

成　员：刘晓光　杨丹山　于伟东　王　斌　任重琳　李　靖　何宗涛

领导小组下设办公室，承担领导小组的日常工作。领导小组办公室设在水资源管理与保护处，办公室主任于伟东（兼），办公室副主任刘群。

(3) 2020年4月，漳卫南局调整水文巡测中心组织机构和成员（漳人事〔2020〕22号）如下。

1）漳卫南局水文巡测中心。

主　任：任重琳

副主任：孙雅菊　韩朝光　李永宁　于延成　查希峰　万　军　贾　卫　何传恩

水文测验组

组　长：吴晓楷

成　员：张　森　段信斌　高　翔　朱志强

水质监测组

组　长：唐曙暇

成　员：魏荣玲　李志林　杨苗苗　高　迪

2）漳卫南局水文巡测分中心（组）。

漳卫南局水文巡测中心下设6个巡测分中心（组），按照职责分工和漳卫南局巡测中心工作安排承担巡测任务。因工作和职务变动不再履行水文巡测分中心（组）职责的，由继任者担任，不再另行发文。人员组成如下：

岳城水库组

组　长：赵建勇

成　员：孙梧棣　杨　昭　刘　阳

漳河巡测分中心

负责人：闫永强

成　员：综合事业中心人员

卫河巡测分中心

负责人：邱慧刚

成　员：任希梅　李佩瑶　崔耀华　直万里　刘　军　林鸣宇　刘　丹　王永旭
　　　　靳晴轩　吴浩杰

卫运河巡测分中心

负责人：迟世庆

成　员：马　纲　周东明　邓　伟　马　滨　赵庆阁　万　青

漳卫新河组

组　长：金松森

成　员：魏　序　王圣涛　朱卫亮

南运河组

组　长：孙　磊

成　员：徐泽勇　王　玲　张　奇

(4) 2020 年 4 月，漳卫南局成立内部审计工作领导小组（漳人事〔2020〕23 号）如下。

组　长：张永明

副组长：李瑞江

成　员：刘晓光　杨丹山　张　军　饶先进　尹　法

领导小组下设办公室，承担领导小组的日常工作。领导小组办公室设在监督处（审计处），办公室主任由饶先进兼任，办公室副主任刘培珍。

(5) 2020 年 5 月，漳卫南局调整 2020 年水旱灾害防御组织机构（漳人事〔2020〕32 号）如下。

组　长：张永明

副组长：李瑞江　徐林波　杨士坤　张永顺　付贵增　王　鹏　姜行俭　李学东

成　员：李怀森　张朝温　刘晓光　裴杰峰　张启彬　杨丹山　张　军　于伟东
　　　　陈继东　李孟东　饶先进　张晓杰　尹　法　王　斌　任重琳

信息中心负责人：李　靖　何宗涛

1) 局领导水旱灾害防御工作职责及包河包库分工如下。

张永明：负责局水旱灾害防御全面工作

李瑞江：分管卫河水旱灾害防御工作

徐林波：分管岳城水库水旱灾害防御工作，负责局水旱灾害防御日常工作及技术工作

杨士坤：分管卫运河水旱灾害防御工作

张永顺：分管漳卫新河、南运河（含四女寺枢纽）水旱灾害防御工作

付贵增：分管漳河水旱灾害防御工作

王　鹏：负责水旱灾害防御纪律监察工作

2）河系（水库）组、职能组成员组成如下。

卫河组

组　长：陈继东

成　员：主要由建设与运行管理处人员组成

漳河组

组　长：裴杰峰

成　员：主要由规划计划处人员组成

卫运河组

组　长：张启彬

成　员：主要由水政处人员组成

南运河、漳卫新河（含四女寺枢纽）组

组　长：于伟东

成　员：主要由水资源管理与保护处人员组成

岳城水库组

组　长：李孟东

成　员：主要由河湖管理处人员组成

综合调度组

组　长：张晓杰

成　员：主要由水旱灾害防御处人员组成

情报预报组

组　长：任重琳

成　员：主要由水文处人员组成

通信信息组

组　长：信息中心负责人

成　员：主要由信息中心人员组成

宣传报道组

组　长：刘晓光

成　员：主要由办公室人员组成

人力组

组　长：张　军

成　员：主要由人事处人员组成

物资保障组

组　长：杨丹山

成　员：主要由财务处人员组成

监督组

组　长：饶先进

成　员：主要由监督处（审计处）人员组成

督察组

组　长：尹　法

成　员：主要由监察处人员组成

动员组

组　长：王　斌

成　员：主要由直属机关党委（工会）人员组成

后勤保障组

组　长：何宗涛

成　员：主要由后勤服务中心人员组成

职　责：负责机关电力、车辆和餐饮等后勤服务保障工作

专家组

组　长：徐林波（兼）

副组长：李怀森　张朝温　李　靖

成　员：主要由综合事业处人员组成

（6）2020年6月，漳卫南局调整局供水工作领导小组（漳人事〔2020〕35号）如下。

组　长：李瑞江

副组长：徐林波　付贵增

成　员：刘晓光　张启彬　杨丹山　于伟东　张晓杰　任重琳　李　靖　张如旭
张安宏　张　华　田术存　李　勇　张同信　倪文战　李才德　刘敬玉

供水工作领导小组办公室设在水资源管理与保护处，负责局供水工作的组织协调和管理工作，办公室主任由于伟东兼任，办公室副主任任重琳、李靖、仇大鹏、刘群、祁锦。

（7）2020年6月，漳卫南局调整应对突发水污染事件工作领导小组（漳人事〔2020〕37号）如下。

组　长：张永明

副组长：徐林波　付贵增

成　员：刘晓光　张启彬　杨丹山　于伟东　陈继东　李孟东　张晓杰　任重琳
何宗涛　张如旭　张安宏　张　华　田术存　李　勇　张同信　倪文战
李才德　刘敬玉　信息中心主要负责人

应对突发水污染事件工作领导小组办公室设在水资源管理与保护处，负责应对突发水污染事件工作的组织协调和管理，办公室主任由于伟东兼任，办公室副主任刘群、祁锦、孙雅菊。

（8）2020年7月，漳卫南局印发《漳卫南运河管理局关于四女寺枢纽北进洪闸除险加固工程建设管理局人员调整的通知》（漳人事〔2020〕45号），根据工作需要，经研究，对有关人员调整如下：任命曹磊为常务副局长兼计划处处长；任命谢玲为总工程师兼技术及安全处处长；任命毛贵臻为计划处副处长；免去刘恩杰常务副局长兼总工程师职务。

（9）2020年8月，漳卫南局调整网络安全与信息化领导小组（漳人事〔2020〕49号）如下。

组　长：张永明

副组长：杨士坤

成　员：刘晓光　裴杰峰　张启彬　杨丹山　张　军　于伟东　陈继东　李孟东
饶先进　张晓杰　尹　法　王　斌　任重琳　刘恩杰　李　靖　何宗涛
张如旭　王孟月　张　华　田术存　李　勇　张同信　倪文战　李才德
刘敬玉　杨金贵　潘岩泉

网信领导小组下设办公室（简称“网信办”），设在漳卫南局信息中心，成员组成如下。

主　任：刘恩杰（兼）
副主任：贾　健　刘　伟
成　员：曹　磊　仇大鹏　王建辉　李增强　刘志军　张保昌　耿高峰　孙雅菊
辛全民　石评杨

（贺小强）

3. 职工培训

（1）教育培训总体情况。2020 年，漳卫南局共举办各类培训班 27 个，其中局机关各部门组织举办 15 个，局直属各单位举办 12 个（对各单位相同的培训班进行了归类合并）。全年累计参加培训人数达 1035 人，参加培训率为 92%，人均培训学时 215 学时，全年累计参加培训人次达 6000 余人次，其中选送 240 余人次参加水利部、海委及地方举办的各类培训班。处级以上干部或四级调研员以上干部人均培训总学时达 160 学时以上，其他人员人均培训总学时达 140 学时以上。

（2）参公人员培训情况。针对参公人员的培训，漳卫南局围绕建设高素质水行政管理干部的目标要求，结合工作实际，加大了对参公人员培训的力度。重点开展了能力提升、专门业务和知识更新等方面的培训。2020 年选派 2 名局级干部参加部管干部任职培训班，1 名处级干部参加水利部党校 2020 年秋季学期处级干部进修班学习。

（3）专业技术培训情况。针对各类技术干部的培训工作，结合现有各类专业技术人员的现状，漳卫南局在深入调查研究的基础上，有针对性地加强了对专业技术人员的理论知识与实际技能的补充、更新、拓宽和提高的培训。相继举办了河湖管理、水资源管理、防汛抢险、安全生产、水文测验等 10 余个培训班，有 2100 余人次参加了学习培训。

（4）网络培训学习情况。根据水利部、海委开展干部网络自主选学工作的要求，漳卫南局党委高度重视，局班子成员以身作则，带头投入到网络自主选学工作中，9 名局级干部参加中国网络干部学院学习，全局 1000 多名干部职工参加中国水利教育培训网的网络学习。通过各种形式的学习和培训，进一步提升了干部队伍素质，有力促进了学习型干部队伍和学习型单位建设，对推动单位可持续发展提供了可靠的人才保证和智力支撑。

（5）学历教育情况。2020 年漳卫南局有 1 人完成后续大专学历教育，6 人完成后续本科学历教育，3 人完成后续研究生学位教育；3 人申请后续本科学历教育，4 人申请后续研究生学历教育。

（贺小强）

4. 人员变动

漳卫南局行政执行人员编制 596 名。2020 年度新招录参公人员 18 人，从国有企业调入 1 人（刘志军）。2020 年 1—12 月，漳卫南局参照公务员法管理人员共减少 14 人，其中退休10人（魏强、李梅、李焊花、陈萍、段忠禄、赵爱萍、张华、霍航斌、李洪云、朱庆芳），调出4人（谭林山调出至生态环境部海河流域北海海域生态环境监督管理局，杨丽萍调出至珠江水利委员会所属企业，杨金贵调出至防汛机动抢险队，刘庆斌调出至雄安新区建设工程质量安全检测服务中心）。截至2020年12月31日，漳卫南局共有各级参照公务员法管理人员456人。

（贺小强）

5. 职称评定

（1）2020年7月8日，漳卫南局印发《漳卫南运河管理局关于公布、认定专业技术职务任职资格的通知》（漳人事〔2020〕44号）：经海委《海委关于批准2019年度高级工程师、工程师任职资格的通知》（海人事〔2020〕29号）批准，徐宁、靳德营、张森林、高丽辉具备高级工程师任职资格。刘邑婷、任仕陶、张鹏、许秀娟、刘阳、董炜、杨倩、潘建勇具备工程师任职资格。

（2）2020年7月25日，经漳卫南局认定，刘晓青、康健、王喆具备工程师任职资格。王海英具备政工师任职资格。王帅、王永旭、杨澍、葛晓通、闫东东、周成宽、沈冲、董珅、陈曈颖、陈扬、王虹锦、范程博、张奇、杨明月、陈智勇具备助理工程师任职资格。

（贺小强）

6. 表彰奖励

（1）2020年2月，漳卫南局印发《漳卫南运河管理局关于公布局属各单位2019年度处级干部考核优秀结果的通知》（漳人事〔2020〕7号），按照2019年度考核情况，经局党委研究决定，现将局属各单位处级干部年度考核优秀结果公布如下（按单位排序）：王孟月、于延成、张华、田术存、王海军、张同信、陈俊祥、张建军、李才德等人年度考核确定为优秀等次，予以嘉奖；张如旭、倪文战、江松基、李勇等人连续3年年度考核被确定为优秀等次，记三等功一次；段百祥、刘恩杰、宫学坤、万军等人年度考核确定为优秀等次。

（2）2020年2月，漳卫南局印发《漳卫南运河管理局关于表彰2019年度优秀机关工作人员的通报》（漳人事〔2020〕8号），根据《公务员奖励规定（试行）》，结合2019年度考核情况，经局党委研究决定，对以下参照公务员法管理人员进行奖励（按部门排序）：刘书兰、王丹丹、裴杰峰、曹磊、吕笑婧、马国宾、杨丹山、陈爱琴、张军、于伟东、李孟东、刘培珍、尹璞、王丽等人确定为优秀等次，予以嘉奖；刘晓光、王德利、张明月、杨照龙等人连续3年年度考核被确定为优秀等次，记三等功一次；王俊杰、王颖2名交流干部依据交流单位鉴定意见，确定为优秀等次，予以嘉奖。

（3）2020年2月，漳卫南局印发《漳卫南运河管理局关于公布直属事业单位职工2019年度考核优秀结果的通知》（漳人事〔2020〕9号），现将漳卫南局直属事业单位职工2019年度考核优秀人员公布如下（按单位排序）：任重琳、高翔、高迪、徐宁、贾文、任天翔、李靖、刘继红、刘刚、刘勇、戚霞、张海宁、张志刚。

（4）2020年12月，水利部印发《水利部关于表扬抗击新冠疫情先进集体和先进个人的通报》（水人事〔2020〕266号），吴金星、张海宁获得水利部新冠肺炎疫情防控工作先进个人称号。

（贺小强）

【水利档案规范化管理综合评估】

根据《海委办公室关于进一步加强档案工作规范化管理的通知》（办档〔2019〕5号）要求，受水利部、海委办公室委托，海河档案馆组织委属单位专家组成评估组，自10月20日起，先后对2020年漳卫南局25个档案规范化管理综合评估申报单位进行现场评估。至12月2日，现场评估全部结束，漳卫南局25个申报单位全部通过评估。其中，漳卫南局达到水利部水利档案工作规范化管理二级标准，卫河河务局、邯郸河务局、聊城河务局、邢台衡水河务局、德州河务局、沧州河务局、岳城水库管理局、四女寺枢纽工程管理局、水闸管理局、防汛机动抢险队、德州水电集团公司、清丰河务局、南乐河务局、临漳河务局、馆陶河务局、临清河务局、清河河务局、夏津河务局、德城河务局、东光河务局、盐山河务局、祝官屯闸管理所、袁桥闸管理所、吴桥闸管理所达到水利部水利档案规范化管理三级标准。

（朱宝君）

【监督检查】

1. 水利督查暗访

为进一步落实水利行业强监管要求，按照水利部、海委部署，完成河北省石家庄市、邯郸市、秦皇岛市和内蒙古自治区赤峰市、通辽市等5个地市27座小型水库安全运行专项检查；完成河北省保定市、廊坊市、秦皇岛市和唐山市4个地市45段堤防工程险工险段安全运行专项检查；完成天津市56座水闸安全运行专项检查；完成山西娄烦县、浑源县、天镇县和河北省阳原县、沧县、海兴县6个县的农村饮水安全暗访；完成河北省阳原县、沧县2个县的农田水利“最后一公里”暗访调研；完成南水北调中线工程9座退水闸及退水通道安全检查；完成河北省石家庄市、邯郸市和邢台市3个地市的取用水管理专项整治；完成河北省邢台市水资源管理和节约用水监督检查；完成河北省石家庄市中央水利投资计划执行情况抽查；完成江西省丰城市小型水库除险加固工程项目建设抽查。全年累计开展督查暗访137天，派出督查暗访组31组次，派出督查暗访人员120人次，提交督查暗访报告22份，检查项目（工程）1003项，发现各类问题1197项（其中严重问题79项）。

2. 安全生产

（1）安全生产责任制落实。面对新冠肺炎疫情防控常态化新形势，认真贯彻落实鄂竟平部长关于水利安全生产“少添乱、多出力、作贡献”的重要批示，按照“党政同责、一岗双责、齐抓共管、失职追责”和“管行业必须管安全、管业务必须管安全、管生产经营必须管安全”的要求，制定印发了《漳卫南运河管理局安全生产责任制》，对各级领导、各部门、各单位、各岗位操作人员的安全生产责任进行了明确细化，对主体责任和监管责任进行了厘定；通过层层签订安全生产责任书，明确了年度安全生产目标；印发了年度安全生产工作要点，细化明确了16项年度安全生产重点工作。召开年度安全生产工作会议和安全生产领导小组会议，部署安排了水利安全生产专项整治三年行动。

（2）安全生产标准化建设达标工作。按照水利部要求，积极协调推进局属各单位安全生产标准化建设工作；印发了《漳卫南运河管理局办公室关于进一步推进安全生产标准化建设具体要求的通知》（办监督〔2020〕2 号），对各单位创建工作提出了具体要求。2020 年 8 月，岳城水库管理局、邢台衡水河务局、聊城河务局 3 家单位，分别通过水利安全生产标准化一、二、三级达标，实现了全局无“一票否决项”单位全部达标的要求。

（3）水利安全风险分级管控工作。配合海委完成《海委水利安全生产风险分级管控指导手册》编制试点工作，四女寺北闸除险加固工程建设管理局对照《水利水电工程施工危险源辨识与风险评价导则（试行）》（办监督函〔2018〕1693 号）开展了动态辨识，编制了开工前、施工中、施工后三期风险评价报告。

（4）专项整治和日常管理工作。3 月在全局范围内开展新冠肺炎疫情复工期安全生产检查，针对四女寺北闸除险加固工程，办公区、家属区、集体宿舍、食堂、实验室、值班室、宾馆等人员密集场所及车辆、天然气管道、锅炉、压力容器、物资存储仓库等重点领域和部位进行了全面、彻底、细致的安全大检查、大排查。

9 月，全面修订了《漳卫南运河管理局生产安全事故应急预案》（漳监督〔2020〕7 号），并指导局直属单位开展了预案修订工作，初步形成了上下一致、联动有序的预案体系；制定印发了《漳卫南运河管理局生产安全重大事故隐患治理挂牌督办办法（试行）》《漳卫南运河管理局生产安全事故隐患排查治理规定（试行）》（漳监督〔2020〕6 号）等制度，为相关工作提供了依据。

6—12 月，部署开展了水利安全生产专项整治三年行动，制定了漳卫南局专项整治行动方案，明确了“从根本上消除事故隐患”的行动目标，明确了 2 个专题、4 个重点领域的 17 条重点整治任务，并逐条分工落实到有关部门、单位，扎实做好了动员部署和排查治理两个阶段的工作。

（5）安全生产宣教活动。紧盯安全生产月、消防安全周等关键宣传节点，采用挂横幅、贴宣传画、组织观看视频等多种方式开展安全宣传。同时，紧抓单位负责人、安全监管干部、安全管理人员的安全培训，通过网络学院集体学、单位培训班集中学的方式，开展了全方位覆盖的培训。特别是安全宣传月期间，紧扣“消除事故隐患，筑牢安全防线”主题，通过“以赛促学、学赶帮超”的方式，积极组织干部职工参加全国水利安全网络知识竞赛，全局共有 852 人报名参赛，全部为有效参赛人，11 人取得满分，在全国水利系统地市级水行政主管单位排名中取得了第 24 名的好成绩。

举办了安全生产培训班，围绕安全生产双预防体系建设和水利安全信息系统填报要求等内容进行了专业培训。

（阮荣乾）

【审计工作】

2020 年 4 月 15 日，成立漳卫南局内部审计工作领导小组，召开 2020 年内部审计工作领导小组会议，强化漳卫南局内部审计工作的领导机制；印发《漳卫南运河管理局 2020 年审计工作要点》（漳审〔2020〕7 号），修订《漳卫南运河管理局领导干部经济责任审计实施办法》，完善经济责任审计规章制度。

2020 年，完成邯郸河务局原党委书记张安宏、岳城水库管理局原局长张同信、沧州河务局原局长饶先进、防汛机动抢险队党委书记段百祥、信息中心原主任赵厚田和德州水利水电集团公司原总经理刘志军等局属单位主要负责人的经济责任审计，实现了领导干部经济责任审计工作“应审必审”和“离任必审”；根据海委委托，完成四女寺枢纽管理局2019年防汛工程设施修复、漳卫南局基层单位供暖设施改造、漳卫南局水政监察基础设施建设（二期）、海委大江大河水文监测系统工程（一期）等项目的竣工财务决算审计；根据工作计划，完成邯郸河务局、邢台衡水河务局2019年防汛工程设施修复项目竣工财务决算审计，完成邢台衡水河务局水利工程维修养护经费专项审计和德州河务局2020年预算执行专项审计工作。全年完成审计总金额143933.81万元；发现非金额类问题79个，其中，内部控制和风险管理方面79个；审计发现问题（金额类）14个；发现问题整改（金额类）4.55万元，其中，会计核算方面4.55万元；审计发现问题整改（非金额类）79个，其中，修订完善制度6项，优化完善业务流程73条。

（阮荣乾）

【纪检管理体制改革】

1. 机构调整

2020年9月19日，海委党组印发《中共海委党组关于在漳卫南运河管理局和引滦工程管理局实施纪检机构直接管理的通知》（海水党〔2020〕56号），实施纪检管理体制改革，漳卫南局本级的纪检机构由所在单位党委领导调整为由海委党组直接领导，业务上接受海委纪检组的指导。直接管理机构的名称为“中共水利部海委漳卫南运河管理局纪委”，简称“漳卫南局纪委”，原漳卫南局监察处不再保留。核定漳卫南局纪委行政执行人员编制6名，编制由漳卫南局内部调剂解决。根据工作需要，漳卫南局纪委内设纪检一室、纪检二室。漳卫南局纪委设纪委书记（副局级）1名，纪委副书记（正处级）1名，纪检一室、纪检二室分别设主任（正处级）1名。

2. 主要职责

漳卫南局纪委首要任务是落实中央以及上级党组织全面从严治党决策部署，履职重点是加强对漳卫南局党委落实主体责任的监督。

监督检查漳卫南局及所属系统贯彻执行党的路线方针政策和决议，遵守国家法律法规，执行上级党组织决定、命令和决策部署，履行职能等情况。监督检查漳卫南局党委和行政领导班子及其成员维护党的纪律，落实中央八项规定精神，坚持民主集中制，选拔任用领导干部，落实党风廉政建设责任制和廉政勤政的情况。调查漳卫南局党委管理的干部违反党纪政纪的案件和其他重要案件。督促漳卫南局党委和行政领导班子履行全面从严治党主体责任、抓好漳卫南局全面从严治党工作。指导漳卫南局所属系统纪检部门业务工作。受理对漳卫南局党组织、党员的检举、控告，受理漳卫南局党员不服处分的申诉。完成上级党组织和上级纪检机构交办的其他事项。

3. 工作关系

漳卫南局纪委实施监督和查办案件工作直接受海委党组领导和海委纪检组指导，重要情况和问题直接向海委党组和海委纪检组请示、报告，海委党组成员、海委纪检组组长分管漳卫南局纪委的工作。漳卫南局党委对本单位及所属系统的全面从严治党负主体责任，漳卫南局纪委对所在单位及所属系统的全面从严治党负监督责任。为便于漳卫南局纪委更好履行监督职责，局纪委书记担任局党委成员，并参加局有关行政领导会议；纪委副书记列席局有关行政领导会议。局纪委书记不分管漳卫南局其他工作，集中力量抓好主业，履行好主责。

4. 干部管理和后勤保障

漳卫南局纪委书记的任免、考核、交流和管理等执行水利部部管干部的有关规定，局纪委书记向海委党组述职述廉，其履行职责和廉政勤政情况由海委人事处会同海委纪检组考核。局纪委其他干部的招录、任免、考核、交流等由海委负责，具体工作由海委人事处承担；教育培训由海委人事处、海委纪检组和漳卫南局共同负责，漳卫南局继续安排局纪委干部参加有关培训和出国（境）考察活动。局纪委干部的档案由海委人事处管理，漳卫南局建立干部档案副本。局纪委干部的工资关系、党（团）组织关系、群团关系由漳卫南局负责管理；其工资、津贴、补贴及生活福利、住房、医疗、退休等事宜由漳卫南局负责，享受漳卫南局同职级干部待遇。局纪委办公经费、工作用车等后勤保障及传阅文件等事项仍由漳卫南局负责。

（杨照龙）

【监督执纪问责】

1. 责任落实

（1）清单管理。制定党委班子成员履行“一岗双责”主要责任清单，明确履行“一岗双责”总体要求和需要完成的7项规定动作，协助局党委书记履行好党风廉政建设第一责任人责任，督促局党委成员严格履行“一岗双责”，按要求开展廉政约谈，督促党员领导干部知责、明责、履责、尽责。

研究制定漳卫南局纪委全面从严治党监督责任清单，对标海委纪检组确定的六类监督事项，细化了31项监督内容、42条主要措施，督促指导局属各单位结合本单位实际制定全面从严治党监督责任清单，以监督责任清单为抓手，深入落实监督责任。

（2）新冠肺炎疫情监督。印发《关于加强新冠肺炎疫情防控工作监督执纪问责的通知》，明令禁止新冠肺炎疫情防控9种行为，采取“四不两直”等方式，对四女寺枢纽北闸除险加固工程建管局和德州河务局、四女寺枢纽工程管理局、水闸管理局、防汛机动抢险队、水电集团公司机关及其部分基层单位的新冠肺炎疫情防控及复工复产情况进行了现场检查；对邯郸局机关及所属基层单位新冠肺炎疫情防控情况进行了抽查核查。针对检查中发现的问题，向各单位主要负责人通报情况、指出问题、明确要求、责令整改。

（3）日常监督。协助召开漳卫南局系统党风廉政建设工作会议和廉政警示教育大会，安排部署全年党风廉政建设工作和廉政警示教育活动，通报漳卫南局党委四轮巡察发现的共性问题，督促各单位认领问题、举一反三，推动管党治党政治责任落地生根。组织召开局系统纪检工作座谈会，通报驻部纪检监察组关于新冠肺炎疫情防控工作中典型违纪违法问题，传达学习贯彻海委系统纪检工作座谈会精神，分析研判党风廉政建设形势和基层廉政风险点，安排部署监督工作重点任务。

转发海委纪检组关于加强防汛救灾监督检查工作的通知，对抓好防汛救灾、加强监督检查提出明确要求，部署各单位纪检部门加强对防汛救灾工作的监督检查。采取实地调研、随机抽查、突击检查等方式，对局机关和邢台衡水河务局、德州河务局、四女寺枢纽工程管理局、水闸管理局及其所属单位、防汛物资设备仓库的防汛备汛、值班值守情况进行监督检查。在“七下八上”防汛关键期，集体约谈各河系（水库）组、职能组组长，对水旱灾害防御工作进行再督促、再落实。

跟踪督导重点督办事项，对海委重点督办的四女寺北闸除险加固工程完工情况进行督导检查，对做好工程收尾、加强廉政风险防控、争创优质工程等方面提出意见建议。参加局工程运行管理约谈会，对做好水利部督查办检查组关于堤防工程险工险段专项检查反馈问题整改工作提出明确要求。

（4）干部监督。协助漳卫南局党委召开了新任处级领导干部集体廉政谈话会议，督促新任处级领导干部坚定政治立场，严守纪律规矩，防范廉政风险，勇于担当作为。严把干部廉洁关，2020年在干部选拔工作中共出具廉政鉴定意见25人次，在晋升职级工作中回复征求意见函14人次，在“最美家庭”“最美职工”评选工作中回复候选人征求意见函4人次，在党员发展工作中回复征求意见函4人次，在2020年漳卫南局所属事业单位工作人员公开招聘工作中开展行政监督。

2. 巡察整改

（1）海委专项巡察整改。牵头抓好海委党组形式主义官僚主义专项巡察整改工作，及时梳理总结整改落实情况，定期跟踪未完成的整改事项，督促责任部门单位对照巡察整改方案，扎实推进整改任务落实落细，及时梳理总结报送巡察整改落实情况。截至2020年12月，专项巡察反馈的25个问题中，22个问题已完成整改并将长期坚持（占88%），2个问题已取得阶段性成果（占8%），1个问题正在推进中（占4%）。

（2）漳卫南局党委巡察回头看。组织实施漳卫南局党委巡察“回头看”工作，制定巡察“回头看”工作指南，5—10月，采取单位自查与进驻检查相结合的方式，统筹协调各检查组对局属15家单位巡察整改情况进行了进驻检查和验收评估，巡察工作领导小组集体把脉会诊，按照“一家一家过”的方式面对面反馈检查意见、提出整改要求，督促指导各单位做好巡察整改“后半篇文章”。经检查，局属15家单位巡察发现的278个具体问题中，已完成整改216个（占78%），完成阶段性整改45个（占16%），未完成整改17个（占6%），整改落实工作取得了明显成效，干部职工普遍感受到了新变化新气象。

3. 作风建设

严格落实中央八项规定精神，持之以恒纠正“四风”。紧盯元旦、春节、“五一”、端午节、中秋节、国庆节等重要时间节点，下发加强作风建设通知、发送廉政提醒短信；对局机关、局属各单位节假日应急值班值守，防汛值班期间饮酒等情况开展了明察暗访。严格落实德州市《关于党和国家工作人员操办婚丧喜庆事宜的规定》，按管理权限实行报告备案制度。

部署机关各部门、局直属各单位开展了差旅伙食费和市内交通费收交情况自查自纠工作。

4. 制度建设

修订完善《漳卫南运河管理局领导干部廉政档案管理办法》（漳监〔2020〕3号）；制定印发了《漳卫南运河管理局党委关于进一步加强监督工作的意见》（漳党〔2020〕62

号）；制定印发了《漳卫南运河管理局“走读式”谈话安全工作暂行规定》（漳监〔2020〕2 号），进一步规范“走读式”谈话工作。

5. 正风肃纪

科学运用监督执纪“四种形态”，抓早抓小抓苗头，2020 年共给予批评教育 1 人、提醒谈话 4 人、警示谈话 3 人、诫勉谈话 1 人，下达纪律检查建议书 1 份，对 2 家处级单位领导班子进行了集体约谈，对 15 家直属单位领导班子分别进行了巡察整改集体约谈。

（杨照龙）

【党建工作】

1. 组织建设

1 月 3 日，印发了《漳卫南运河管理局直属机关党委关于组织开展参加第一届“水利先锋党支部”评选活动的通知》，漳卫南局各级党组织按照水利部相关要求，启动了党支部标准化规范化达标评估工作，经过各党支部自评，上级党组织评估，全局共有 12 个党支部达到先进党支部，经局党委研究，推荐清河河务局党支部参加水利部第一届“水利先锋党支部”评选。

1 月 21 日，漳卫南局召开“不忘初心、牢记使命”主题教育总结会议，学习贯彻党中央和水利部党组、海委党组部署要求，全面总结漳卫南局主题教育的主要做法和成效。

5 月，为深入抓好“不忘初心、牢记使命”主题教育整改落实工作，不断巩固和扩大主题教育成果，漳卫南局组织督导组对局属部分单位进行了“不忘初心、牢记使命”主题教育整改落实情况督导检查，印发了《漳卫南运河管理局党委关于“不忘初心、牢记使命”主题教育整改落实督导检查情况的通报》（漳党〔2020〕36 号），向相关单位负责人进行了督导检查情况反馈，并提出整改意见。

7 月 1 日，漳卫南局举办以“践行初心使命、奋力担当作为”为主题的党日活动，庆祝中国共产党建党 99 周年，局党委委员、副局长杨士坤为全体党员讲授了题为《积极推进党建工作与业务工作深度融合》的专题党课。对 2019—2020 年度监察处等 9 个先进基层党组织、张洪泉等 40 名优秀共产党员和贺小强等 8 名优秀党务工作者进行表彰通报，新党员进行集体宣誓、老党员重温入党誓词。7 月 2 日，为纪念建党 99 周年，进一步落实党内关怀帮扶制度，漳卫南局党委委员、副局长张永顺带队走访慰问漳卫南局新中国成立前入党的老党员和离退休困难党员，向他们致以节日的问候和诚挚的祝福。

7 月 24 日，海委党组书记、主任王文生深入漳卫南局人事处党支部工作联系点，参加支部党日活动。王文生与漳卫南局人事处党支部全体党员共同重温入党誓词，观看党章微学堂视频短片《最大亮点》，听取支部围绕立足本职岗位做好意识形态工作的交流研讨，并与全体党员进行座谈。座谈中，王文生对漳卫南局人事处党支部围绕水利改革发展总基调，坚持党管干部原则，突出政治标准选人用人，为漳卫南局中心工作提供支撑保障给予了充分肯定，同时就如何大力加强新时代党支部建设，不断提高党支部建设质量，以及如何加强党员自身建设提出了明确要求。

10 月 23 日，水利部副部长叶建春赴海委漳卫南局基层联系点调研指导，实地检查了四女寺枢纽北进洪闸除险加固工程建设，参加四女寺枢纽工程管理局第一党支部主题党日活动，并在漳卫南局机关讲授专题党课《以党建为引领 推动水利改革发展总基调落地见效》。海委党组书记、主任王文生陪同调研并主持党课学习。

2. 党建活动

1月31日，面对新冠肺炎疫情防控形式，漳卫南局直属机关党委第一时间向局各级党组织和广大党员发出倡议书，号召各级党组织和广大党员在新冠肺炎疫情防控中当先锋，做表率，迅速组成党员志愿服务队，参与单位及社区新冠肺炎疫情排查、值班执勤、卫生消毒等活动，机关党委相关负责人先后到祥和社区对接帮扶任务，了解社区新冠肺炎疫情防控工作存在的困难，制定帮扶清单，并给祥和社区送去急需的消毒液和酒精等防疫物资。组织10余名党员志愿者加入到疫情防控一线，协助社区对100余户居民进行疫情摸排登记，掌握好第一手疫情资料。为帮助社区启动小区封闭式管理，局机关制作了3000余份出入证发到居民手中，全力加强新冠肺炎疫情防控，保障居民安全。组织号召全局400余名党员干部，自愿捐款6.7万元支持疫情防控工作。

6月23日，在德州市直机关工委的指导下，漳卫南局与中国移动德州公司、德州市卫生健康委员会等单位联合开展“党建和创”党建交流活动。各和创单位分别交流了党建工作经验，共同签署了“党建和创倡议书”和“联合扶贫倡议书”。

9月，漳卫南局机关及驻德州各党组织开展了“厉行勤俭节约，反对铺张浪费”主题党日活动。11月10日，漳卫南局机关直属各党组织开展“学习贯彻十九届五中全会精神，创建模范机关”主题党日活动，深入学习贯彻党的十九届五中全会精神。

3. 党风廉政建设

2月28日，漳卫南局召开2020年党风廉政建设工作视频会议。会议强调要以习近平新时代中国特色社会主义思想为指导，认真贯彻十九届中纪委四次全会精神，聚焦“两个维护”，一以贯之、坚定不移推进全面从严治党，为全局水利事业发展提供坚强政治保障，努力把漳卫南运河打造成人民的“幸福河”。

6月1日，漳卫南局召开2020年廉政警示教育大会，深入贯彻落实习近平新时代中国特色社会主义思想和全面从严治党重要指示精神，教育引导各级领导干部深刻吸取教训，加强党性修养、强化纪律意识，筑牢廉洁底线，扎实推动全面从严治党向纵深发展。6月18日，印发《漳卫南运河管理局党委关于开展“灯下黑”问题专项整治的通知》（漳党〔2020〕33号），在全局范围内开展“灯下黑”问题专项整治行动，认真查找在政治意识淡化、党的领导弱化、责任落实软化、党建工作虚化四个方面的问题，建立问题清单、整改方案，以高度政治责任感和强有力的措施抓好问题整治。6月19日，漳卫南局邀请德州市纪委党风政风监督室负责人做《纪律与规矩意识》法治专题讲座。

6—7月，牵头组织成立两个专项核查小组，核查漳卫南局机关本级和4个直属事业单位出差人员交纳差旅伙食费和市内交通费情况，同时对局属各单位制度建设、伙食费和市内交通费收取管理情况等进行检查。

7月10日，漳卫南局党委召开2020年度廉政约谈会，局党委书记、局长张永明对机关各部门、局直属各单位主要负责人进行集体廉政约谈。

7月24日，制定印发《漳卫南运河管理局开展“灯下黑”问题专项整治方案》（漳党建〔2020〕2号），进一步解决机关党的建设“灯下黑”问题，确保漳卫南局党建工作质量进一步提升。制定印发《漳卫南运河管理局创建“让党中央放心、让人民群众满意的模范机关”实施方案》，全面落实新时代党的建设总要求，不断增强“四个意识”，坚定“四个自信”，做到“两个维护”，践行“三个表率”，建设让党中央放心、让人民群众满意的模范机关。制定印发《漳卫南运河管理局党建督查工作办法（试行）》，进一步推动党建督查工作。

11月16日至12月11日，组成党建督察组，先后对聊城河务局、邯郸河务局、岳城水库管理局、卫河河务局、防汛机动抢险队、水电集团公司、德州河务局、四女寺枢纽管理局、水闸管理局、沧州河务局等10个局属单位党委和冠县、大名、清丰、德城、庆云、海兴等6个基层河务局党支部进行了党建督查。

（张俊美）

【精神文明建设】

制定下发了《漳卫南运河管理局文明办关于开展“最美职工”评选活动的通知》（漳文明办〔2020〕2号）和《漳卫南运河管理局文明办关于开展“最美家庭”评选活动的通知》（漳文明办〔2020〕1号），经过群众推荐和评审，最终张海宁等5名一线职工和王金玉家庭等5个文明家庭被评选为漳卫南局“最美职工”“最美家庭”荣誉称号。其中吴金星家庭在抗击新冠肺炎疫情期间表现突出，被授予2020年德州市“最美家庭”（抗击疫情类）荣誉称号。清明节期间，为缅怀革命先烈，弘扬爱国主义精神，漳卫南局机关开展了“我们的节日——清明节”主题纪念活动。组织职工到四女寺枢纽北进洪闸除险加固工程建设工地开展“绿美工地”植树绿化活动，配合四女寺枢纽北进洪闸除险加固工程建设管理局做好工程绿化工作。漳卫南局党委委员、纪委书记王鹏参加植树活动。

4—12月，漳卫南局举办8期道德讲堂和机关大讲堂，进一步弘扬了社会主义核心价值观，切实推进干部职工思想道德建设，提升干部职工的综合素质。6月1日起，漳卫南局每周一派出8名志愿者轮流在早、晚交通高峰期间开展文明交通志愿劝导活动。志愿者将协助交警劝阻非机动车和行人闯红灯、越线停车、逆向行驶等不文明行为，共同维护文明出行、安全出行的良好交通秩序。

8月31日，印发《漳卫南运河管理局职工思想政治工作制度》的通知（漳机党〔2020〕2号），进一步加强对职工思想政治工作的领导，改进新形势下漳卫南局职工思想政治工作，增强干部职工队伍的政治定力和思想动力，培养“忠诚、干净、担当，科学、求实、创新”的干部职工队伍，为漳卫南运河水利事业发展提供坚强的思想保证。

11月20日，中央文明委印发《中央文明委关于表彰第六届全国文明城市、文明村镇、文明单位和第二届全国文明家庭、文明校园及新一届全国未成年人思想道德建设工作先进的决定》（文明委〔2020〕8号），漳卫南局（机关）正式被中央精神文明建设指导委员会授予“全国文明单位”荣誉称号。

2020年，全年组织约500人次参与社区志愿服务活动，全年各项资金投入约2.2万元。其中投入专门资金6000元对帮扶小区进行卫生清理和环境整治；投入专门资金3000元对帮扶小区破损院墙进行维修；投入专门资金3000元对停车位进行划线；投入专门资金700余元制作张贴“创城”专题展板；投入专门资金1500元为社区订购报纸刊物等。

新冠肺炎疫情防控期间，漳卫南局组织20余名党员下沉社区参与疫情值班值守、摸排登记等工作，并为社区送去酒精、消毒液、出入证等价值8000余元的抗疫物资。

（张俊美）

【工会工作】

1月14—15日，在新春佳节来临之际，二级巡视员姜行俭到四女寺倒虹吸管理所和穿卫枢纽管理所，看望慰问一线职工和困难职工，为他们送去慰问品和新春的祝福。1月16日，海委副主任田友在海河工会负责人陪同下，先后到故城河务局和祝官屯枢纽管理所走访慰问基层职工，为他们带去慰问品，向他们致以新春的问候。漳卫南局局长张永明陪同慰问。

3月8日，局机关举办了“科学防疫、健康生活”庆祝“三八”妇女节线上图文征集展播活动，共同营造昂扬向上、温暖人心的节日氛围，增强广大妇女战胜新冠肺炎疫情的信心。4月26—28日，为迎接“五一”国际劳动节的到来，进一步开展爱国卫生运动，漳卫南局机关开展了“美化办公环境、提高工作效能”活动，用实际行动发扬了“劳动最美丽”的优良传统。

5月，漳卫南局组织开展消费扶贫，助力脱贫攻坚活动，积极选购水利部定点扶贫地区和新冠肺炎疫情重灾区湖北省十堰市郧阳区的共计3.4万元的农副产品，以实际行动助力新冠肺炎疫情重灾区恢复经济社会发展。

9月，组织参加了德州市第十届全民健身运动暨市直机关广播体操比赛，荣获三等奖。

（张俊美）

【团委工作】

7月31日，漳卫南局机关团委成立了青年理论学习小组，并开展学习研讨活动。引导青年干部职工深入学习习近平新时代中国特色社会主义思想，加强年轻干部思想政治理论建设，掌握先进的业务理论，进一步推动流域水利改革发展。9月，漳卫南局推选的参赛作品《水润德州》在德州市委宣传部、德州市直机关工委、共青团德州市委联合举办的青春诗会比赛中荣获三等奖。9月8日，下发《漳卫南运河管理局关于开展“十大优秀青年”评选活动的通知》（漳机党〔2020〕3号），启动“十大优秀青年”评选活动，经过基层组织择优推选、申报材料审查把关、微信平台职工投票，评选出了理想信念坚定、热爱水利事业、在本职工作中表现突出、在全局重要工作中作出贡献，尤其是在扶贫一线、基层一线和援藏援疆工作中作出贡献的优秀职工代表，经漳卫南局党委研究决定并公示后，授予马国宾、许琳、朱俊、刘晓青、李海峰、张明月、张俊美、张伟华、张轶天、贺小强等10名职工漳卫南局“十大优秀青年”荣誉称号。

（张俊美）

【浮桥建设管理】

1. 项目概况

辛集闸交通桥为水利部挂牌督办存在重大事故隐患的工程，为消除辛集闸交通桥安全隐患，经海委研究同意，决定修建辛集闸临时浮桥通道替代现有辛集闸交通桥。

辛集浮桥项目位于现辛集闸交通桥上游 220m 处，垂直跨过河道，浮桥两侧新建接线道路与现有道路衔接。项目总投资 2892.26 万元，主要包括承压舟、接岸码头、接线道路、收费站及必要的安全设施。其中主体工程承压舟浮桥 200m，设计承载能力单向 200t，结构由 5 艘带式承压舟组成。承压舟中间车道宽 9m，两侧各设 2m 人行道，设计车速为 30km/h。浮桥通过接线道路北接河北的 S284 黄辛线，南接山东的 S320 新海路，是连接山东、河北两省的重要通道。

2019 年 8 月开始，漳卫南局就建设浮桥临时通道开展了前期工作。2019 年 12 月，聘请山东省交通规划设计院编制了《辛集闸交通桥临时浮桥通道建设方案》。2020 年 5 月 18 日浮桥正式开工建设。2020 年 11 月，辛集闸交通桥临时浮桥通道主体工程完工。2020 年 12 月 1 日，辛集闸交通桥临时浮桥通道工程通过单位工程验收，具备通车试运行条件，后续办理完善运营手续后将正式投入运营。

2. 领导关心重视，紧盯“时间节点”

海委党组专题研究了漳卫南局安全生产重大事故隐患整改落实工作，将“加强对辛集闸和交通桥安全运行的巡查和监测”以及“研究论证并推动《辛集闸交通桥临时浮桥通道建设方案》落实”两项任务列入海委重要会议议定事项督办单。2020 年 11 月 19 日，海委副主任徐士忠到辛集闸交通桥检查安全运行情况并查看浮桥建设情况。海委监督处、安全生产检查组多次到施工现场就安全生产有关事项进行现场督导，查摆存在的安全隐患，提出合理化建议，确保安全生产工作落实到位。

辛集闸交通桥临时浮桥通道工程作为漳卫南局 2020 年工作会议确定的年度重点工作，局长张永明对工程建设情况给予了高度重视，多次过问进展情况，提出要求、督促进度；副局长李瑞江多次到一线检查工程建设情况，现场召开调度会，协调参建各方，紧盯时间节点，扎实推进浮桥建设；漳卫南局有关部门和单位，给予了大力支持，积极帮助解决工程建设期间的技术、协调等问题，群策群力、多措并举，保证工程建设顺利实施。

3. 加强沟通协调，抓好“两个统筹”

工程建设过程中，通过加强与无棣县、海兴县人民政府及有关部门的沟通，争取支持帮助，协调临时浮桥通道建设与地方衔接的有关事宜，解决影响工程建设的问题，保障浮桥建设顺利推进；切实抓好“两个统筹”，优化施工方案，做到辛集闸交通桥运行与临时浮桥通道施工建设统筹推进，克服车辆通行给施工带来的不便，降低工程施工对辛集闸交通桥正常运行的影响。

4. 优化施工方案，确保“工程安全”

新冠肺炎疫情期间，严格做好疫情常态化防控，保障参建各方人员健康安全。通过科学组织，多方咨询，对浮桥建设施工方案进行优化调整，节省了项目资金，提高了施工效率。扎实抓好安全生产，与参建各方签订安全生产责任书，严格落实安全生产各项要求，施工期间未发生任何安全生产事故。制定了《辛集闸浮桥建设工程 2020 年防洪预案》，确保安全度汛。对各级安全生产监督部门提出的隐患和建议积极整改落实，补足完善，确保工程安全。

（张伟华）

【闸桥收费】

受新冠肺炎疫情影响，辛集闸桥收费站自2020年1月23日停止收费，2020年4月28日，交通运输部发布公告，自2020年5月6日零时起恢复收费公路（桥梁）收费。综合事业处积极协调，及时做好恢复收费各项准备工作，5月6日零时准时恢复了收费。

5月6日恢复收费后，取消闸桥收费分站，由闸桥收费总站直接管理。5月中下旬，改变收费站人员构成形式，通过劳务外包的形式先后分两个批次补充了收费、监控及后勤服务等岗位的工作人员，并分两批对新上岗人员进行了培训，提升收费员收费业务、文明服务、安全意识、团结协作等方面的能力，并为收费员定制配发了服装，努力做到内强素质、外展形象，使收费工作更加规范严谨。7月，对《闸桥维修维护管理总站管理办法》和《闸桥维护费收费管理办法》进行了修订。

5月，收费站开通了电子扫码支付。研究制定了辛集闸收费站新冠肺炎疫情防控方案，批量采购疫情防控所需要的防护及消毒用品，严格落实执行有关疫情防控规定，全力抓好疫情防控的常态化工作。

为保障辛集闸交通桥安全运行，加强了桥梁日常巡检频次，对重点隐患部位进行每日检查，在闸桥北侧设立执勤岗亭，按照辛集闸交通桥安全运行方案的有关要求，安排专人对上桥车辆进行错峰放行，保证桥面不积压重型车辆。强化安全监管，为收费区及办公、生活区及时更新补充了防火器材，在醒目位置粘贴了安全生产标语，对各区域内安全生产隐患进行排查，并对部分隐患进行了处置。

自恢复收费以来，代行总站职能的综合事业处大力做好综合保障，努力发挥闸桥管理总站运行、监督、管理的作用，确保收费站各项业务工作顺利开展。自5月6日复工后至年底，辛集闸桥收费站累计收费额1540万元，2020年全年累计收费额1675.5万元。

（张伟华）

【设计院改制】

根据《水利部办公厅关于全面完成水利企业公司制改革工作的通知》（办财务函〔2020〕829号）的精神，按照漳卫南局统一安排部署，以2020年10月31日为基准日，对漳卫南局规划设计研究院的资产、债权、债务等事项进行清查审计。2020年12月，正式将联营（法人）性质的漳卫南局规划设计研究院变更为漳卫南运河（德州）水利规划设计有限公司，完成设计院的公司制改制工作。

（张伟华）

【山东江河水利科技有限公司成立】

为做好闸桥收费及运营管理，2020年12月7日，综合事业处组织成立了山东江河水利科技有限公司，公司注册资本300万元，注册地山东省德州市。2021年1月22日，山东江河水利科技有限公司无棣分公司成立，注册地山东省滨州市无棣县，公司将主要负责辛集浮桥的运营管理。

（张伟华）

【信息化工作】

1. 规划建设

参与完成四女寺北闸除险加固项目信息化相关建设内容，更新改造了四女寺局微波系统、工程视频系统、综合布线系统，新建四女寺北进洪闸安全监测系统、闸门监控系统。配合规划、设计单位（部门）完成卫河治理项目中相关信息化建设内容的初步设计工作。

2. 通信保障

5 月，开展了卫星便携站及无人机的实战演练，对岳城水库卫星小站故障进行处理并恢复通信，对 3 部卫星移动电话进行测试，保证了应急通信设备的可用性及人员操作的熟练性。5 月 7 日至 6 月 8 日，对全局防汛通信系统进行全面检测维护，对检修中发现的问题及时进行处理，消除安全隐患和故障隐患。5 月 15 日至 6 月 26 日，通过租用公网电路、扩容祝官屯—故城微波传输电路等措施，将邢台衡水河务局衡水办事处接入漳卫南局防汛通信专网。

6 月 20—29 日，对因高层建筑阻挡导致中断的德州至沧州，吴桥至漳卫南局机关、水利部、海委及沧州局的专网通信进行了临时应急恢复，保证了汛期防汛专网通信畅通。与沧州市政府、吴桥县政府分别协调解决微波信号阻挡问题。

3. 网络安全

自 2 月 20 日起，指导漳卫南局各部门、局属各单位进行蓝信系统的安装使用，截至 12 月底，全局登记人数 1120 人，注册人数 1102 人，注册比例达 98.39%，超标准完成总用户数占在职职工 95%以上的督办目标任务。2 月 27—28 日，完成信息系统资产调查并向海委提交调查结果。3 月 6—15 日，完成 2019 年度漳卫南局水利网信发展情况调查统计并向海委提交统计结果。

为满足新冠肺炎疫情防控和工作需要，将异地会商系统与蓝信会议、腾讯会议等云会议有机融合，保障了疫情期间各项远程会议的正常举行。全年共组织视频会议 66 次，其中蓝信、腾讯视频会议 26 次。在局机关办公区域内建成无线 WLAN 系统，供职工个人手机终端、移动办公设备接入互联网使用，对手机终端、移动办公设备 MAC 地址进行绑定，加强网络安全管理工作。

6 月 17—30 日，对部分二级局办公网络带宽进行了优化，为岳城水库管理局、聊城河务局、沧州河务局、卫河河务局、邢台衡水河务局、邯郸河务局等 6 个单位租用互联网出口电路配置了防火墙，并由服务漳卫南局的网络安全服务商提供网络态势感知服务，6 个单位实现互联网出口本地化。对水雨情信息网和电子政务应用 2 个三级系统进行等级保护测评，通过租赁防火墙设备，对设立的服务器进行防护。采用“合同分签，协议供货”的方式完成 238 套正版金山 WPS Office 软件的政府采购。按照海委统一部署，完成首批电子政务系统终端（194 套）分发工作。9 月 16—17 日，海委副主任张胜红率检查组以“四不两直”方式对漳卫南局网络安全与信息化工作进行暗访检查。

4. 项目管理

按照上级统一部署，对水利信息系统骨干网运行维护项目 2019 年执行情况进行了自查和全面总结，2020 年 3 月，通过海委组织的中央预算项目验收。3 月 6—20 日，完成水利信息系统运行维护定额测算工作，并向海委提交测算报告。根据水利部预算编制要求，完成水利信息系统骨干网运行维护项目2020年项目申报书、支出计划、绩效目标申报表等的编制工作，及时上报后，2020年7月获批实施。

5. 制度建设

9月30日，漳卫南局印发《漳卫南运河管理局网络安全管理办法（试行）》（漳信息〔2020〕2号）。

10月13日，印发《漳卫南运河管理局信息化工作管理办法（试行）》（漳信息〔2020〕3号）。

（毛贵臻）

【机关建设与后勤管理】

1. 新冠肺炎疫情防控

1—12月，在上级单位和地方政府部门的指导下，后勤服务中心召开专题会议，动员全体职工，部署防控任务的每个细节。做好防疫物资储备、发放工作；做好值班值守、安全保卫工作；不留死角，全方位做好机关及家属区消毒、人员体温监测、外来人员排查，新冠肺炎疫情宣传防范工作；为漳卫南局机关职工提供安全有序的工作生活环境。

2. 制度制定

10月，制定《漳卫南运河管理局机关消防安全管理制度（试行）》，《漳卫南局关于印发〈漳卫南运河管理局机关消防安全管理制度（试行）〉的通知》（漳后勤〔2020〕1号）于10月29日印发。

11月30日，制定并印发《后勤服务中心新冠病毒疫情防控预案》（后勤综〔2020〕10号）。

3. 党建工作

7月30—31日，漳卫南局党委巡查"回头看"第二检查组巡查后勤服务中心。

10月，制定后勤服务中心《叶建春副部长专题党课学习方案》，并组织中心支部全体党员进行集中学习研讨。

4. 海河公司改制

2月，德州海河开发总公司提出改制计划。6月，事务所开始审计，成立公司改制领导小组。8月，审计结束。11月，召开职工大会、办理工商各项手续。23日德州海河开发总公司改制工作完成，新名称为德州海河水利科技有限公司。12月，完成后续变更税务、社保。

5. 基础建设

4月，成立后勤中心电梯安装领导小组，对5个电梯生产厂家开展实地考察调研工作。

5月，开展电梯安装合同签订工作，进行了专家图纸会审。

3—9月，开展漳卫南局节水机关建设，成立后勤中心节水机关建设领导小组，完成更换节水器具、改造中央空调冷却塔、改建节水绿化灌溉方式、用水计量设备安装、建立用水实时监控平台、开展水平衡测试等工作。漳卫南局节水型机关建设通过海委验收，结果优秀。

5 月，改造中央空调冷却塔。对制冷效能低、漏水现象严重的中央空调冷却塔和循环水复式过滤设备进行改造和保温处理，大大减轻了水资源浪费情况。

8 月，用水计量设备安装。在办公区防汛调度楼、后勤综合楼、水文巡测楼、食堂、绿化及中央空调机组等区域安装智能水表，共计 15 块；在非办公区家属楼、沿街门市房、换热站安装智能水表 5 块、机械水表 1 块。实现了用水计量全覆盖。结合漳卫南局机关实际情况，在水文楼、综合楼雨水口设立雨水收集桶，将雨水收集后灌溉院内花草树木，减少常规灌溉次数，大大降低了常规水资源的使用。在开水房、卫生间设立“节水桶”，收集废水多次利用，提高了非常规水的利用水平。

9 月，更换节水器具。漳卫南局机关院内三栋办公楼、食堂及其他配套建筑设施内的用水终端更换为具有“中国节水产品认证证书”的产品，共更换节水感应龙头 42 套、陶瓷片密封起泡水嘴 45 套、节水花洒 8 个，更换蹲便感应器 14 套，维修蹲便感应器 6 套。办公区现有节水感应龙头 43 个、普通节水龙头 46 个、蹲便感应器 46 套、小便感应器 22 套、花洒 8 个，水龙头（包含花洒）更换和限流装置安装率达到 100%。制定绿化喷淋系统供水方案，开展绿化供水管道对接施工工作，建成绿化地埋供水管网，连接至漳卫南局机关主供水分支管道，并加装远程计量水表。在绿化区设置雾化喷灌喷头 16 个，同时利用收集的雨水，共同用于绿化灌溉。建立用水实时监控平台。依托智能水表，建立水表抄表管理系统，实现了用水实时监控。水表抄表管理系统主要包含档案管理模块、远程抄表模块、统计分析模块和系统管理模块。通过每天将累计水量传至系统进行统计分析，实现了漳卫南局机关大院各用水单位及食堂、绿化等主要用水部位的水量变化查询分析，可随时分析用水情况、用水结构和异常用水信息。2020 年 9 月 21—24 日，利用 4 天时间，通过水平衡测试获取测试原始数据，做出科学用水分析，找出节约用水潜力，提出节约用水合理化分析和建议。

（宋庆宇）

局属各单位

卫河河务局

【概况】

卫河河务局（以下简称“卫河局”）隶属于水利部海委漳卫南局，由漳卫南局授权在其管辖范围内行使水行政管理职责，为具有行政职能的事业单位。管辖卫河干流河段从鹤壁市浚县新镇镇淇门至濮阳市南乐县寺庄乡大北张，河道长150km，两岸堤防长267km；刘庄节制闸及以下共产主义渠河段，河道长44km，两岸堤防长度88km。所辖河道共194km、堤防355km。管理范围涉及河南省境内鹤壁市的浚县，安阳市的滑县、汤阴县、内黄县，濮阳市的清丰县和南乐县。机构内设6个科室，下属9个直属单位和1个维修养护公司。全局现有干部职工160人，其中在职人员106人、离退休人员54人。

2020年单位主要负责人如下。

党委书记：张如旭

局　长：倪文战

副局长：任俊卿　江松基　查希峰　段　峰（2020年6月任）

【工程建设与管理】

1. 维修养护管理

深化水管体制改革，开展维修养护市场化运作。通过公开招标，确定维修养护施工单位。加强检查、巡查和考核力度，实现工程管理和维修养护的多层次和全覆盖管理。2020年，完成堤防维修养护355km，堤顶养护土方5.91万m^3，堤坡养护4.42万m^3，上堤路口养护1496m^3，堤顶行道林养护23.44万株，草皮养护563.67万m^2，草皮补植21.13万m^2，标志牌维护716个，护堤地边埂整修2749工日。

2. 堤防绿化

召开2020年绿化工作专题会议，部署春季绿化及规范管理工作。2020年春，完成堤防绿化32.5km，种植各类树木93000余棵，其中复叶槭、丝棉木26200棵，白蜡15215棵，杨树34570棵，黄山栾树11000棵，法国梧桐6000棵，大叶女贞230棵等。

3. 一线维修养护队伍建设

召开工程运行管理工作座谈会和工程管理暨维修养护工作推进会议，安排部署维修养护一线养护队伍建设、维修养护管理责任落实等重点工作，下发《关于进一步落实任务加强维修养护管理的通知》等安排指导一线养护队伍建设等工作。督促局属各单位、养护公司制修《养护队伍管理办法》《职工包段责任制》《维修养护考核管理办法》等制度，落实职工包段责任制、每周工程现场检查制和每两周召开工程运行管理例会制度。组建一线维修养护人员298人（其中养护队长29人），于7月上堤进行日常养护工作。

4. 确权划界

2020年，完成所辖全部工程的管理与保护范围划界工作。4月，成立水利工程划界工作领导小组，全面安排部署工作。5月，完成确权划界项目标示牌及界桩制作安装工程公开招标，并与中标单位签订施工合同。6月，进行划界成果公告公示。10月，进行界桩和标示牌埋设。完成卫河确权划界面积234.58万m^2，埋设标示牌138块、界桩4052根。

（夏宇航）

【水利工程维修养护飞检机制】

卫河局将河道堤防按照管理单位和长度分段，10～15km为一段，按照每月一次的频次，每次采取随机的方式抽取1～3段堤防进行飞检。10月，按照该办法对内黄局和南乐局的两段堤防进行飞检试运行。同时，将维修养护飞检与维修养护季度考核进行有机结合，形成每个月均有检查组对工程维修养护工作进行监管的新局面，实现全年工程维修养护检查考核工作的全覆盖。

（夏宇航）

【绿化经营“所有林”模式试点】

绿化经营“所有林”模式试点工作自2015年开始，在浚县、滑县、南乐等多处卫河堤段进行所有林建设。2020年，回收共产主义渠左岸大碾—耿潭段弃土4.5km，巩固建成共产主义渠左岸弃土18.7km绿色廊道。截至2020年年底，全产权所有林已建成34.5km，拥有全产权林木20.65万棵。

（夏宇航）

【卫河干流治理工程前期准备】

推进卫河干流治理工程初设阶段工作，配合漳卫南局和设计单位，先后开展土地征用及附着物调查、穿堤建筑物建设方案征求意见、堤顶硬化路面调整、绿化、树木赔偿、汛房建设等多个项目申报，完成水利部水规总院对治理工程初步设计报告的技术审查、水利部对工程水土保持方案变更的行政许可和国家发展改革委对工程初步设计概算核定等关键节点工作，为初设报告取得行政许可及工程尽早开工建设奠定坚实基础。

（夏宇航）

【防汛抗旱】

3月，开展防汛检查。5月，成立卫河河务局水旱灾害防御组织机构，全面落实工作责任。6月24日，召开防汛会议。完成《卫河防洪预案》《卫河抢险预案》和《卫河重点险工、涵闸抢险方案》的修订和完善工作。开展防汛工作宣传和业务培训，普及防汛抢险技术。参加沿河鹤壁、安阳、濮阳三市召开的水旱灾害防御工作会议，配合地方各级防指督促落实各项水旱灾害防御责任制和防汛物资号料等工作。根据地方机构改革后水旱灾害防御指挥部工作职能划分，积极与鹤壁、安阳、濮阳三市应急管理局联系，建立信息联系沟通机制。加强防汛值班，开展台风防御工作和防汛调度、水雨毁抢修和修复方案制订上报，实现2020年卫河安全度汛。

（夏宇航）

【水政水资源管理】

1. 水法规宣传

组织开展“世界水日”“中国水周”宣传活动，通过学习领导纪念讲话、微信公众号刊发普法信息、参加水法规网络知识大赛、电子屏滚动播放宣传片、张贴海报、悬挂横幅、出动宣传车、设置咨询台、散发宣传品等方式，全方位开展普法宣传教育。

2. 水政队伍管理

10月15—16日，举办2020年水行政执法培训班，对水行政执法程序、涉河建设项目管理、水政监察制度等进行解读。组织全体水政监察人员参加河南省行政执法证到期换证相关培训和考试，下发新版执法证件。完成《法律顾问制度》的修订和法律顾问合同的续签。

3. 水行政执法

加大日常水行政执法巡查力度，实现执法范围全覆盖，严格规范执法，推进“三项制度”落实，及时查处违法违规行为。全年共开展水政巡查13次，涉河建设项目巡查4次，现场处理违法事件7起。

4. 涉河建设项目管理

开展涉河建设项目季度巡查和汛前监督检查，印发《卫河局关于加强汛期涉河建设项目监管及防溺水工作的通知》（卫水政〔2020〕51号），对安全度汛提出具体要求，强调防御措施及防汛职责落实到位。印发《卫河局关于在建涉河建设项目检查情况的通报》（卫便〔2020〕23号），要求相关单位就存在问题进行整改。对在建项目郑济高铁两处跨卫河大桥、内罗线罗庄卫河大桥、滑县北调节渠退水涵闸工程等实施监管，落实S502安阳至内黄公路卫河大桥的防护工程施工建设，协助内黄天然气管道、南乐高压线项目申报海委行政许可，对拟建的汤阴五陵湿地、滑县道口泵站改建、濮阳至鹤壁天然气管道、清丰县南乐县大运河文化带建设等项目做好前期沟通协调，解决处理遗留问题。

5. 积案清零

卫河局有5起案件被列入“水利部河湖违法陈年积案清零”范围。2020年，卫河局成功清除占用老河道的驾驶员学校1处，促成两个建设项目补办审批手续，拆除占用堤坡建设的卫河桥头商铺房屋1座，拆除建筑面积7000多m^2的“元村商贸城”，圆满完成海委和漳卫南局督办要求。

6. 水资源管理与保护

2020年年初，报送2019年取水总结及2020年取水计划。配合完成3处取水许可证有效期延续审查工作，每月初上报取水统计信息。开展取水口专项整治行动，及时与沿河三市进行工作对接，及时填写信息统计表，按时完成取水口信息录入工作。开展水质监测工作，配合做好水功能区断面的水质样品采集、预处理和递送工作。开展节水机关建设，完成分级计量设施的加装、非常规水的收集改造等工作。

（夏宇航）

【河长制工作】

2020年，卫河局参加市级河长巡河8次、县级河长巡河15次。承担河长制工作暗访，作为考核组成员参加对鹤壁、安阳、濮阳三市下辖县（区）的年度考核等任务。参加鹤壁、安阳、濮阳三市河长制工作会议、联席会议和联络员会议及河长制培训班，及时向市级河长办报送总结、意见反馈、情况说明等材料，对《问题交办单》事项，与市级河长办一起进行现场检查和监督落实。持续开展河湖“清四乱”工作，及时上报《卫河局“清四乱”专项行动统计表》《卫河局“清四乱”问题整治情况表》，对水利部、河南省交办的事项做好认定、清理及反馈工作。按时完成管辖范围内卫河、共渠的“河道管理范围公告”工作。推动建立“河长＋检察长”联动工作机制，与市级“河道检察长”对接，借助“河长＋检察长”管理模式提升卫河河长制工作。

（夏宇航）

【经济工作】

巩固绿化经营“所有林”项目建设，已建成 34.5km，拥有全产权林木白蜡 5.7 万棵、法桐 4.5 万棵、女贞 2.8 万棵、其他苗木 7.65 万棵。盘活闲置资产，提高国有资产效益，创新开展工作，实现内黄大棚、内黄局老机关院、汤阴局老机关院承包费翻番。对滑县仓库临街楼、清丰苏村老机关院进行开发利用。对合同再次进行梳理，整理汇总出存在问题的合同 28 份，实现对所有已签订的有效合同尤其是堤防经营合同的落实、兑现情况的全面了解、掌握。

（夏宇航）

【人事管理】

1. 人员变动

招录参照公务员法管理人员 3 人（鲁荣荣、刘建明、赵嘉琦）、事业人员 2 人（张志羽、鲁鹏辉），办理调离 1 人（倪文战）。

截至 2020 年 12 月 31 日，全局在职人员 106 人，其中参照公务员法管理人员 57 人，事业人员 36 人，海达公司 13 人；离退休人员 54 人，其中离休人员 1 人、退休人员 53 人（去世 1 人，杨清森）。

2. 人事任免

（1）处级干部任免。2019 年 12 月 31 日，漳卫南局党委研究决定，免去倪文战卫河局局长职务（漳任〔2020〕14 号）。

6 月 17 日，漳卫南局党委研究决定，任命段峰为卫河局副局长（漳任〔2020〕33 号）。

（2）科级干部任免。6 月 2 日，经试用期满考核合格，任命张卫敏为卫河局办公室（党委办公室）副主任（卫人〔2020〕48 号）。

6 月 30 日，任命关海宾为财务科科长（试用期一年），免去其人事（监察审计）科副科长职务、三级主任科员职级。免去张仲收财务科科长职务（卫人〔2020〕61 号）。

6 月 30 日，聘任姜卫华为综合事业管理中心（信息中心）主任（试用期一年），解聘其综合事业管理中心（信息中心）副主任职务（卫人〔2020〕62 号）。

（3）其他人员任免。7 月 15 日，经试用期满考核合格，任命林鸣宇为浚县河务局一级科员（卫人〔2020〕64 号）；任命吴浩杰为南乐河务局一级科员（卫人〔2020〕65 号）；任命靳晴轩为清丰河务局一级科员（卫人〔2020〕66 号）；任命崔耀华为水政水资源科（水政监察支队）四级主任科员（卫人〔2020〕67 号）。

3. 职级晋升

7 月 31 日，漳卫南局党委研究决定，耿建伟任清丰河务局三级调研员，张秀堂任内黄河务局四级调研员（漳任〔2020〕52 号）；张如旭任卫河局一级调研员，江松基任卫河局二级调研员（漳任〔2020〕67 号）。

7 月 28 日，卫河局党委研究决定，白冰洋任财务科四级主任科员（卫人〔2020〕81 号）；邱会艳任人事（监察审计）科二级主任科员（卫人〔2020〕82 号）；雷利军任南乐河务局二级主任科员（卫人〔2020〕83 号）。

4. 干部交流

根据《卫河河务局借调人员暂行管理办法》《卫河河务局党委会干部交流会议纪要》，1 名事业人员跨部门借调到参照公务员法管理部门、2 名新招录招聘人员试用期满交流及 5 名因工作需要继续借调交流人员申请表续签。

5. 职称评聘

7 月 28 日，聘任王帅为专业技术十二级岗位（卫人〔2020〕76 号）；聘任王永旭为专业技术十二级岗位（卫人〔2020〕77 号）；聘任杜娇娇为专业技术十一级岗位（卫人〔2020〕78 号）。

6. 机构设置及调整

（1）1 月 29 日，印发《卫河局党委关于成立应对新型冠状病毒感染肺炎疫情工作领导小组的通知》（卫党〔2020〕2 号），成立卫河局应对新型冠状病毒感染肺炎疫情工作领导小组，人员组成如下。

组　长：张如旭

副组长：任俊卿　江松基　查希峰

领导小组负责卫河局应对新冠肺炎疫情工作的组织领导、统筹协调和督促指导。领导小组办公室设在卫河局办公室，负责相关工作的组织开展。

主　任：查希峰

副主任：鲁广林　段　峰　张仲收　杜立峰　关海宾　杨利江　阮仕斌　姜卫华　李安文

（2）3 月 16 日，印发《卫河局党委关于调整党风廉政建设领导小组成员及责任分解的通知》（卫党〔2020〕3 号），对卫河局党风廉政建设领导小组进行如下调整。

组　长：张如旭

成　员：任俊卿　江松基　查希峰

领导小组办公室设在卫河局党委办公室，办公室主任由鲁广林担任，办公室成员分别为：杜立峰、关海宾。

（3）3 月 19 日，印发《卫河局关于成立档案达标工作领导小组的通知》（卫人〔2020〕15 号），成立卫河局档案达标工作领导小组，人员组成如下。

1）档案达标工作领导小组。

组　长：张如旭

副组长：查希峰

成　员：鲁广林　段　峰　张仲收　杜立峰　关海宾　杨利江　阮仕斌　姜卫华　李安文　耿建伟　焦松山

2）档案达标工作领导小组办公室。

主　任：鲁广林

副主任：张卫敏

成　员：吉利敏　夏宇航　渠　睿　刘　佳　李　雷

（4）3月25日，印发《卫河局关于成立节水机关建设工作领导小组的通知》（卫人〔2020〕20号），成立卫河局节水机关建设工作领导小组，人员组成如下。

1）组成人员。

组　长：张如旭

副组长：查希峰

成　员：鲁广林　段　峰　张仲收　阮仕斌　姜卫华　李安文

2）工作机构。领导小组下设办公室，承担领导小组的日常工作。领导小组办公室设在水政水资源科，办公室主任由段峰兼任，办公室副主任由李安文、邱慧刚担任。

（5）4月2日，印发《卫河局关于明确卫河水利工程行政等责任人的通知》（卫人〔2020〕25号），对卫河水利工程、设备物资、通信网络以及水文等方面的行政责任人、技术责任人、巡查责任人进行明确，并公布如下。

1）直属卫河水利工程。

行政责任人：张如旭

技术责任人：江松基

巡查责任人：杨利江

2）设备、物资。

行政责任人：张如旭

技术责任人：张仲收

巡查责任人：白冰洋

3）通信、网络。

行政责任人：查希峰

技术责任人：姜卫华

巡查责任人：刘洪亮

4）水文。

行政责任人：江松基

技术责任人：段　峰

巡查责任人：邱慧刚

（6）4月16日，印发《卫河局关于调整水利工程日常管理检查考核组的通知》（卫人〔2020〕34号），对卫河局水利工程日常管理检查考核小组进行如下调整。

组　长：查希峰

成　员：杨利江　张　北　朱　旭　刘　佳　鲍　迪

（7）4月30日，印发《卫河局关于成立2020年水利工程划界工作领导小组的通知》（卫人〔2020〕37号），成立卫河局2020年水利工程划界工作领导小组，人员组成如下。

组　长：查希峰

成　员：杨利江　张仲收　刘彦军　杨利明　李根生　孙洪涛　耿建伟　焦松山
　　　　张　北　关海宾　鲍　迪

领导小组下设综合协调、工程质量与安全、财务与监察审计等三个职能部门，人员组成如下。

1）综合协调部：杨利江　刘彦军　杨利明　李根生　孙洪涛　耿建伟　焦松山

2）工程技术与安全部：张　北　鲍　迪

3）财务与监察审计部：张仲收　关海宾

（8）5月11日，印发《卫河局党委关于成立青年理论学习小组的通知》（卫党〔2020〕12号），成立卫河局青年理论学习小组，人员组成如下。

1）卫河局机关青年理论学习小组，成员包括卫河局机关40岁以下青年职工，组长为李佩瑶。

2）浚县、滑县青年理论学习小组，成员包括刘庄闸管理所、滑县河务局、浚县河务局40岁以下青年职工，组长为朱俊。

3）汤阴、内黄青年理论学习小组，成员包括汤阴河务局、内黄河务局40岁以下青年职工，组长为刘丹。

4）清丰、南乐青年理论学习小组，成员包括清丰河务局、南乐河务局40岁以下青年职工，组长为韩彦美。

5）海达公司青年职工随项目部驻地单位开展学习。

（9）5月22日，印发《卫河局关于成立2020年水旱灾害防御组织机构的通知》（卫人〔2020〕44号），成立卫河局2020年水旱灾害防御组织机构，人员组成如下。

1）局水旱灾害防御工作领导小组。

组　长：张如旭

副组长：任俊卿　查希峰

成　员：鲁广林　段　峰　张仲收　杜立峰　杨利江　阮仕斌　关海宾　李安文
　　　　姜卫华　张　北

2）水旱灾害防御办公室。

主　任：查希峰

副主任：杨利江　张　北

3）职能组。

综合调度组

组　长：杨利江

成　员：主要由工程管理科（防汛抗旱办公室）人员组成

物资保障组

组　长：张仲收

成　员：主要由财务科人员组成

宣传报道组

组　长：鲁广林

成　员：主要由办公室人员组成

法律保障组

组　长：段　峰

成　员：主要由水政科人员组成

防汛教育组

组　长：杜立峰

成　员：主要由人事科及其他人员组成

防汛动员组

组　长：阮仕斌

成　员：主要由工会及其他人员组成

防汛督查组

组　长：关海宾

成　员：主要由监察审计科及其他人员组成

通信信息组

组　长：姜卫华

成　员：主要由事业中心及其他人员组成

后勤保障组

组　长：李安文

成　员：主要由后勤中心人员组成

顾问组

组　长：施　梓

成　员：由退休的专家领导组成

（10）7月17日，印发《卫河局关于调整2020年水旱灾害防御组织机构的通知》（卫人〔2020〕71号），对卫河局2020年水旱灾害防御组织机构进行如下调整。

1）局水旱灾害防御工作领导小组。

组　长：张如旭

副组长：任俊卿　查希峰　段　峰

成　员：鲁广林　关海宾　杜立峰　杨利江　阮仕斌　姜卫华　李安文　张　北　邱会艳

2）水旱灾害防御办公室。

主　任：查希峰

副主任：杨利江　张　北

3）职能组。

综合调度组

组　长：杨利江

成　员：主要由工程管理科（防办）人员组成

物资保障组

组　长：关海宾

成　员：主要由财务科人员组成

宣传报道组

组　长：鲁广林

成　员：主要由办公室人员组成

法律保障组

组　长：段　峰

成　员：主要由水政科人员组成

防汛教育组

组　长：杜立峰

成　员：主要由人事科及其他人员组成

防汛动员组

组　长：阮仕斌

成　员：主要由工会及其他人员组成

防汛督查组

组　长：邱会艳

成　员：主要由监察审计科及其他人员组成

通信信息组

组　长：姜卫华

成　员：主要由事业中心及其他人员组成

后勤保障组

组　长：李安文

成　员：主要由后勤中心人员组成

顾问组

组　长：施　梓

（11）7月17日，印发《卫河局关于调整卫河水利工程行政等责任人的通知》（卫人〔2020〕73号），对卫河水利工程、设备物资、通信网络以及水文等方面的行政责任人、技术责任人、巡查责任人进行调整，并公布如下。

1）直属卫河水利工程。

行政责任人：张如旭

技术责任人：查希峰

巡查责任人：杨利江

2）设备、物资。

行政责任人：张如旭

技术责任人：关海宾

巡查责任人：白冰洋

3）通信、网络。

行政责任人：查希峰

技术责任人：姜卫华

巡查责任人：刘洪亮

4）水文。

行政责任人：段　峰

技术责任人：段　峰

巡查责任人：邱慧刚

（12）7月17日，印发《卫河局党委关于调整党风廉政建设领导小组成员及责任分解的通知》（卫党〔2020〕24号），对卫河局党风廉政建设领导小组进行如下调整。

组　长：张如旭

成　员：任俊卿　查希峰　段　峰

领导小组办公室设在卫河局党委办公室，办公室主任由鲁广林担任，办公室成员分别为张卫敏、杜立峰、邱会艳。

（13）9月7日，印发《卫河局党委关于公布各党支部委员会组成情况的通知》（卫党〔2020〕37号），各党支部委员会人员组成如下。

中共水利部海委漳卫南运河卫河局第一支部委员会委员为鲁广林、张卫敏、渠睿，其中鲁广林同志任书记，张卫敏同志任纪检委员。

中共水利部海委漳卫南运河卫河局第二支部委员会委员为杜立峰、邱会艳、李佩瑶，其中杜立峰同志任书记，邱会艳同志任纪检委员。

中共水利部海委漳卫南运河卫河局第三支部委员会委员为杨利江、李安文、刘佳，其中杨利江同志任书记，李安文同志任纪检委员。

中共水利部海委漳卫南运河卫河局浚县支部委员会委员为刘彦军、张新国、周海军，其中刘彦军同志任书记，张新国同志任纪检委员。

中共水利部海委漳卫南运河卫河局滑县支部委员会只设书记一人，由杨利明同志担任，刘东升同志任纪检员。

中共水利部海委漳卫南运河卫河局汤阴支部委员会只设书记一人，由李根生同志担任，刘阳同志任纪检员。

中共水利部海委漳卫南运河卫河局内黄支部委员会只设书记一人，由孙洪涛同志担任，段立峰同志任纪检员。

中共水利部海委漳卫南运河卫河局清丰支部委员会只设书记一人，由耿建伟同志担任，焦松山同志任纪检员。

中共水利部海委漳卫南运河卫河局海达公司支部委员会只设书记一人，由杨文静同志担任，崔晓同志任纪检员。

（14）11月13日，印发《卫河局关于成立生产安全事故应急管理领导小组的通知》（卫人〔2020〕112号），成立卫河局生产安全事故应急管理领导小组，人员组成如下。

组　长：张如旭

副组长：任俊卿　查希峰　段　峰

成　员：鲁广林　关海宾　杜立峰　邱会艳　杨利江　阮仕斌　姜卫华　李安文
　　　　张新国　刘彦军　杨利明　李根生　孙洪涛　耿建伟　焦松山

应急领导小组下设办公室，设在工管科，承办领导小组的具体工作，主任由杨利江兼任。

（15）11月13日，印发《卫河局关于调整安全生产管理机构设置及人员配备等情况的通知》（卫人〔2020〕113号），对卫河局安全生产领导小组进行如下调整。

组　长：张如旭

副组长：任俊卿　查希峰　段　峰

成　员：鲁广林　关海宾　杜立峰　邱会艳　杨利江　阮仕斌　姜卫华　李安文
张新国　刘彦军　杨利明　李根生　孙洪涛　耿建伟　焦松山

安全生产领导小组下设办公室，设在工管科，具体承担领导小组的日常工作，主任由杨利江兼任。

（16）12 月 8 日，《印发卫河局关于成立无烟党政机关创建工作领导小组的通知》（卫人〔2020〕122 号），成立卫河局无烟党政机关创建工作领导小组，人员组成如下。

组　长：查希峰

副组长：李安文

成　员：鲁广林　关海宾　杜立峰　邱会艳　杨利江　阮仕斌　姜卫华　杨文静

领导小组下设办公室，设在后勤中心，主任由李安文兼任，负责领导小组日常工作。

7. 考核及奖惩

卫河局机关 2020 年继续保持河南省文明单位、河南省卫生先进单位称号。

1 月 21 日，海委印发《关于 2019 年度水政监察工作考核结果的通报》（办政法〔2020〕2 号），卫河局直属内黄水政监察大队 2019 年度水政监察工作考核被确定为优秀等次。

2 月 11 日，漳卫南局印发《关于表彰 2019 年度先进单位、先进集体的通报》（漳办〔2020〕1 号），授予卫河局“漳卫南局 2019 年度先进单位”荣誉称号。

2 月 11 日，漳卫南局印发《关于表彰 2019 年度工程管理先进单位与先进水管单位的通报》（漳建管〔2020〕4 号），授予汤阴局、清丰局“2019 年度工程管理先进水管单位”荣誉称号。

2 月 21 日，根据综合考评和民主评议，经局长办公会研究，浚县局、刘庄闸所被评为“卫河河务局 2019 年度先进单位”；办公室、水政科被评为“卫河河务局 2019 年度先进集体”。

2 月 28 日，漳卫南局印发《关于公布局属各单位 2019 年度处级考核优秀结果的通知》（漳人事〔2020〕7 号），张如旭、倪文战、江松基连续三年年度考核被确定为优秀等次，记三等功一次。

3 月 3 日，经民主评议和考核委员会审定，2019 年度参照公务员法管理优秀等次人员：张如旭、倪文战、江松基、关海宾、焦松山、李根生、渠睿、邱会艳、刘丹、刘佳、雷利军；不定等次人员：崔耀华、林鸣宇、靳晴轩、吴浩杰（试用期内，根据有关规定不定等次）；其他参加考核的人员均为称职；张如旭、倪文战、江松基、关海宾连续三年考核被确定为优秀等次，记三等功一次。事业人员优秀等次：李安文、姜卫华、刘东升、韩彦美、杜娇娇；不定等次人员：王帅、王永旭（见习期内，根据有关规定不定等次）；其他参加考核的人员均为合格。

3 月 13 日，根据 2019 年安全生产监督管理工作考核情况及安全生产日常管理情况等综合考评结果，确定清丰局、汤阴局为“卫河河务局 2019 年度安全生产管理先进单位”。

3 月 19 日，按照《卫河河务局工程管理考核办法（试行）》规定和 2019 年工程管理考核结果，授予滑县局、南乐局“卫河河务局2019年度工程管理先进单位”荣誉称号。

4月20日，漳卫南局印发《关于确定2019年安全生产监督管理工作考核情况并表彰2019年度安全生产工作先进单位的通报》（办监督〔2020〕4号），授予卫河局“2019年度漳卫南局系统安全生产工作先进单位”荣誉称号。

4月26日，濮阳市平安建设工作领导小组印发《关于对2017、2018年度表彰的全市平安建设先进单位复查认定的通知》（濮平安〔2020〕4号），卫河局仍保持“濮阳市平安建设先进单位”荣誉称号。

6月17日，通过党建工作考核、民主评议和支部推荐，经卫河局党委研究，卫河局第一党支部被评为“2019年度先进党支部”，段峰、张仲收、李安文、刘东升、刘阳、雷利军被评为“2019年度优秀共产党员”，张卫敏、刘彦军被评为“2019年度优秀党务工作者”。

11月4日，海委办公室印发《漳卫南运河卫河河务局等7个单位水利档案工作规范化管理综合评估意见的通知》（办档〔2020〕6号），卫河局及其所辖清丰局、南乐局档案工作规范化管理达到三级标准。

11月20日，漳卫南局印发《关于节水机关建设验收结果和表彰节水机关建设先进单位的通报》（漳资源〔2020〕48号），评选卫河局及其所辖浚县局（与刘庄闸所共建）为漳卫南局节水机关建设先进单位。

8. 教育培训

举办卫河局水旱灾害防御工作业务、党建知识、安全生产知识、党风廉政知识、消防安全知识、水行政执法、财务知识管理、职工健康知识、文明礼仪、工程管理暨维修养护、网络信息安全、平安建设等13个培训班，培训651人次；参加中国水利教育培训网络选学91人次；组织参加档案知识网络答题、水法规知识大赛、安全生产知识网络竞赛、海委系统2020年“世界水日”“中国水周”知识答题等网络学习4个；各党支部按照卫河局党委要求组织集体学习，主要内容为《习近平新时代中国特色社会主义思想》《新时代公民道德建设实施纲要》《新时代爱国主义教育实施纲要》《党和国家机关基层组织工作条例》《习近平总书记在全国抗击新冠肺炎疫情表彰大会讲话》《习近平谈治国理政（第三卷）》，学习研讨鄂竟平部长、叶建春副部长专题党课等。人均培训181学时，培训率为97.85％。

（夏宇航）

【新冠肺炎疫情防控】

落实水利部、海委、漳卫南局新冠肺炎疫情防控要求和属地防控措施，成立领导小组，制订实施方案，领导靠前指挥、职工下沉一线，认真进行人员排查，对单位办公区域和家属区实施封闭管理，安排人员24小时值守，每天由专人消毒一次。与驻地携手共建共抗疫情，中原西社区赠送“特殊时期献爱心、齐心协力抗疫情”锦旗表示感谢。进入常态化新冠肺炎疫情防控期后，加强出差、休假管控，适时提醒，坚持日常消杀，干部职工及同居亲属均无病例发生。

（夏宇航）

【综合管理】

推进目标管理工作，加强日常督查和考核。坚持周一例会制度，总结上周、安排本周、谋划下周工作。加强会议管理，着力精简公文。加强政务信息宣传管理，建立内容审核把关机制。加强新媒体建设，利用“卫河动态”微信公众号等载体，对卫河水利事业改革发展进行宣传。对现有179项规章制度进行废、改、立，废止13项，修订19项，新制定4项。加强档案管理，卫河局机关、清丰局、南乐局水利档案工作规范化管理达到三级标准。加强保密教育和管理，全年未发生失、泄密事件。针对信访热点、难点问题进行排查，全年未发生上访事件。

（夏宇航）

【财务管理与审计监督】

加强财政资金、固定资产、内部会计核算、防汛物资、合同等管理，科学完成部门预算编制。完成对机关食堂、工会账务的审核完善，加大对水利工程维修养护经费、差旅伙食费、市内交通费等审计力度，强化审计预警功能，构建完善内控体系。5月，对基层水管单位负责人进行任期经济责任审计。

（夏宇航）

【安全生产】

2020年年初，卫河局制定《2020年安全生产工作计划》，将全年安全生产目标细化分解，逐级、逐岗签订安全生产责任书。3月25日，召开卫河局安全生产工作会议，部署2020年安全生产工作，细化分解安全生产目标。持续加强安全生产教育、宣传，开展“安全生产月”集中宣传和业务培训工作。开展持续性的安全生产检查和水利工程隐患排查治理，做好春节、“五一”、“十一”等节假日的安全生产管理和值班值守工作。全面开展水利安全风险分级管控和危险源管理工作，制定《卫河局安全风险管理制度》《卫河局危险源管理制度》等安全管理制度，完成《卫河局生产安全事故应急预案》及专项预案及应急处置方案，完成安全风险公告栏3块、岗位应急处置卡12个，绘制机关场所安全风险四色分布图，提高安全生产标准化水平。

（夏宇航）

【党建工作】

1. 政治建设

强化政治机关意识教育，坚决贯彻落实党中央、上级及地方党组织重大决策部署。严明党的政治纪律和政治规矩，严格执行请示报告制度。严格执行《关于新形势下党内政治生活的若干准则》，认真贯彻落实领导干部双重组织生活、谈心谈话等制度。切实提高“三会一课”质量，有效发挥党支部作用。认真开展“灯下黑”问题专项整治，认真查问题、找差距、剖根源，从严从快完成整改落实工作。

2. 思想建设

持续推进学习习近平新时代中国特色社会主义思想，制定党委中心组理论学习计划，每月分专题进行学习，中心组全年开展集体学习12次、扩大4次。各党支部党员主题活动日每月至少学习 1 次，党员个人每月不少于 5 篇，利用“学习强国”学习平台学习每天积分不少于 30 分。

3. 制度建设

制定全面从严治党主体责任清单、监督责任清单、《五星党支部考核指标体系》，加强对卫河局党的建设工作的指导与检查。落实主要负责同志认真履行“第一责任人”职责，领导班子成员对分管领域履行“一岗双责”。

4. 组织建设

积极开展“水利先锋党支部”“五星党支部”创建工作，优化党支部设置，推进党支部标准化规范化建设。召开党建工作会议，签订《党建目标责任书》，配齐配强党支部书记。加强干部队伍建设，强化卫河局党委领导和把关作用，严格落实按编制、职数配备和选拔干部程序开展干部选拔任用工作。加强干部日常监督管理，严格落实领导干部个人有关事项报告“两项法规”要求。

（夏宇航）

【党支部设置调整】

“中共水利部海委漳卫南运河卫河局第一支部委员会”进行调整，管理办公室、财务科、工会党员，下设财务党小组、办公室工会联合党小组。局领导张如旭、任俊卿参加第一党支部组织生活，分别编入财务党小组、办公室工会联合党小组。

“中共水利部海委漳卫南运河卫河局第二支部委员会”进行调整，管理水政科、人事（监察审计）科党员。局领导段峰参加第二党支部组织生活。

“中共水利部海委漳卫南运河卫河局第三支部委员会”进行调整，管理工管科、事业中心、后勤中心党员，下设工管科党小组、事业后勤党小组。局领导江松基、查希峰参加第三党支部组织生活，江松基编入工管科党小组，查希峰编入事业后勤党小组。

撤销“中共水利部海委漳卫南运河卫河局第四支部委员会”。设立“中共水利部海委漳卫南运河卫河局浚县支部委员会”，管理浚县河务局、刘庄闸管理所党员。设立“中共水利部海委漳卫南运河卫河局滑县支部委员会”，管理滑县河务局党员。

撤销“中共水利部海委漳卫南运河卫河局第五支部委员会”。设立“中共水利部海委漳卫南运河卫河局汤阴支部委员会”，管理汤阴河务局党员；设立“中共水利部海委漳卫南运河卫河局内黄支部委员会”，管理内黄河务局党员。

撤销“中共水利部海委漳卫南运河卫河局第六支部委员会”。设立“中共水利部海委漳卫南运河卫河局清丰支部委员会”，管理清丰河务局、南乐河务局党员。

设立“中共水利部海委漳卫南运河卫河局海达公司支部委员会”，管理海达公司党员。

（夏宇航）

【党风廉政建设】

严格落实党委监督职责，加强对纪检工作的领导，从严正风肃纪。每季度至少开展一次廉政警示教育，组织前往濮阳市警示教育基地参观。及时通报系统内和河南省、濮阳市有关违规违纪问题，组织开展党风廉政建设主体责任集体提醒约谈。围绕权力岗位、工作环节、工程管理上容易导致腐败的薄弱环节，持续抓好水利廉政风险防控。坚持党内谈话制度、干部考察考核制度、述责述廉制度，完善领导干部个人有关事项报告制度，重点掌握科级以上干部思想、工作、作风、生活状况。积极开展巡察“回头看”问题整改落实工作，反馈的14个问题已全部整改落实到位。

（夏宇航）

【工会工作】

开展春节送温暖活动，汛期深入基层慰问一线干部职工。开展健康教育，邀请医学专家讲解心脑血管疾病预防知识并现场义诊。开展生日慰问，在职工生日时送上生日蛋糕和祝福。开展“书香卫河”全民阅读、组织“我最喜爱的图书”推荐，自导自演小合唱《共筑中国梦》参加濮阳市直机关庆“七一”歌咏比赛荣获二等奖。参加濮阳市干部职工群众游泳比赛，荣获“优秀组织单位”和“最佳团队”。开展“精彩卫河”采风活动，用摄像机、手机和文字等记录下卫河水利事业发展变化。扎实推进职工小家建设，投入资金3万余元，为基层单位建立小伙房、小浴室、小活动室，添置室内外健身器材。

（夏宇航）

【精神文明建设】

建立健全创建工作常态机制，制定印发工作计划，明确各部门创建工作职责。利用单位墙体、电子屏、大厅宣传栏、网络文明传播等形式，大力宣传“三个倡导”。通过开展道德讲堂、庆“七一”、周末奉献日、文明服务、文明执法、文明交通、文明餐桌、清洁家园、志愿服务等活动，积极践行社会主义核心价值观。通过开展清明节文明祭奠、端午节爱国诗词诵读等“我们的节日”系列主题活动，培育家国情怀。开展无烟党政机关建设，提倡健康生活方式。履行社会责任，积极帮贫扶困，与中原西社区结对开展“双报到双服务”，参与濮阳市“慈善一日捐”、志愿服务基金捐赠等活动。坚持把环境建设纳入单位总体规划，努力营造整洁、美丽、温馨的办公环境和生活环境。6月，河南省委、省政府再次授予卫河局“河南省文明单位”荣誉称号。

（夏宇航）

【意识形态工作】

高度重视意识形态工作，始终坚持把意识形态工作放在重要位置，与业务工作一同谋划、一同部署、一同考核。严格落实党委报告制度，把意识形态工作作为年度工作总结的重要内容，并纳入年度工作报告，要求党委班子成员把意识形态工作履职尽责情况作为民主生活会和述职述廉述学报告的重要内容，接受监督和评议。强化宣传阵地、思想阵地、网络舆论等各类阵地管控，确保不出现违背主流意识形态的内容。3月20日、5月25日、9月28日、12月10日，分别召开意识形态工作联席会议暨分析研判工作会议，认真总结当季意识形态工作，对下季度意识形态工作进行安排部署。5月28日、6月2日，对局属7个基层单位2020年上半年意识形态工作进行督查，检查“四个责任”落实、主流意识形态建设、风险防范化解、意识形态工作制度落实等工作开展情况。12月14—16日，再次对局属7个基层单位进行督查检查，并在全局范围内进行通报。

（夏宇航）

邯 郸 河 务 局

【概况】

邯郸河务局（以下简称“邯郸局”）隶属于水利部海委漳卫南局，由漳卫南局授权在其管辖范围内行使水行政管理职责，为具有行政职能的事业单位。管辖范围为河北省邯郸市境内漳河、卫河和卫运河（堤防长度 337.9km）。机构内设 6 个科室和 1 个其他机构（工会），下属 6 个直属单位和 1 个维修养护公司。全局现有干部职工 141 人，其中在职人员 87 人、离退休人员 54 人。

2020 年单位主要负责人如下。

党委书记：张安宏（2014 年 4 月至 2020 年 7 月）

局　　长：王孟月

副 局 长：张安宏（2014 年 4 月至 2020 年 7 月）　刘长功　于延成　刘亚峰

【工程建设与管理】

1. 维修养护

顺利完成 2019 年度水利工程维修养护验收工作。2020 年 1 月，邯郸局对所属 4 个水管单位 2019 年度水利工程维修养护项目进行验收，顺利完成验收工作。

圆满完成 2020 年水利工程维修养护市场化工作。2 月，邯郸局对所属各水管单位维修养护技术实施方案进行批复。3 月 11 日，各水管单位在中国采购与招标网、海委网站、漳卫南局网站发布 2020 年水利工程维修养护项目公开招标公告或竞争性磋商公告。4 月 2 日，进行开标评标，确定中标单位。4 月 9 日，各水管单位分别与养护公司签订维修养护合同。

开展“落实一线管理与养护人员”工作。漳卫南局工程运行管理工作视频会议后，邯郸局迅速成立工作领导小组，制订实施方案，部署落实一线管理与养护人员工作。5 月底，完成堤防责任段划分、一线管理与养护人员确定、养护实施与考核流程、费用标准等工作，共落实一线养护人员 336 名，人均养护堤防长度 976m。6 月底，养护公司为养护人员统一配备了工作服，分段进行业务培训。7 月 1 日起，养护人员开始上堤开展养护工作。

成立“维修养护项目技术服务中心”。邯郸局对基层一线管理人员进行整合，成立“维修养护项目技术服务中心”，为承担维修养护项目的施工队伍服务。

2. 水利工程确权划界

邯郸局对临漳县境内漳河左右堤和大名县境内漳河右堤下游 5.3km 临河护堤地边界至背河护堤地边界范围内进行 1∶2000 比例尺带状地形图测量，商沿河各县级人民政府对漳河、卫河、卫运河管理范围和堤防管理与安全保护范围进行划定，并埋设界桩 1502 根、标示牌 135 块。4 月，对 2020 年中央水利工程确权划界项目进行了竞争性磋商招标；7

月，完成地形图测绘内外业工作和划界公告工作；9月，完成标示牌制作和安装工作；10月，完成界桩制作和埋设工作。

3. 堤顶道路硬化

争取到馆陶县人民政府道路维修资金，硬化堤顶道路，基本实现馆陶境内漳河、卫运河堤防堤顶路面全线硬化，巩固提升了堤防工程面貌。

【水旱灾害防御】

3月中下旬，组织人员对所辖河道、堤防、险工、穿堤建筑物、防汛物资等进行全面汛前检查，并将汛前检查报告上报漳卫南局和邯郸市防汛抗旱指挥（以下简称“邯郸市防指”）。及时调整水旱灾害防御组织机构，继续实行班子成员包河责任制和水管单位干部职工包堤段、包险工责任制。结合邯郸市防指修订完善《邯郸市漳卫河防洪预案》，向沿河各县发布。修订防汛应急响应规程，规范应急响应工作程序。完善水旱灾害防御值班制度和操作规程，强化值班纪律，规范工作流程，确保做好防汛值守上传下达。

围绕巡堤查险、堤防险情分类和应急抢险处置等方面举办防汛抢险知识培训，提升干部职工的防汛抢险知识储备和应急抢险能力。临漳河务局、魏县河务局、大名河务局分别联合地方防汛抗旱指挥部开展抗洪抢险应急救援演练，强化干部群众的应急避险意识，锻炼应急抢险队伍的防汛抢险实战能力。

安排专人对防汛仓库进行检查，加强防汛物资的看管与日常养护，对库存设备进行检查并试运行，确保能够拉得出、用得上。对野胡拐、东南屯、馆陶防汛仓库进行院内路面硬化、屋顶维修，对部分险工进行维修加固，提升防汛安全保障能力。

主汛期以来，邯郸地区遭遇连续3次强降雨袭击。邯郸局所辖漳卫运河沿线最大降雨量达193.2mm。降雨造成的土质堤顶路面坑洼泥泞，堤坡出现冲沟、浪窝，硬化路面局部损坏程度加剧，影响了车辆正常行驶及防洪安全。雨毁发生后，及时组织养护人员对严重影响堤防安全的工情等进行处理，对堤顶路面进行了填垫。

【水行政执法和河湖管理】

1. 水行政执法能力建设

印发《邯郸河务局关于进一步加强和规范水行政执法工作的通知》，围绕加强与地方协调沟通、加大执法力度、加快违建认定、规范案卷管理等对水行政执法工作进行再部署、再强化。印发《邯郸河务局关于明确漳河无堤段河道管理责任主体的通知》，进一步明确漳河无堤段管理责任主体，推动提升漳河无堤段河道管理秩序。

2. “清四乱”

借助河长制平台，持续巩固“清四乱”工作成效。联合邯郸市河长办对大名、魏县、临漳、磁县等4县漳河“清四乱”工作进行督导，推进漳河沿线各县“清四乱”工作。

邯郸局联合磁县河长办拆除漳河无堤段河道内4处违建养殖场。临漳河务局联合地方政府开展多次夜间巡查行动，有效威慑了夜间零星盗采河砂行为，防止非法采砂反弹。魏县河务局联合地方政府拆除漳河左堤岸上村段违建房屋20间（面积约400m^2）、违建砖墙200余m，并对漳河违建再次摸排，推动纳入地方“清四乱”整治方案。大名河务局联合地方政府拆除漳卫河违建17处（面积约3000m^2）、违建庙宇30余处（面积约2000m^2），清除树障12万棵，完成漳卫河大名段全部堤防违建庙宇拆除工作，基本肃清主河道树障。

【水资源管理】

1. 节水机关建设

成立节水机关建设工作领导小组，出台用水巡回检查、用水计量管理等6项制度，印发建设方案，出台建设标准，更换节水设施，同步推进机关和4个下属水管单位节水机关建设工作，并全部通过验收。其中，临漳河务局为漳卫南局系统节水机关建设“先进三级单位”，获漳卫南局表彰。

2. 漳河生态补水

加强与沿河地方协调沟通，班子成员多次到漳河沿线现场查看补水线路和补水工作实施情况，全力保障漳河生态补水工作顺利实施。

3. 取用水监管

按照《漳卫南运河管理局关于加强取水监督管理的通知》（漳资源〔2019〕7号）要求，认真做好对军寨、留固、窑厂、岔河咀、幸福闸取水日常监管工作。制定《邯郸河务局取用水管理专项行动工作方案》，对所辖范围内所有取用水用户情况进行全面排查。

【经济工作】

制定财务经济管理办法，进一步扩大基层单位经济自主权，激发基层单位创收积极性。印发事业单位经营规划，明确事业单位在水费征收、土地资源开发、涉河项目和堤防绿化管理等方面经济创收的努力方向和工作措施。

加强水土资源管理，促进水土资源合理利用。完成魏县水费征收工作。自主开发卫运河馆陶段部分弃土和护堤地等土地资源，发展苗木育植产业，现育有白蜡5000棵、国槐4000棵、速生杨5万棵，面积达33亩。加强河道管理范围内的建设项目监督管理，主动靠前服务，全年收取涉河项目工程占压费、河道损毁补偿费等200余万元。

【安全生产】

组织召开安全生产工作视频会议，安排部署2020年安全生产重点工作。探索完善安全生产工作机制，制定“自查＋联查”发现问题、领导研究决策问题、“工作处置单”反馈问题的工作流程，对安全生产工作任务和责任以清单的形式进行分解，并下发至有关单位或部门，推动安全生产工作提质增效。

“五一”前夕，对所辖河道的重点险工险段、跨河穿堤管线和建筑、防汛仓库等进行安全生产大检查。

【人事管理】

1. 职务职级任免

2020年1月，漳卫南局文件（漳任〔2020〕2号）通知，刘长功任邯郸局二级调研员，职级任职时间自2019年12月起算。

2020年3月23日，中共邯郸局党委决定，任命郭媛媛为人事（监察审计）科四级主任科员，免去其办公室（党委办公室）四级主任科员职级；任命董玉芳为工会四级主任科员，免去其办公室（党委办公室）四级主任科员职级（邯人〔2020〕23号）。

2020 年 3 月 30 日，中共邯郸局党委决定，免去冯文涛的办公室（党委办公室）主任职务、宋善祥的水政水资源科（水政监察支队）科长职务、杨以安的人事（监察审计）科科长职务、温广兴的工会副主席职务（邯人〔2020〕24 号）。

2020 年 4 月 9 日，中共邯郸局党委决定，任命温广兴为邯郸局水政水资源科（水政监察支队）科长、一级主任科员，免去其邯郸局工会一级主任科员职级（邯人〔2020〕25 号）。

2020 年 4 月 9 日，中共邯郸局党委决定，刘龙龙主持办公室（党委办公室）工作，闫培培主持人事监察（审计）科工作（邯人〔2020〕26 号）。

2020 年 4 月 9 日，中共邯郸局党委决定，王晓卫主持工会工作（邯人〔2020〕27 号）。

2020 年 4 月 9 日，中共邯郸局党委决定，任命冯文涛为水政水资源科（水政监察支队）一级主任科员，免去其办公室（党委办公室）一级主任科员职级（邯人〔2020〕28 号）。

2020 年 7 月，漳卫南局文件通知，中共漳卫南局党委 2020 年 6 月 17 日决定，免去张安宏同志的邯郸局党委书记职务（漳党〔2020〕52 号）；免去张安宏邯郸局副局长职务（漳任〔2020〕44 号）。

2020 年 7 月起，晋升刘龙龙的职级为邯郸局办公室（党委办公室）二级主任科员（邯人〔2020〕68 号）。

2020 年 7 月 31 日，中共邯郸局党委决定，晋升王兆康、叶萌佳职级如下：王兆康任邯郸局财务科四级主任科员，叶萌佳任大名河务局四级主任科员。上述人员职级任职时间自 2020 年 7 月起算（邯人〔2020〕61 号）。

2020 年 7 月，经试用期满考核合格，任命刘志远为临漳河务局一级科员，任命张铁非为魏县河务局一级科员（邯人〔2020〕58 号）。

2020 年 8 月，漳卫南局文件（漳任〔2020〕53 号）通知，经试用期满考核合格，任命王孟月为邯郸局局长。

2020 年 8 月，中共邯郸局党委决定，聘任曲同祥为邯郸市天河水利工程有限公司经理，李光明为邯郸市天河水利工程有限公司副经理，王文杰为邯郸市天河水利工程有限公司副经理。以上人员聘期从 2020 年 8 月 11 日开始，聘期为三年（邯人〔2020〕64 号）。

2020 年 9 月，漳卫南局文件（漳任〔2020〕64 号）通知，于延成、刘亚峰任邯郸局二级调研员，职级任职时间自 2020 年 7 月起算。

2020 年 10 月，中共邯郸局党委研究决定，免去刘庆斌的临漳河务局三级主任科员职级（邯人〔2020〕90 号）。

2020 年 11 月 17 日起，财务科工作由吕海涛负责，汪宏峰不再主持财务科工作（邯人〔2020〕95 号）。

2. 职称评定聘任

2020 年 7 月，漳卫南局印发《漳卫南运河管理局关于公布、认定专业技术职务任职资格的通知》（漳人事〔2020〕44 号）。经漳卫南局认定，刘晓青具备工程师任职资格，葛晓通、闫东东具备助理工程师任职资格。以上人员专业技术职务任职资格取得时间为 2020 年 7 月 25 日。

2020年7月，根据《邯郸河务局事业编制人员岗位聘用实施办法》规定，聘任苗艳、高雁伟为邯郸局综合事业管理中心十级专业技术职务，杨澍为临漳河务局十二级专业技术职务，葛晓通为魏县河务局十二级专业技术职务，闫东东为馆陶河务局十二级专业技术职务。以上人员聘期从2020年7月31日开始，聘期为三年（邯人〔2020〕59号）。

2020年12月，根据《邯郸河务局事业编制人员岗位聘用实施办法》规定，聘任刘晓青为临漳河务局初级十一级专业技术职务。聘期从2020年12月1日开始，聘期为三年（邯人〔2020〕110号）。

3. 人员变动

2020年，招录参照公务员法管理人员1人（马爽），退休1人（郝守信），调出2人（张安宏、刘庆斌）。截至2020年12月31日，邯郸局参照公务员法管理人员48人，事业人员39人。

4. 机构设置与调整

（1）2020年1月29日，邯郸局印发《邯郸河务局关于成立应对新型冠状病毒感染肺炎疫情工作领导小组的通知》（邯办〔2020〕6号），成立邯郸局应对新型冠状病毒感染肺炎疫情工作领导小组。

组　长：张安宏

副组长：王孟月　刘长功　于延成　刘亚峰

领导小组负责全局应对新冠肺炎疫情工作的组织领导，统筹协调和督促指导，领导小组办公室设在局办公室，负责相关工作的组织开展。

主　任：于延成（兼）

副主任：冯文涛　宋善祥　汪宏峰　杨以安　白俊良　温广兴　阎永强　钱　峥

（2）2020年5月11日，邯郸局印发《邯郸河务局关于成立档案规范化管理工作领导小组的通知》（邯办〔2020〕32号），成立邯郸局档案规范化管理工作领导小组。

组　长：于延成

副组长：李曙光　郭兴军　孙忠新　李学明　刘龙龙

领导小组负责全局档案规范化管理工作的组织领导、统筹协调和督促指导。领导小组办公室设在局办公室，负责全局档案规范化管理的日常工作。领导小组办公室采取集中办公与分散办公相结合的方式，做好档案规范化管理相关工作。

主　任：李雅芳

成　员：郭超丽　郭媛媛　刘庆斌　董玉芳　刘晓青　张铁非　纪书霞　曲俊雷

（3）2020年4月26日，邯郸局关于印发《邯郸河务局关于成立节水机关建设工作领导小组的通知》（邯综合〔2020〕30号），成立邯郸局节水机关建设工作领导小组。

组　长：王孟月

副组长：于延成

成　员：刘龙龙　温广兴　汪宏峰　王晓卫　阎永强　钱　峥　王文杰

领导小组下设办公室，承担领导小组的日常工作。领导小组办公室设在综合事业中心，办公室主任由阎永强担任。

(4) 2020 年 5 月 28 日，邯郸局关于印发《邯郸河务局关于调整 2020 年水旱灾害防御组织机构的通知》(邯工〔2020〕41 号)，对邯郸局 2020 年水旱灾害防御组织机构进行调整。

1) 局水旱灾害防御工作领导小组。

组　长：张安宏

副组长：王孟月　刘长功　于延成　刘亚峰

成　员：刘龙龙　温广兴　汪宏峰　闫培培　白俊良　王晓卫　阎永强　钱　峥
　　　　王文杰　李曙光　郭兴军　孙忠新　李学明

2) 包河组。

临漳组

组　长：于延成

成　员：黄启勇　孟庆黎

魏县组

组　长：刘亚峰

成　员：王振华　刘庆斌

大名组

组　长：王孟月

成　员：白俊良　宋　鹏

馆陶组

组　长：刘长功

成　员：阎永强　苏伟强

3) 职能组。

工情水情组

组　长：白俊良

成　员：王振华　温广兴　沈爱华　冯文涛　黄启勇　王　丽　刘庆斌　宋　鹏
　　　　刘淑丽

通信信息组

组　长：阎永强

成　员：黄启芳　纪书红　苗　艳　孟庆黎　耿琳莹　高雁伟

宣传动员组

组　长：刘龙龙

成　员：王晓卫　宋善祥　杨以安　韩得生　苏伟强　李雅芳　董玉芳

物资保障组

组　长：汪宏峰

成　员：郭超丽　孙　霞　黄　埔

监督督查组

组　长：闫培培

成　员：张红玉　张　淼　李兆祺　郭媛媛

后勤保障组

组　长：钱　峥

成　员：王保春　段立岳　李雪冬　马淑英

专家组

组　长：高虎成

成　员：由有水旱灾害防御工作经验的退休干部组成

(5) 2020 年 6 月 18 日，邯郸局印发《邯郸河务局关于调整应对新型冠状病毒肺炎疫情工作领导小组的通知》(邯办〔2020〕52 号)，对邯郸局应对新型冠状病毒肺炎疫情工作领导小组进行调整。

组　长：张安宏

副组长：王孟月　刘长功　于延成　刘亚峰

领导小组负责全局应对新冠肺炎疫情工作的组织领导，统筹协调和督促指导，领导小组办公室设在局办公室，负责相关工作的组织开展。

主　任：于延成（兼）

副主任：刘龙龙　温广兴　汪宏峰　闫培培　白俊良　王晓卫　阎永强　钱　峥

(6) 2020 年 9 月 7 日，邯郸局印发《邯郸河务局关于调整网络安全与信息化领导小组的通知》(邯综合〔2020〕71 号)，对邯郸局网络安全与信息化领导小组（简称“网信领导小组”）机构组成进行调整。

1）网信领导小组组成人员。

组　长：王孟月

副组长：于延成

成　员：刘龙龙　温广兴　闫培培　汪宏峰　白俊良　王晓卫　阎永强　钱　峥
　　　　李曙光　郭兴军　孙忠新　李学明　曲同祥

2）网信领导小组办公室人员。网信领导小组下设办公室（简称“网信办”），设在邯郸局综合事业管理中心（信息中心），承担网信领导小组日常工作。

主　任：阎永强

副主任：孟庆黎

成　员：高雁伟　苗　艳　黄启芳　纪书红　耿琳莹

(7) 2020 年 9 月 10 日，邯郸局印发《邯郸河务局关于调整安全生产领导小组等机构成员的通知》(邯工〔2020〕77 号)，对邯郸局“安全生产领导小组”等 2 个临时机构成员进行调整。

1）安全生产领导小组。

组　长：王孟月

副组长：刘长功　于延成　刘亚峰

成　员：白俊良　刘龙龙　温广兴　汪宏峰　闫培培　王晓卫　阎永强　钱　峥
　　　　李曙光　郭兴军　孙忠新　李学明　曲同祥

安全生产领导小组办公室设在工管科，负责安全生产领导小组日常工作，办公室主任由白俊良兼任，办公室副主任由王振华担任。

2）应急救援指挥部。

总指挥：王孟月

副总指挥：刘长功、于延成、刘亚峰

应急办公室设在工管科，成员部门（单位）包括工管科、办公室、水政科、财务科、人事（监察审计）科、工会、综合事业中心、后勤服务中心、临漳河务局、魏县河务局、大名河务局、馆陶河务局、天河公司。

指挥部下设综合协调组、安全保卫组、新闻报道组、灾害救援组、医疗救护组、后勤保障组、事故调查组、技术组、善后处理组9个专业处置组，具体承担事故救援和处置工作，内容详见《邯郸河务局关于印发〈应急预案、现场应急处置方案汇编〉的通知》（邯安〔2018〕9号）。

（8）2020年11月25日，邯郸局印发《邯郸河务局关于成立河道修防工技能比武参赛小组的通知》（邯工会〔2020〕99号），成立河道修防工技能比武参赛小组。

组　长：刘长功

副组长：王晓卫

技术参谋（指导）：白俊良　王振华

组　员：李雅芳　刘志远　张轶非　郭小辉　闫东东

参赛小组要立即投入赛前准备工作，制订理论学习和培训计划并严格落实。各组员要抢抓一切时间学习准备，争取赛出最好水平。各单位（部门）要统筹安排工作，保障参赛组员学习准备时间。

（9）2020年12月31日，邯郸局印发《邯郸河务局关于调整应对新型冠状病毒肺炎疫情工作领导小组的通知》（邯办〔2020〕111号），对邯郸局应对新型冠状病毒肺炎疫情工作领导小组进行调整。

组　长：王孟月

副组长：刘长功　于延成　刘亚峰

领导小组负责全局应对新冠肺炎疫情工作的组织领导，统筹协调和督促指导，领导小组办公室设在局办公室，负责相关工作的组织开展。

主　任：于延成（兼）

副主任：刘龙龙　温广兴　吕海涛　闫培培　白俊良　王晓卫　阎永强　钱　峥

5. 表彰奖励

2020年2月，漳卫南局文件（漳人事〔2020〕7号）通知，王孟月、于延成2019年度考核优秀。

2020年4月，邯郸局公布2019年度机关各部门、局直属各单位考核结果：孙忠新、李曙光、闫培培、吕海涛、白俊良等人年度考核确定为优秀等次，予以嘉奖。刘龙龙连续三年年度考核被确定为优秀等次，记三等功一次。王继英、刘晓青、高雁伟、钱峥等人年度考核确定为优秀等次。

【综合管理】

1. 内部管理制度

先后制定修订了公文处理、新闻宣传、督办、因私出国（境）、财务经济、公务接待、机关差旅伙食费和市内交通费收交管理等方面工作制度，进一步规范工作运行程序和单位运行机制，约束干部职工工作行为。

2. 档案规范化管理

完善档案分类管理、借阅、保密、鉴定与销毁工作等9项制度，邯郸局成为海委系统首个通过评估的单位，临漳河务局和馆陶河务局也顺利通过评估。

【精神文明建设】

2020年12月，河北省委、省政府对全省精神文明建设先进单位和先进个人进行表彰。邯郸局顺利通过复检，继续保持“省级文明单位”荣誉称号（冀字〔2020〕28号）。

2020年6月，邯郸市对2019年度扶贫脱贫工作进行总结表彰，邯郸局驻村工作队第三次荣获“2019年度全市扶贫脱贫先进驻村工作队”称号。队员郭小辉荣获“2019年度优秀驻村工作队员”称号。

【党建工作】

1. 政治理论学习

坚持政治理论学习制度，重点抓好党委中心组、科级干部两个层面的理论学习。邯郸局党委围绕学习贯彻十九届五中全会和习近平总书记防汛救灾重要指示精神、加强党的政治建设和基层组织建设等开展多次专题学习，邯郸局党委和各党支部围绕落实水利部副部长叶建春专题党课精神开展三次专题研讨，深入学习漳卫南局局长张永明在大名河务局调研时的讲话精神，推动“一个中心，四个保障”基本工作思路向纵深发展、在基层见效。部署安排强化政治理论学习工作，实现干部职工“学习强国”全覆盖，并安排专人对干部职工的学习情况进行跟踪督导和定期通报，促进干部职工政治素养持续提升。

2. 主体责任和监督责任

印发全面从严治党年度工作要点，制定全面从严治党主体责任、监督责任清单，进一步完善党内关怀帮扶、党内谈心谈话等制度，部署推进全面从严治党在基层落地生根。

印发党建督查工作办法，对下属各单位党支部落实全面从严治党主体责任情况进行了督导检查，并将发现的问题进行通报，督促落实落细主体责任。

3. 党支部标准化规范化建设

制定推进党支部标准化规范化建设的实施意见，对下属各单位党组织进行调整，实现基层单位党组织全覆盖，完成机关党支部换届选举，增选了纪检委员。

4. 廉政警示教育

组织全体党员赴邱县廉政漫画馆参观，开展廉政党课、廉政谈心谈话等活动，促使党员干部在思想上警醒、政治上规矩、行动上自觉。

5. 巡察“回头看”

落实漳卫南局党委巡察工作部署，积极配合漳卫南局第三检查组高质量完成巡察“回头看”工作，巡察整改工作成效得到检查组认可。

【新冠肺炎疫情防控】

邯郸局严格落实漳卫南局和邯郸市新冠肺炎疫情防控工作部署，及时成立应对疫情工作领导小组，制订工作方案，明确防控责任和措施。严格执行“日报告、零报告”制度，对进入机关大院和办公楼实行测温登记，利用蓝信平台组织开展视频会议和培训工作。

主动协助社区做好新冠肺炎疫情防控。2020 年 2 月，组织动员党员干部下沉到社区，累计完成 400 余户、1500 余人的社区疫情排查工作。3 月以来，协助社区对 5 个生活小区开展疫情联防联控和值班值守工作。

（刘龙龙）

聊城河务局

【概况】

聊城河务局（以下简称“聊城局”）隶属于水利部海委漳卫南局，由漳卫南局授权在其管辖范围内行使水行政管理职责，为具有行政职能的事业单位。管辖范围为漳卫南运河聊城境内的卫河、卫运河右岸 83.69km 的河道堤防（其中卫河 9.17km、卫运河 74.52km），河道长度 85.7km。堤防上有 17 处险工，长度为 11.15km。机构内设 8 个科室，下属 3 个直属单位和 1 个维修养护公司。全局现有干部职工 100 人，其中在职人员 66 人、离退休人员 34 人。

2020 年单位主要负责人如下。

局　长：张　华

副局长：万　军　张　君

2020 年，聊城局深入贯彻习近平新时代中国特色社会主义思想，紧紧围绕“水利工程补短板、水利行业强监管”的水利改革发展总基调，贯彻落实漳卫南局党委“一个中心，四个保障”基本工作思路，扎实工作，锐意进取，年初制定的各项工作任务扎实推进。

（李飞）

【工程建设与管理】

1. 工程管理

3 月 25 日在聊城局工作会上对年度工程管理工作要点进行部署，明确年度工作要点。7 月 31 日再次对工程管理工作部署，学习传达漳卫南局局长张永明检查邢衡局工程管理工作提出的有关要求。实施工程管理监管，落实堤防险工险段及水闸责任人，开展工程检查、协调局地关系、搞好质量控制、整编工程监管资料。组织基层局认真完成水利部暗访发现问题的整改工作，完成整改项目验收，组织完成整改资料的搜集、整编相关事宜。开展卫运河治理尾工基本信息和现状调查与数据库更新，复核校测水文水位观测设施，配合做好卫河治理前期工作。完成确权划界项目现场施工任务，并于 12 月完成验收。全年举办工程管理座谈会 2 次，工程管理培训 2 次。临清局被评为“2020 年度工程管理先进水管单位”荣誉称号。

2. 工程维修养护

组织完成 2020 年度维修养护项目的预算申报、项目实施、技术管理以及项目运作、阶段性验收等各项工作任务。根据《漳卫南运河管理局水利工程维修养护管理办法》《漳卫南运河管理局水利工程维修养护质量与验收管理办法》(漳建管〔2020〕26号)文件规定，2021年1月19日，聊城局组成验收组，对冠县、临清河务局和穿卫枢纽管理所2020年度水利工程维修养护项目进行验收，并在山东临清主持召开了验收会，经考核评定，一致认为：三个单位2020年水利工程维修养护项目已按批复计划全部完成，投资控制合理，资料基本齐全，工程质量合格，同意通过验收。

3. 堤防绿化

根据年初确定的工作计划，组织基层局认真实施堤防行道林、防浪林的更新和补植，以及堤防植被的绿化工作，同时加强绿化过程管理，确保树木成活率。2020年累计补植速成杨5.5万棵。

【防汛抗旱】

1. 防汛备汛

加强责任体系建设，督促各项防汛责任落实。制定并向聊城市防汛抗旱指挥部(以下简称“聊城市防指”)提交了《防汛责任书》，督促临清河务局、冠县河务局落实以行政首长负责制为核心各项防汛责任制以及沿河乡镇包堤段、包闸涵、包险工责任制；结合本单位实际及人员组成情况，落实完成堤防、水闸、水文、通信和物资防汛责任人。

高度重视及早部署，全面做好汛前备汛工作。认真组织开展防汛检查，修订防洪预案，及时向聊城市防指提交了备汛情况相关材料。6月24日组织召开防汛会议，全面部署汛期各项工作。

强化防汛队伍建设，提升防汛抗洪能力。成立2020年防汛专业技术队伍，组织一期防汛抢险业务培训，冠县河务局、临清河务局分别与驻地有关部门举行防汛实战演练，为有效应对汛期强降水提供必要的队伍保障。

严格落实防汛值班和带班制度，实施24小时全天候防汛值班工作，做好汛期水雨情的上传下达。汛期及时跟进学习习近平总书记6月28日和7月12日关于防汛救灾重要讲话精神，多次对汛期防汛工作进行再部署。

2. 跨流域水资源调度

完成漳卫南局大江大河水文监测系统工程的实施，对穿卫枢纽管理所配置雷达水位计自计平台1座、斜坡式水尺1组、翻斗式雨量计1套、电波流速仪1台、走航式ADCP 1台、全站仪1台、激光测距仪1台及底装多束ADCP 1台，实现了在线水位、流量监测，减轻了职工工作强度，提升了水文信息采集、处理、传输及预警水平，实现了水文测报的自动化、信息化和现代化，为水资源管理提供信息支撑。为保证输水前期及早发现和处理工程隐患，组织职工对所辖输水工程设施进行拉网式安全检查，对水文设施进行检修；落实《输水抢险应急方案》《水情上报值班责任制》等有关制度，保证输水期间遇险情有措施；加大工程巡查力度，输水期间加强工情、水情的观测，做好观测记录并及时上传下达。输水后，立即组织技术人员对测验设施设备进行全面的维修与养护，提前做好下次输水的各项准备工作。2020年开展引黄济冀输水工作输水3次，第一次自2019年11月18日至2020年2月4日，过水量为1.6838亿m^3，其中2020年过水量为6542万m^3；第二次自4月17日至7月10日，过水量为3.4844亿m^3；第三次自2020年12月17日启动，2021年2月8日结束，累计过水为1.2658亿m^3，其中2020年过水量为4100万m^3。2020年全年过水总量为4.5486亿m^3。

（李飞）

【水政水资源管理】

1. 水法规宣传教育

3月22日，紧紧围绕“坚持节水优先，建设幸福河湖”主题开展了第二十八届“世界水日”和第三十三届“中国水周”宣传活动，组织学习鄂竟平部长、王文生主任及张永明局长署名文章，参加水利部、海委举办的线上答题活动，并在临清、冠县城区及沿河乡村制挂宣传横幅5条，张贴宣传标语100余条。

6月28—29日，举办水行政执法培训班，邀请法律顾问为水行政执法人员进行法律知识培训，细致解读了《中华人民共和国民法典》，并结合水利工作实际对参加培训人员提出的水政执法问题给出详细客观的解答。10月5—6日，邀请漳卫南局水政处有关人员对行政执法职权、行政执法程序、执法文书填报、漳卫南局有关制度进行培训讲解，规范水行政执法工作。

8月3日，以“节水宣传”为主题，联合地方社区组织开展节水志愿服务活动。在地方社区党支部进行节水知识讲解，从节水的重要意义、水资源现状、节水常识等方面进行知识普及；随后深入社区20余户家庭进行节水调研，设立节水宣传台进行节水知识宣传。活动累计发放宣传海报40余张、宣传贴纸70余张、宣传手册200余册、宣传扇500余把。

以“深入学习宣传习近平法治思想，大力弘扬宪法精神”为主题开展宪法宣传活动，前期组织召开宪法宣传工作会议，组织职工参与海委“宪法宣传周”法律知识答题。12月4日，深入沿河乡镇普及宪法、水法、防洪法、民法典等法律知识，大力宣传习近平法治思想及党的十九届五中全会精神，推动宪法精神进乡镇、进基层，取得了良好的普法宣传效果。活动共出动宣传人员20余人次，悬挂横幅5条，张贴标语100余条，发放宣传材料1000余份。

2. 水行政执法与涉河项目

修制了《聊城局水政监察工作考核办法》《聊城局水行政执法责任制规定》等12项制度，不断在提高制度执行力上下功夫，加强日常巡查，加大水事案件查处力度，打造了良好的水事秩序，漳卫南局直属聊城水政监察支队每月利用单兵巡查系统进行水行政执法巡查，聊城支队所属各水政监察大队每月至少进行4次水政执法巡查。

落实河长制各项工作要求，密切与地方河长办的沟通联系，针对河道管理中的突出问题，以推动河长制从“有名”到“有实”“有能”为目标，扎实推进“清四乱”专项行动，截至2020年年底，聊城局管理范围内74处“四乱”问题已销号63处，管理范围内聊城市“四乱”问题全部清除。配合各级河长做好巡河工作4次，

开展涉河建设项目监督管理工作。根据海委对涉河建设项目的有关要求，对冠县北馆陶天然气管线穿卫运河工程、班庄扬水站工程、七村扬水站、冠县北陶桥（灯塔桥）加固

维修工程做好监督检查工作。

3. 水资源管理与保护

加强对各取水口的取水情况巡查，按时上报水资源月报和取水统计报表。8月，按照水利部取用水专项整治行动要求，对管辖范围内的取水口进行全面排查，督促取水口进行基础信息的录入登记。按照《漳卫南运河管理局关于加强取水监督管理工作的通知》（漳资源〔2020〕36号），及时联系班庄、乜村取水口做好了水资源调度工作，协调做好李圈、东桥取水许可延期申请。做好水污染监督工作，有效处置12月卫运河水污染事件。

扎实推进节水机关建设，成立节水机关建设工作领导小组，完善节水管理岗位职责，制定《聊城局机关节水考核制度》等节水制度，组织开展对所属单位节水机关验收。10月28日聊城局机关通过节水机关建设验收。

（李飞）

【经济工作】

以供水和土地资源开发利用为主攻方向，不断提高经济效益。完善了绿化合同，稳步推进堤防绿化由承包户承包向单位自主经营转变的新模式；加强与冠县水利部门沟通协调，充分利用价格杠杆的调节作用，做好水费收缴工作。

（李飞）

【人事管理】

1. 人员变动

2020年，招录参照公务员法管理人员4人（张笑妍、陈宇娟、刘晨、徐宗健），退休3人（魏强、张华、霍航斌）。

截至2020年12月31日，聊城局在职职工66人，其中参照公务员法管理人员29人、事业编制人员26人、企业人员11人。退休34人。

2. 人事任免

4月14日，聊城局党委研究决定：免去张春华的聊城局水政水资源科（水政监察支队）科长职务；免去郭爱民的聊城局工会副主席职务（聊人〔2020〕35号）。

5月22日，聊城局党委研究决定，任命苏向农为办公室（党委办公室）主任（试用期一年），免去其办公室（党委办公室）副主任职务；任命杨爱芹为财务科科长（试用期一年），免去其财务科副科长职务（聊人〔2020〕60号）。

5月22日，聊城局党委研究决定，聘任徐立彦为综合事业管理中心主任，解聘其综合事业管理中心副主任职务（聊人〔2020〕61号）。

12月1日，聊城局党委决定，任命韩加茂为中共临清河务局支部委员会书记（聊党〔2020〕36号）。

3. 职级晋升

7月16日，根据《新录用公务员任职定级规定》，经试用期满考核合格，任命陈梦婧为聊城局工程管理科一级科员，梁似愚为冠县河务局一级科员，宋子琦为临清河务局一级科员。

7月23日，根据《漳卫南运河管理局职务与职级并行制度实施方案》规定，经聊城局党委研究决定，晋升王春翔任聊城局财务科三级主任科员，王立云任聊城局人事科三级主任科员，闫倩任冠县局三级主任科员。

4. 考核奖惩

3 月 17 日，结合年度考核情况，经研究决定，确定张华、杨爱芹、郝一军、曹祎、霍航斌为 2019 年度优秀参照公务员法管理人员，予以嘉奖；徐立彦、刘德静、许晖、邓伟为 2019 年度优秀事业编制人员；张勇为聊城局 2019 年度优秀企业人员。

5. 教育培训

（1）聊城局按照 2020 年培训计划共举办培训班 8 个，参加培训 170 余人次，人均培训时间为 29 个学时，培训率为 67%。

（2）聊城局认真选派相关人员参加上级组织的各类培训班，培训达 78 余人次，人均培训时间为 23 个学时，培训率为 69%。

（3）聊城局所有干部已在“中国水利教育培训网”上开通了网络教育培训，四级调研员及相当职级以上干部同时在“中国干部网络学院”开通了网络教育培训，并将培训成绩纳入年度考核。2020 年，4 名处级干部网络学时人均达到 75 学时，科级及以下干部人均学时达到 66 学时。

（4）2020 年，聊城局干部职工参加集体学习 550 余人次，人均培训学习时间为 50 个学时，培训率为 100%。

6. 机构设置与调整

（1）1 月 19 日，为贯彻落实水利部、海委和漳卫南局关于新型冠状病毒感染肺炎疫情防控工作决策部署，成立聊城局应对新型冠状病毒感染肺炎疫情工作领导小组，成员组成如下。

组　长：张　华

副组长：张　君　吴怀礼　魏　强　王玉哲

领导小组负责全局应对新冠肺炎疫情工作的组织领导、统筹协调和督促指导。领导小组办公室设在局办公室，负责相关工作的组织开展。

主　任：王玉哲（兼）

成　员：苏向农　杨爱芹　孙连根　郝一军　张春华　郭爱民　司秀林　徐立彦
霍航斌　曹　祎　迟世庆　张　勇

（2）3 月 30 日，为扎实推进节约用水工作，推进聊城局节水机关建设，成立聊城局节水机关建设工作领导小组，成员组成如下。

组　长：张　华

副组长：万　军

成　员：苏向农　杨爱芹　张春华　徐立彦　司秀林

领导小组下设办公室，承担领导小组的日常工作。领导小组办公室设在水政水资源科，办公室主任由张春华兼任。

（3）6 月 1 日，根据防汛工作需要，调整 2020 年防汛抗旱领导小组，成员组成如下。

组　长：张　华

副组长：万　军　张　君　吴怀礼　王玉哲

成　员：苏向农　张春华　杨爱芹　孙连根　郝一军　郭爱民　徐立彦　司秀林
　　　　曹　祎　霍航斌　迟世庆

下设各职能组。

1）工情组。组长郝一军，成员范宪煜、陈梦婧。

2）水情组。组长张春华，成员赵文帅、张蕊。

3）物资组。组长杨爱芹，成员王春翔、王朔。

4）通信组。组长徐立彦，成员梁贵红、周延君。

5）宣传组。组长苏向农，成员张玮、李飞。

6）后勤组。组长司秀林，成员刘德静。

7）综合组。组长孙连根，成员王立云。

8）安全组。组长郭爱民，成员刘德庆。

(4) 6月1日，成立聊城局2020年确权划界项目建设管理领导小组，成员组成如下。

组　长：张　华（承担项目法人代表职责）

副组长：王玉哲（承担项目负责人职责）

成　员：郝一军　陈梦婧[承担工程质量、材料（实物）检验、技术成果核定、施工进度、安全施工及合同履责情况监管职责]

　　　　杨爱芹（承担项目经费的使用、合同管理职责）

　　　　王立云（承担项目经费执行及合同管理的监督审计职责）

　　　　曹　祎　霍航斌(分别承担冠县局和临清局范围内的地籍测绘、界桩及标示牌埋设安装质量的检查控制以及项目完成后运行情况的日常检查和安全评估职责)

(5) 6月24日，根据人事变动情况，调整信息宣传工作领导小组，领导小组成员组成如下。

组　长：张　华

副组长：张　君

成　员：苏向农　张春华　杨爱芹　孙连根　郝一军　郭爱民　徐立彦　司秀林
　　　　霍航斌　迟世庆　曹　祎

信息宣传领导小组下设办公室，设在局办公室，具体负责信息宣传日常工作，由苏向农同志兼任办公室主任。各单位、科室信息宣传员如下。

局机关：李　飞　张春华　杨爱芹　王立云　郝一军　郭爱民　周延君　徐立彦

冠县河务局：曹　祎

临清河务局：许　晖

穿卫枢纽管理所：万　青

(6) 6月24日，根据人事变动情况，调整安全生产应急领导小组，成员组成如下。

组　长：张　华

副组长：万　军　张　君　王玉哲

成　员：司秀林　张春华　郭爱民　孙连根　徐立彦　郝一军

成立安全生产应急管理办公室并与局工程科合署办公，处理安全生产应急管理日常工作，王玉哲任主任。

（7）6月24日，根据人事变动情况，调整精神文明建设工作领导小组，成员组成如下。

组　长：张　华

副组长：万　军　张　君

成　员：苏向农　张春华　杨爱芹　孙连根　刘玉俊　郝一军　郭爱民　司秀林
　　　　徐立彦　霍航斌　曹　祎　迟世庆

领导小组下设办公室，设在局办公室，负责文明创建日常工作，主任由张君兼任，成员包括苏向农、张玮、李飞。

（8）6月24日，根据人事变动情况，调整"两学一做"学习教育常态化制度化领导小组，成员组成如下。

组　长：张　华

副组长：万　军　张　君

成　员：苏向农　孙连根　徐立彦

聊城局"两学一做"学习教育常态化制度化领导小组下设办公室，主任由张君兼任。办公室下设综合协调组、宣传信息组、督导检查组等三个职能工作组，成员组成如下。

1）综合协调组。

组　长：孙连根

成　员：王立云

2）宣传信息组。

组　长：苏向农

成　员：张　玮　李　飞

3）督导检查组。

组　长：徐立彦

（9）6月24日，根据人事变动情况，调整信访工作领导小组，成员组成如下。

组　长：张　华

副组长：万　军　张　君

成　员：苏向农　张春华　杨爱芹　孙连根　郭爱民　司秀林　曹　祎　迟世庆
　　　　霍航斌

领导小组下设办公室，设在局办公室，由苏向农同志兼任办公室主任。

（10）6月24日，根据人事变动情况，调整保密工作领导小组，成员组成如下。

组　长：张　华

副组长：张　君

成　员：苏向农　张春华　杨爱芹　孙连根　郝一军　王立云　曹　祎　霍航斌
　　　　迟世庆

（11）6月24日，根据人事变动情况，调整计划生育领导小组，成员组成如下。

组　长：张　华

副组长：张　君

成　员：苏向农　孙连根　王立云

局计划生育工作领导小组下设办公室，具体负责日常工作的组织开展，由苏向农兼任主任。

(12) 6月24日，根据人事变动情况，调整档案管理工作领导小组，成员组成如下。

组　长：张　君

成　员：苏向农　杨爱芹　孙连根　郝一军

(13) 6月24日，根据人事变动情况，调整普法工作领导小组，成员组成如下。

组　长：张　华

副组长：张　君

成　员：张春华　苏向农　杨爱芹　孙连根　郝一军　郭爱民　徐立彦　司秀林

局普法工作领导小组办公室设在水政水资源科，具体负责日常工作的组织开展，由张春华兼任主任。

(14) 6月24日，根据人事变动情况，调整网络与信息安全管理领导小组，成员组成如下。

组　长：张　君

成　员：霍航斌　曹　祎　迟世庆　徐立彦

(15) 6月24日，根据人事变动情况，调整社会治安综合治理工作领导小组，成员组成如下。

组　长：万　军

成　员：司秀林　苏向农　张春华　杨爱芹　孙连根　郝一军　郭爱民　徐立彦

社会治安综合治理工作领导小组下设办公室，具体负责日常工作的组织开展，成员组成如下。

主　任：司秀林（兼任）

副主任：刘德静

成　员：范宪煜

(16) 6月24日，根据人事变动情况，调整爱国卫生运动委员会，成员组成如下。

主　任：万　军

成　员：司秀林　苏向农　张春华　杨爱芹　孙连根　郝一军　郭爱民　徐立彦

爱国卫生委员会下设办公室，具体负责日常工作的组织开展。办公室主任由司秀林兼任。

(17) 6月24日，根据人事变动情况，调整节能减排工作领导小组，成员组成如下。

组　长：万　军

成　员：苏向农　张春华　杨爱芹　孙连根　郝一军　郭爱民　徐立彦　司秀林

聊城局节能减排工作领导小组下设办公室。办公室设在后勤服务中心，负责聊城局节能减排监督管理、节能制度和节能措施的组织实施、能耗统计等具体工作。

(18) 7月19日，为贯彻落实中央全面从严治党战略部署，强化对党建各项工作的统筹领导、推动落实，成立聊城局党建工作领导小组，成员组成如下。

组　长：张　华

副组长：张　君

成　员：苏向农　孙连根

党建工作领导小组下设办公室，负责日常工作，办公室设在局办公室（党委办公室），主任由苏向农兼任。

(19) 8 月 14 日，为进一步加强聊城局网络与信息安全工作，全面落实网络与信息安全的主体责任，提高网络与信息安全的防护能力，成立聊城局网络与信息安全工作领导小组，成员组成如下。

组　长：张　华

副组长：张　君

成　员：苏向农　张春华　杨爱芹　孙连根　郝一军　郭爱民　徐立彦　司秀林　曹　祎　霍航斌　迟世庆　张　勇

(20) 8 月 27 日，为扎实推进健康促进机关创建工作，进一步明确工作职责，落实工作责任，确保聊城局顺利实现创建目标，结合工作实际和工作需要，成立聊城局健康创建机关工作领导小组，成员组成如下。

组　长：张　华

副组长：张　君

成　员：苏向农　郝一军　张春华　杨爱芹　孙连根　徐立彦　司秀林

健康促进机关创建工作领导小组办公室设在局办公室，苏向农兼任办公室主任，李飞负责日常工作，办公室工作人员从各科室抽调，集中统一办公。

(21) 8 月 27 日，为确保办公系统软件正版化工作的顺利开展，成立聊城局软件正版化工作领导小组，成员组成如下。

组　长：张　华

副组长：张　君

成　员：苏向农　徐立彦　张春华　杨爱芹　孙连根　郝一军　郭爱民　司秀林　霍航斌　迟世庆　曹　祎　张　勇

软件正版化工作领导小组下设办公室，设在局办公室，承办相关具体工作，主任由苏向农兼任。

（李飞）

【财务管理】

加强财务监管，强化预算管理，完善内控制度。6 月开展了全局出差人员差旅伙食费和市内交通费收交情况的自查自纠工作，修订了《聊城局差旅费管理办法》，进一步强化了作风建设，规范了差旅伙食费和市内交通费收交工作。6 月 15—18 日积极组织实施了“小金库”自查自纠工作，聊城局不存在违反相关规定行为。

12 月 25 日，根据工作实际，修订了《聊城局经济创收考核暂行办法》。

（李飞）

【综合管理】

3月25日，召开工作会议、党风廉政建设工作会议等会议，传达上级精神，落实工作部署。7月23日，召开年中工作会，总结上半年工作情况，对下半年工作重点进行研究部署。按照海委督办事项要求，修制《聊城河务局人事档案管理办法（试行）》《聊城河务局党风廉政建设制度》《聊城河务局信息系统安全管理规范》等内部管理、党风廉政等制度40余项，为规范各项工作提供制度保障。

11月19日，举办聊城局办公室综合政务培训班，对公文处理与写作要点和技巧进行系统培训，有力提高了干部职工公文处理能力。全年共传阅各类来文200余件，印发各类文件170余件。

8月6日，召开2020年信息宣传工作会议，传达上级信息宣传工作要求，部署聊城局信息宣传工作任务。2020年聊城局在漳卫南局网站上投稿60篇。加强对上级重要工作动态的信息传递，利用工作群、政务公开栏开展中央和上级重大会议、决策部署的宣传工作，确保上级重要信息及时传递到位。按照临清市舆情信息工作要求，每月按时上报舆情信息，助力驻地政府准确研判舆情走向。

加强档案管理，及时收集各类文件档案资料，精心整理、严格立卷，按规定执行借阅制度，8月18日，举办档案规范化管理培训班，学习海河档案馆《水利档案工作规范化管理要点解读》《机关档案管理规定》《建设项目档案管理规范》解读等内容，交流了档案规范化管理申报评估准备过程中发现的问题，并对下一步申报工作作出具体安排。开展水利档案规范化创办工作，11月18日，聊城局机关和临清局通过档案规范化达标验收。

【安全生产】

推进安全生产标准化建设工作，顺利完成水利安全生产标准化三级单位达标验收。完善安全生产制度体系，累计修制安全生产制度40余项，张贴宣传标语100余张，制挂横幅5条，在先锋桥等重点险工险段埋设警示标识牌9块、安全风险告知牌3块、增设水法规宣传牌6块，增设先锋桥临空安全护栏50m，单向封闭安装穿卫闸安全防护网160m^2。

（李飞）

【党群工作与精神文明建设】

1. 党支部标准化规范化建设

2020年聊城局党委加强对党支部的指导引领，每月按时下发主题党日活动内容，督促各党支部做好“三会一课”等制度落实。开展聊城局党支部建设规范提升行动，制定《聊城局基层党支部工作考核评价办法》《聊城局党支部标准化规范化建设实施方案》，11月30日，对聊城局属各党支部进行了党建工作责任落实情况考核，聊城局全局先进党支部达到60%以上。开展“灯下黑”问题专项整治活动，形成聊城局“灯下黑”专项整治问题清单，扎实做好问题整改落实工作；8月，党委班子建立基层党支部工作联系点，深入开展蹲点调研、党课宣讲及十九届五中全会精神宣贯工作。根据海委党建督查工作要求，扎实开展自查工作，并于11月17日配合做好党建督查。设立“红旗驿站”，推进共建项目场所规范化建设。

落实整改任务，填补短板缺口。全面落实漳卫南局党委巡察“回头看”反馈意见，11月23日，召开党委扩大会议专题研究整改方案，对反馈意见中提出的党建活动签到落实不到位的问题进行了立行立改，并对其他各个问题制定详细的整改措施。为加强退休党员管理，研究机关退休党支部成立工作。

2. 精神文明建设

对照市级文明单位考核要求，11月10日完成精神文明单位年度考核。在做好新冠肺炎疫情防控工作的同时，多次组织职工共同学习时代楷模以及抗疫前线涌现出来的英雄们的先进事迹。充分发挥工会、共青团等群团组织的力量，广泛开展学雷锋志愿服务，以及“世界水日”“中国水周”“扶贫日”等公益活动。组织开展了抗疫捐款、定点扶贫、腾讯“99公益日”等多项扶贫活动，助力解决贫困地区农产品滞销、临清市“希望小屋”儿童关爱项目建设。

开展“文明健康、有你有我”宣传活动，加强对“孝老爱亲、文明祭扫、移风易俗、勤俭节约”等领域的宣传。在公开栏张贴“文明餐桌”倡议书，在全局大力倡导树立“厉行节约”风气。在清明节、端午节、中秋节等传统节日期间积极组织开展“我们的节日”宣传活动，不断丰富全局业余文化生活。丰富职工文体活动，组织聊城局党史局史知识竞赛等活动，参加山东省第五届“万步有约”健走活动。

（李飞）

【党风廉政建设】

1. 加强党的政治建设

开展强化政治机关意识教育，紧紧围绕党中央重大决策部署强化政治监督，坚决落实习近平总书记关于新冠肺炎疫情防控、防汛救灾、坚决制止餐饮浪费等重要指示批示精神，巩固深化“不忘初心、牢记使命”主题教育成果。

2. 落实管党治党责任

全面从严治党“两个责任”同向发力，层层传导压力，制定党委主体责任清单和纪委监督责任清单，明确班子成员“一岗双责”责任清单，组织集体廉政谈话、新任科级干部廉政谈话，调整各党支部纪检监察工作联络员，明确职责任务。聊城局党委以上率下，带动各党支部和纪检部门履行管党治党责任，推进党风廉政建设，局党委班子成员带头讲专题党课、抓巡察整改、开展约谈和督导检查、参加指导组织生活会、分赴联系点调研指导，管党治党更加“严紧硬”。

3. 开展廉政警示教育加强作风建设

坚持不懈开展纪律教育和廉政警示教育，加强廉政文化建设，组织党员干部认真学习党章党规党纪，增强遵守党章党规党纪的政治自觉。把纪律规矩挺在前面，抓早抓小抓苗头，召开廉政警示教育大会，通报违规违纪典型案例和巡察发现的共性问题，以案示警、以案明纪，干部职工的纪律规矩意识明显增强，聊城局政治生态总体良好。严格落实中央八项规定精神，紧盯重要时间节点，发送廉政提醒短信，下发严肃工作纪律加强作风建设通知，强化日常监督，狠抓形式主义官僚主义专项巡察整改落实。

（李飞）

邢台衡水河务局

【概况】

邢台衡水河务局（以下简称“邢衡局”）隶属于水利部海委漳卫南局，由漳卫南局授权在其管辖范围内行使水行政管理职责，为具有行政职能的事业单位。管辖范围为河北省邢台、衡水两市境内卫运河、南运河，堤防长度 133.21km（其中卫运河左堤 122.19km、南运河左堤 11.02km）。机构内设 6 个科室，下设 4 个直属单位和 1 个维修养护公司。全局现有干部职工 94 人，其中在职人员 67 人、离退休人员 27 人。

2020 年单位主要负责人如下。

局　长：田术存

副局长：王海军　赵铁群

【新冠肺炎疫情防控】

针对单位办公和生活分散在山东、河北省两地的实际，邢衡局党委把抓好常态化新冠肺炎疫情防控作为一项重要政治任务，两手抓，两不误，成立了应对新冠肺炎疫情工作领导小组，按照上级部署和属地要求，制定了相应的防控工作方案，联防联控，同向发力，全面落实防控措施。

（许琳）

【工程管理】

1. 堤防绿化

邢衡局按照《海委直属水利工程绿化管理办法》和维修养护标准的要求，对所辖堤防范围内部分堤段进行绿化更新、优质选苗，确保高标准和高成活率；同时加大绿化监督检查力度，督促基层局对堤坡植树进行逐步清除，保障绿化布局的科学性、合理性，确保绿化承包合同签订与执行过程规范化。邢衡局把握“大运河文化带”建设机遇，借助地方政府力量和资金，科学制定规范标准，为故城局堤顶路面绿化改造提升工程和清河局油坊“运河文化带”建设工程建言献策，互利共赢，强监管、补短板。2020 年，故城局积极与故城县林业部门密切配合，在原有的基础上补栽了香花槐、黄金槐等观赏树木 2 万余棵，临西局绿化更新杨树 14495 棵。针对 2020 年树木病虫害多发高发的严峻形势，各基层局及时与林业部门沟通，进行病虫害防治，有效控制了病虫害的蔓延，巩固了堤防绿化成果。2020 年，故城局被海委推荐为“水利部生态堤防建设示范案例”。

2. 日常维修养护

邢衡局对照工程管理工作要点，根据工程实际情况，制定《邢衡局工程管理工作要点》，并多次召开维修养护座谈会、堤防联查，安排部署维修养护工作。同时，根据漳卫南局建管处要求，修订《邢衡局水利工程管理考核办法》，印发《邢衡局水利工程维修养护管理实施细则》，严格按照相关办法，对水管单位进行季度考核，通过日常检查、堤防联查、阶段总结等多种方式，保质保量完成维修养护任务。不断健全工程管理责任制，严格落实维修养护一线队伍。邢衡局于5月召开工程管理会议，落实漳卫南局有关工程管理工作的决策部署和一线养护人员队伍的建设工作。为尽快建立一线养护作业队伍，落实维修养护作业人员，切实加强了对维修养护队伍建设的组织领导。邢衡局属各水管单位落实维修养护堤防分段管理责任，监督一线养护作业队伍的工作过程。要求责任人做好工程检查记录、分配任务与日常考核，参加维修养护月度考核，各水管单位均完成堤防责任段划分，全局共设置养护队16个、一线养护人员129名。

3. 堤防工程提档升级

邢衡局以河长制工作为平台，以“清四乱”专项行动为重点，以党建学习和业务对接为“纽带”，借着大运河文化带建设的契机，不断加强与地方政府及相关部门的联系与沟通，积极引入地方资金整修堤防路面和开展生态恢复建设，实现清河局和故城局共94km堤顶路面沥青硬化，助推故城局75km堤顶行道林项目提升工程落地见效。故城郑口险工的“运河风情公园”和清河油坊险工的“运河记忆公园”已成为卫运河上两张靓丽的名片，在实现生态修复的同时，也实现了工程管理提档升级的目标。

（许琳）

【水政水资源】

1. 水法宣传

按照水利部、海委、漳卫南局2020年关于“世界水日”“中国水周”活动通知要求，结合新冠肺炎疫情防控情况和工作实际，在邢衡局机关内部通过悬挂横幅标语、张贴宣传画、发放水法宣传无纺布袋、发放水文化衫等形式，积极宣传“坚持节水优先，建设幸福河湖”主题精神。通过一系列宣传活动的开展，进一步营造了浓厚的水法制氛围，增强了职工节水爱水护水意识，为共建造福两岸人民群众的幸福河打下坚实的思想基础。活动共悬挂横幅标语6条，张贴宣传画4张，发放无纺布袋30余个、水文化衫30余件。

2. 节水机关创建

按照漳卫南局节水机关建设有关工作要求，邢衡局周密部署、全面推进邢衡局机关及局属各单位节水机关建设工作，编制上报《邢衡局机关节水机关建设实施方案及局属单位节水机关建设工作方案》。4月，邢衡局开展“节水护水、人水和谐”宣传活动，组织职工以骑行的形式在临西县宣传节水护水知识，发放节水倡议书，参观临西县河西镇自来水公司、临西县清泉污水处理厂，了解生活供水和污水处理流程。以“节水宣传周”为时间节点，通过悬挂节水宣传横幅、发放节水倡议书、张贴节水宣传画等形式进行了节水宣传。结合单位实际，制定印发《邢衡局机关节水考核制度》《邢衡局机关用水巡回检查制度》《邢衡局机关用水计量管理制度》《邢衡局机关用水设施设备维护制度》等4项节水管理制度，在机关全面开展节水设备设施改造行动和用水设备巡查巡护等。确保了节水机关建设顺利通过漳卫南局验收，并被评为“漳卫南局节水机关建设先进单位”。

3. 扎实推进“清四乱”再排查再移交

邢衡局按照海委、漳卫南局要求，对管辖范围内“四乱”问题进行了再排查再复核，并将“四乱”问题清单（主要为河道阻水树障）向市、县河长办进行了再移交。邢衡局多次主动对接市、县河长办，研究协调“清四乱”工作方案，形成共识，切实做到“清四乱”专项行动与水政执法巡查的无缝衔接，在加密巡查次数的基础上，重点督导跟进“四乱”问题销号进度，积极配合河长办、防汛指挥部开展专项行动，清除大面积树障，基本实现管辖范围内树障问题的全部销号。截至2020年年底，单位管辖范围内剩余“四乱”问题17处，已移交17处；协调地方河长办对卫运河、南运河“四乱”进行了多次专项清理，累计拆除违建66处（含浮桥5处、插花地违建2处）合计1.8万余m^2，清除树障125处合计268万余m^2。

4. 水资源监管和取用水管理专项整治

2020年年初，完成21处未办证取水口的二次核查工作，并上报漳卫南局。按照《漳卫南运河管理局取水监督管理办法（试行）》（漳资源〔2020〕1号）要求，邢衡局每月对尖塚扬水站、南李庄扬水站巡查不少于1次，对临西河务局、清河河务局每月巡查不少于2次。邢衡局及各基层局均按规定频次进行了巡查，并按时将监督检查记录上报漳卫南局。8月，结合单位实际，出台了《邢衡局取用水管理专项整治行动工作方案和2020年工作计划》。截至2020年年底，邢衡局已完成管辖范围内21处取水口的核查登记工作，并全部通过网上审核。在漳卫南局的统筹安排下，完成邢台市3处取水口的外业审核和邢台、衡水两市1100多处取水口的内业审核工作。

5. 河道管理范围划界公示和输水巡查

2020年6月底，按要求完成河道管理范围划界公示工作，在临西县、清河县、故城县政府网站发布公告。

邢衡局高度重视2020年5月和10月的两次引黄输水巡查工作，成立了两个工作组，制订了巡查工作计划。8月11日至10月15日期间，邢衡局做好了衡水市旅游发展大会水资源统一调度巡查工作。

（许琳）

【水旱灾害防御】

汛前，邢衡局对堤防工程进行全面检查，调整了水旱灾害防御工作领导小组，建立了局领导包河包段分工责任制；完成与地方应急管理局防汛对接工作，修订完善卫运河、南运河的防洪预案；汛期，加强与地方政府及相关业务部门的联系与配合，督促地方防汛抗旱指挥部落实以行政首长负责制为核心的各项防汛责任制，局属各单位联合地方防汛抗旱指挥部开展防汛演练和技术培训，充分发挥防汛技术参谋作用；同时，严格落实防汛值班制度；重点加强对辖区内浮桥、险工、穿堤涵闸的管理；汛后，及时总结工作经验和方法，并开展相应培训。

（许琳）

【人事管理】

1. 人事任免

（1）处级干部任免。2020年1月9日，漳卫南局党委决定，王海军、赵轶群任邢衡局二级调研员，职级任职时间自2019年12月起算（漳任〔2020〕6号）。

2020年3月23日，漳卫南局党委决定，任命李国志为清河河务局四级调研员，免去其故城河务局四级调研员职级（漳任〔2020〕20 号）。

2020 年 7 月 31 日，经试用期满考核合格，漳卫南局党委研究决定，任命田术存为邢衡局局长（漳任〔2020〕55 号）。

2020 年 8 月 7 日，经试用期满考核合格，漳卫南局党委研究决定，任命田术存同志为中共水利部海委漳卫南运河邢衡局委员会书记（漳党〔2020〕57 号）。

（2）科级干部任免。邢衡局党委 2020 年 3 月 4 日决定，聘任王孟福为临西县运河水利工程养护有限公司经理（试用期一年）；解聘曹维付的临西县运河水利工程养护有限公司经理职务（邢衡人〔2020〕11 号）。

邢衡局党委 2020 年 3 月 4 日决定，任命夏洪冰为水政水资源科（水政监察支队）科长，免去其工会副主席（正科级）职务；任命石爱华为工会副主席（正科级），免去其人事（监察审计）科科长职务；免去杨治江的水政水资源科（水政监察支队）科长职务（邢衡人〔2020〕12 号）。

邢衡局党委 2020 年 3 月 16 日研究决定，任命索荣清为邢衡局人事（监察审计）科科长（试用期一年）（邢衡人〔2020〕17 号）。

2020 年 4 月 15 日，根据工作需要，邢衡局党委日研究决定：任命侯继鹏为邢衡局工会三级主任科员，免去其临西局副局长职务、临西局三级主任科员职级（邢衡人〔2020〕25 号）。

2020 年 7 月 20 日，根据工作需要，经邢衡局党委研究决定，姜怡文任人事（监察审计）科四级主任科员职级，免去其办公室（党办）四级主任科员职级；王鑫任办公室四级主任科员职级，免去其工程管理科（防办）四级主任科员职级；段树民任临西局四级主任科员职级，免去其邢衡局人事（监察审计）科四级主任科员职级；王赞童任工程管理科（防办）一级科员职级，免去其临西局一级科员职级；郝曾麒任故城局一级科员职级，免去其邢衡局水政水资源科（水政监察支队）一级科员职级（邢衡人〔2020〕23 号）。

2020 年 7 月 23 日，邢衡局党委研究决定，牛亚楠任故城河务局三级主任科员；郝曾麒任故城河务局四级主任科员，免去其故城河务局一级科员职级（邢衡人〔2020〕57 号）。

2020 年 7 月 23 日，邢衡局党委研究决定，许琳任办公室（党办）一级主任科员；石爱华任工会一级主任科员；侯继鹏任邢衡局工会二级主任科员，免去其邢衡局工会三级主任科员职级；郜暖任财务科四级主任科员，免去其财务科一级科员职级；张华任工程管理科（防汛抗旱办公室）四级主任科员，免去其工程管理科（防汛抗旱办公室）一级科员职级。以上人员职级任职时间自 2020 年 7 月起算（邢衡人〔2020〕59 号）。

2020 年 9 月 2 日，邢衡局党委研究决定，免去高艳辉的邢衡局财务科副科长职务、财务科三级主任科员职级，任邢衡局人事（监察审计）科三级主任科员（邢衡人〔2020〕74 号）。

2020 年 10 月 10 日，邢衡局党委研究决定，任命郭志达为邢衡局财务科副科长（主持工作，试用期一年），免去其邢衡局财务科四级主任科员（邢衡人〔2020〕84 号）。聘任崔春生为临西县运河水利工程养护有限公司副经理（试用期一年）（邢衡人〔2020〕85 号）。

2. 机构设置与调整

(1) 2020 年 4 月 13 日，邢衡局印发《邢衡局关于成立节水机关建设工作领导小组的通知》(邢衡水政〔2020〕23 号)，领导小组成员如下。

组　长：田术存

副组长：王海军

成　员：夏洪冰　许　琳　高艳辉　石爱华　高　峰　张宝华　杨志伟　姚红梅　谢金祥

领导小组下设办公室，承担领导小组的日常工作。领导小组办公室设在水政水资源科，办公室主任由夏洪冰兼任。

(2) 2020 年 4 月 14 日，邢衡局印发《邢衡局党委关于党总支委员改选的批复》(邢衡党〔2020〕9 号)。根据民主推荐和支部党员大会表决结果，经邢衡局党委研究决定，同意索荣清同志任组织委员、王鑫同志任纪检委员、王孟福同志任学习委员。

(3) 2020 年 4 月 14 日，邢衡局印发《邢衡局党委关于局属党支部优化调整的批复》(邢衡党〔2020〕10 号)。经邢衡局党委研究决定，同意成立中共临西县运河水利工程养护有限公司党支部，公司王孟福、曹维付、崔春生三名同志为该支部成员，杨治江同志由机关第三党支部转入该支部，王宁宁同志由机关第一党支部转入该支部。季晓丰同志由机关第二党支部转入机关第一党支部；王鑫同志由机关第三党支部转入机关第一党支部；李国志、魏韬同志由故城局党支部转入清河局党支部；牛亚楠同志由机关第一党支部转入故城局党支部。同意取消机关各支部副书记职务，各支部重新推选纪检联络员。

(4) 2020 年 4 月 14 日，邢衡局印发《邢衡局关于调整职称评审小组的通知》(邢衡人〔2020〕22 号)，人员调整如下。

组　长：田术存

副组长：王海军　赵轶群

成　员：索荣清　许　琳　高艳辉　韩　刚　夏洪冰　石爱华　高　峰　张宝华　杨志伟　姚红梅　谢金祥　王孟福　王　鑫

领导小组下设办公室，办公室设在人事（监察审计）科，承担职称评审小组的日常工作。

(5) 2020 年 4 月 21 日，邢衡局印发《邢衡局党委关于支部间党员调整的批复》(邢衡党〔2020〕12 号)。由于党建工作需要和业务工作调整，经邢衡局党委研究决定，同意侯继鹏同志由临西局党支部转入机关第三党支部。

(6) 2020 年 5 月 28 日，邢衡局印发《邢衡局关于调整 2020 年水旱灾害防御组织机构》(邢衡工〔2020〕34 号)，调整邢衡局水旱灾害防御组织机构如下。

1) 局水旱灾害防御工作领导小组。

组　长：田术存

副组长：王海军　赵轶群　王建新　苏文静

成　员：韩　刚　许　琳　夏洪冰　高艳辉　索荣清　石爱华　高　峰　张宝华

2) 局水旱灾害防御办公室。

主　任：王海军

副主任：韩　刚

成　员：王　鑫　王赞童

（7）2020 年 7 月 16 日，邢衡局印发《邢衡局关于调整精神文明创建工作领导小组的通知》（邢衡办〔2020〕55 号），人员调整如下。

组　长：田术存

副组长：赵铁群

成　员：许　琳　夏洪冰　高艳辉　索荣清　韩　刚　石爱华　高　峰　张宝华
　　　　杨志伟　姚红梅　谢金祥　王孟福

文明创建领导小组下设办公室，负责日常工作的组织开展，人员调整如下。

主　任：赵铁群

成　员：许　琳　王　鑫　石爱华　张宝华

（8）2020 年 8 月 20 日，邢衡局印发《邢衡局关于成立网络安全与信息化领导小组的通知》（邢衡办〔2020〕62 号），成员组成如下。

组　长：田术存

副组长：赵铁群

成　员：许　琳　夏洪冰　高艳辉　索荣清　韩　刚　石爱华　高　峰　张宝华
　　　　杨志伟　姚红梅　谢金祥　王孟福

网信领导小组下设办公室（以下简称“网信办”），设在邢衡局综合事业中心，承担网信领导小组日常工作，网信办成员组成如下。

主　任：高　峰（兼）

成　员：张亚东　王　鑫　王　赞　童　索　荣　清　郭志达　王昭柱　魏　韬
　　　　康　健　陈　晨

（9）2020 年 8 月 26 日，邢衡局印发《邢衡局党委关于基层单位党支部换届选举结果的批复》（邢衡党〔2020〕29 号）。根据临西局、清河局、故城局等 3 个党支部换届选举结果的请示报告，经邢衡局党委研究，同意杨志伟同志任临西局党支部书记，姚红梅同志任清河局党支部书记，谢金祥同志任故城局党支部书记。

（10）2020 年 9 月 15 日，邢衡局印发《邢衡局关于调整局领导分工及联系单位的通知》（邢衡办〔2020〕70 号）。根据工作需要，经局党委会研究决定，将局领导分工及联系单位通知如下。

田术存：主持全面工作。主抓全局党建工作，主管全局财务工作，联系故城局。

王海军：主管全局防汛抗旱、工程建设与管理、水资源管理及水行政执法、安全生产、工会、后勤保障工作；分管工管科（防汛抗旱办公室）、水政科、工会、后勤服务中心；联系临西局、养护公司。

赵铁群：主管全局行政管理、纪检、人事（监察审计）、精神文明建设及思想政治工作；分管办公室、人事（监察审计）科、综合事业中心（信息中心）；联系清河局。

王建新：协助田术存分管党建工作，协助王海军分管工程建设与管理、水资源管理及水行政执法工作。

苏文静：协助田术存分管全局财务工作，协助赵铁群分管监察审计工作。

(11) 2020 年 9 月 16 日，邢衡局印发《邢衡局关于调整档案工作领导小组的通知》(邢衡办〔2020〕71 号)，人员调整如下。

组　长：田术存

副组长：王海军　赵铁群

成　员：许　琳　韩　刚　夏洪冰　高　峰　索荣清　石爱华　张宝华　杨志伟
　　　　姚红梅　谢金祥　王孟福

档案室归口办公室管理，设置专职档案员和兼职档案员，成员组成如下。

专职档案员：石桂芹（具体负责文书档案）

兼职档案员：张　华（具体负责科技档案）

兼职档案员：郭志达（具体负责会计档案）

兼职档案员：张亚东（具体负责水政档案）

(12) 2020 年 10 月 14 日，邢衡局印发《邢衡局关于调整档案鉴定小组的通知》(邢衡办〔2020〕80 号)，人员调整如下。

组　长：田术存

副组长：王海军　赵铁群

成　员：许　琳　韩　刚　夏洪冰　高　峰　索荣清　石爱华　张宝华　杨志伟
　　　　姚红梅　谢金祥　王孟福

(13) 2020 年 10 月 10 日，邢衡局印发《邢衡局关于成立青年理论学习小组的通知》(邢衡办〔2020〕80 号)，成员组成如下。

组　长：许　琳

副组长：王　鑫　王　一　王亚倩　牛亚楠

成　员：全局 40 周岁以下青年干部职工

(14) 2020 年 12 月 22 日，邢衡局印发《邢衡局党委关于调整局属各单位党支部纪检联络员的通知》(邢衡党〔2020〕46 号)。为切实压紧压实全面从严治党的责任，进一步加强纪检监察工作效能，强化监督执纪职责。按照漳卫南局党委政治巡察"回头看"反馈意见提出的要求，对局属各单位党支部纪检联络员进行如下调整：临西河务局为杨志伟；清河河务局为姚红梅；故城河务局为牛亚楠；养护公司为崔春生。

3. 人员变动

2020 年，新招录参照公务员法管理人员 4 人（刘宇良、李长友、杨弢、靳伟）；退休人员 4 人（初秀云、杨震、曹维付、马冬梅）。

截至 2020 年 12 月 31 日，全局在职人员 67 人，其中参照公务员法管理人员 36 人、事业编制人员 22 人、企业人员 9 人。

4. 职工培训

2020 年，邢衡局共举办新闻报道、年鉴基本体例、安全生产知识、防汛知识、水行政执法、水资源管理、网络安全教育、党风廉政建设、财务基础知识等 9 个培训班，共 277 人次。邢衡局职工参加上级举办的线下培训班 20 个，共计 99 人次。邢衡局制定了《邢衡局 2019 年道德文化讲堂实施方案》。邢衡局组织道德文化讲堂共计 23 期（其中机关 11 期、临西局 3 期、清河局 3 期、故城局 6 期），363 人次参加。邢衡局处级干部网络学时通过率达到100%，累计参加人事部门认可的教育培训时间平均289.82学时；科级及以下干部网络学时通过率达到100%，累计参加人事部门认可的教育培训时间平均220.04学时。

5. 岗位聘任

(1) 2020年7月27日，根据漳卫南局对邢衡局事业单位岗位设置的批复，结合工作实际，聘任沈冲为故城河务局专业技术岗位十二级，聘任康健为故城河务局专业技术岗位十一级。以上人员聘期3年（2020年7月至2023年6月）（邢衡人〔2020〕45号）。

(2) 2020年12月29日，根据漳卫南局对邢衡局事业单位岗位设置的批复，结合邢衡局工作实际，经研究，聘任王一为临西河务局专业技术岗位十一级，聘期3年（2020年12月至2023年11月）（邢衡人〔2020〕95号）。

6. 表彰奖励

(1) 2020年2月11日，漳卫南局印发《漳卫南运河管理局关于表彰2019年度先进单位、先进集体的通报》（漳办〔2020〕1号），授予邢衡局“漳卫南局2019年度先进单位”荣誉称号。

(2) 2020年2月11日，漳卫南局印发《漳卫南运河管理局关于表彰2019年度工程管理先进单位与先进水管单位的通报》（漳建管〔2020〕4号），授予邢衡河务局“2019年度工程管理先进单位”荣誉称号；授予清河河务局“2019年度工程管理先进水管单位”荣誉称号。

(3) 2020年3月3日，海委印发《海委办公室关于2019年度水政监察工作考核结果的通报》（办政法〔2020〕2号），漳卫南局直属邢衡水政监察支队考核等次为“优秀”，漳卫南局邢衡河务局直属故城水政监察大队与漳卫南局邢衡局直属清河监察大队考核等次为“良好”。

(4) 2020年2月28日，漳卫南局印发《漳卫南运河管理局关于公布局属各单位2019年度处级干部考核优秀结果的通知》（漳人事〔2020〕7号），田术存、王海军年度考核确定为“优秀”等次，予以嘉奖。

(5) 2020年2月24日，邢衡局印发《邢衡局关于表彰2019年度目标管理先进单位、先进集体的决定》（邢衡办〔2020〕9号）。根据年终目标管理考核结果，经局长办公会研究决定，授予清河局“邢衡局2019年度先进单位”荣誉称号，授予办公室、水政科“邢衡局2019年度先进集体”荣誉称号。

(6) 2020年3月25日，邢衡局印发《邢衡局党委关于表彰2019—2020年度先进党支部和优秀共产党员的决定》（邢衡办〔2020〕16号）。根据2019年度各部门（单位）录用宣传信息得分统计和信息报送情况，经局长办公会研究，授予办公室、人事（监察审计）科、清河河务局“宣传信息工作先进集体”荣誉称号；授予季晓丰、牛亚楠、张亚东、王亚倩、李悦、解士博6名同志“宣传信息工作先进个人”荣誉称号。

(7) 2020年6月24日，邢衡局印发《邢衡局党委关于表彰2019—2020年度先进党支部和优秀共产党员的决定》（邢衡党〔2020〕21号）。经过民主选举、各支部推荐、局党委研究，决定对在推进全局科学发展、促进单位和谐有显著成绩，受到党员干部和群众公认的先进党支部和优秀共产党员进行表彰。

先进党支部：清河局党支部

优秀党员：牛亚楠　许琳　夏洪冰　杨志伟　魏韬　范文勇

（8）2020 年 1 月 16 日，根据民主测评，邢衡局党委研究，以邢衡人〔2020〕5 号文件公布 2019 年年度职工考核优秀人员如下：

参公人员（不含处级干部）（4 人）：韩　刚　夏洪冰　牛亚楠　郭志达

事业人员（3 人）：张宝华　王荣海　解士博

（许琳）

【财务管理与审计】

1. 财务管理

按时完成 2019 年部门决算、资产决算和财务报告，2020 年年中预算调整，2021 年一上、二上预算上报工作；加强国有资产管理，按月上报邢衡局资产月报。2020 年对固定资产进行了清查盘点，根据清查结果将一部分没有使用价值的固定资产进行了报废处理。对邢衡局 4 个仓库的防汛物资进行了清查，核实了防汛物资现状并上报漳卫南局。结合邢衡局实际情况修订了《邢衡局差旅费管理办法》。

2. 审计监督

2020 年 6 月，对调离邢衡局的领导同志离任审计进行整改工作并形成整改报告；9 月，配合漳卫南局审计监督处对邢衡局 2018—2019 年水利工程维修养护经费进行专项审计；11 月，配合海委委托的会计师事务所进行 2019—2020 年 9 月的预算执行审计，并对审计中发现的问题及时进行整改并形成整改报告。

（许琳）

【党建工作】

2020 年，邢衡局党委对局属各支部进行优化调整，成立了公司党支部，改选了党总支委员，发展预备党员 2 名。通过开展书记讲党课、支部书记培训班、入党积极分子培训班、党员过政治生日等一系列活动，进一步加强基层党支部的标准化、规范化建设。2020 年年底，清河局党支部荣获“水利部先锋党支部”荣誉称号，机关 3 个党支部与故城局党支部基层党支部标准化规范化建设达标，优秀党支部所占比例达到 70%。截至 2020 年年底，邢衡局共有在职党员 37 人、入党积极分子 13 人，占全局人数的 74%。邢衡局党委组织全局职工完成叶建春副部长专题党课的集中学习，撰写心得体会共 50 余篇；深入基层蹲点调研 2 次；成立了“青年理论学习小组”，开展形式多样的学习研讨活动。

（许琳）

【政治巡察“回头看”】

2020 年 7 月 6—8 日，漳卫南局党委巡察“回头看”第一检查组对邢衡局巡察整改落实情况进行了监督检查和验收评估。通过“回头看”，检查组对邢衡局整改落实工作给予了充分的肯定和鞭策；同时，也指出了加强党建工作、廉政风险防控、监督责任落实等方面存在的不足，并明确提出了具体的整改意见和要求。邢衡局党委认真履行全面从严治党主体责任，严格落实“一岗双责”，通过开展专题研讨，对照巡察“回头看”反馈意见和邢衡局整改方案再次进行了全面自查，逐条逐项整改，及时查漏补缺，一一对账销号，并持续抓好整改落实，建立健全长效机制，巩固提升巡察整改成果，以整改落实推动全面从严治党向纵深发展。

（1）提高政治站位，树牢“四个意识”，坚定“四个自信”，坚决做到“两个维护”，切实履行管党治党主体责任。

（2）强化“两个责任”，层层传导压力，认真落实“一岗双责”，用好用活“四项谈话”，坚持抓早抓小，确保全面从严治党落到实处。

（3）从严从实抓好纪律作风建设，切实增强干部职工纪律意识和规矩意识，提高执行力和落实力。

（4）扎紧织密制度的“笼子”，制定《邢衡局党委关于严格请示报告工作的意见》《邢衡局机关请示报告事项签报制度》，下发《进一步加强作风建设的通知》等制度要求，严格执行单位内部管理制度，努力形成用制度“管人、管事、管权”的工作机制，规范内部管理，提升队伍战斗力。

（5）持之以恒纠“四风”，力戒形式主义官僚主义，推动邢衡局全面从严治党工作再上新台阶。

（许琳）

【安全生产】

2020 年，邢衡局及时召开安全生产工作会议，并逐级签订安全生产责任书，制定了《邢衡局安全生产月活动实施方案》；按照上级要求修改全局办公设备和办公软件的弱口令及安装杀毒软件；积极参加组织各类安全生产培训；将可能影响安全的薄弱环节和隐患分门别类登记造册，有重点地抓好车辆运行、防火防盗、工程施工等关键环节的管理，圆满完成各项安全生产责任目标，成为水利安全生产标准化二级单位。

（许琳）

【精神文明建设】

2020 年，邢衡局继续加强与临西县文明办、邢台市文明办及地方档案局的沟通交流，继续保持“省级文明单位”及“档案目标 5A 级管理”称号。邢衡局通过创新宣传理念，以“道德文化讲堂”为抓手，以《邢衡局电子月报》、青年理论学习组等不同方式，积极组织职工开展“读书周”“云培训”等活动，线上线下同步学习，及时推送水利部、海委、漳卫南局的公众号和订阅号的最新动态，通过“融媒体”全方位地展现邢衡局的风采和职工的精神风貌。

（许琳）

【综合管理】

2020 年，共召开党委会 31 次、局长办公会 9 次，印发党群类文件 46 件，印发行政类文件 113 件。严格贯彻落实《漳卫南运河管理局督办工作管理办法（试行）》，强化责任落实，切实发挥督办督查作用，高质量完成水利部、海委、漳卫南局各类督办事项，推进制度建设，不断完善本单位内控制度；机关及下属清河河务局分别以 93.7 分和 93 分顺利通过档案规范化管理三级单位达标。

（许琳）

【经济创收】

邢衡局通过加强涉河、涉堤项目的监管，在水土资源利用上“两手发力”，在水费、堤防占压费上力争做到“应收尽收”；增强“勤俭节约”理念，严格规范各项经费开支，缓解全局创收压力；进一步规范树木绿化合同管理，确保合同兑现率达到100%，实现颗粒归仓，为邢衡局健康持续发展提供有力支撑。

（许琳）

德州河务局

【概况】

德州河务局（以下简称“德州局”）隶属于水利部海委漳卫南局，由漳卫南局授权在其管辖范围内行使水行政管理职责，为具有行政职能的事业单位。管辖德州市境内的卫运河、南运河、漳卫新河、陈公堤以及恩县洼滞洪区的分洪和退水控制工程——西郑分洪闸和牛角峪退水闸，管辖河道316.6km，堤防389.7km。机构内设6个科室，下属2个直属单位和1个维修养护公司。全局现有干部职工247人，其中在职人员155人、离退休人员92人。

2020年单位主要负责人如下。

局　长：李　勇

副局长：杨百成　陈永瑞　肖玉根　张　斌

【工程管理】

1. 水利工程维修养护

（1）日常维修养护。各水管单位及时下达养护项目任务书，组织人员进行单元质量评定和水管单位验收；每月25—28日，组织人员对养护项目进行月度考核并通报。德州局组织人员对维修养护项目进行不定期检查，每季度对水管单位维修养护工作进行考核。

2020年维修养护全部完成。养护项目包括：清理全线杂草杂树，堤顶路面整修，水沟浪窝填垫，戗台畦田埂、护堤地界埂修复，上堤路口养护，堤肩行道林全部涂白，标志牌（碑）粉刷，控导工程维护，备防石整修等；闸门养护，启闭机机体防腐处理，钢丝绳、开放式齿轮、滚筒等养护，传（制）动系统养护，汛前对西郑庄分洪闸和牛角峪退水闸机电集中保养一次。维修项目包括：堤肩行道林补植11050棵；草皮补植36590m^2；背河弃土坡整修450m；堤防獾洞处理，涉及堤防长度70m，土方5395m^3；控导工程浆砌石护坡翻修，浆砌石210m^3；堤防隐患探测6处（暗管探测，每处上、下游各700m）；增设标志牌34个，补设百米桩29个；西郑庄分洪闸启闭机钢丝绳孔封堵11组；牛角峪退水闸管理房院内铺设花砖950m^2。

2021年1月18日，完成2020年水利工程维修养护项目验收和2020年工程管理年度考核。夏津河务局保持了海委水利工程管理示范单位管理水平。夏津河务局、乐陵河务局被漳卫南局授予“2020 年度工程管理先进水管单位”荣誉称号。

(2) 开展维修养护招标工作。2020 年，德州局严格按照《中华人民共和国招标投标法》《中华人民共和国招标投标法实施条例》《中华人民共和国政府采购法》《中华人民共和国政府采购法实施条例》等法律法规以及《漳卫南运河管理局水利工程维修养护市场化试点工作方案》要求和部门预算“二上”申报书中的规定，2020 年夏津局采用直接委托方式，选择具有相应资质的养护单位承担维修养护任务；武城局、德城局、宁津局采用公开招标方式确定委托单位；乐陵局、庆云局采用竞争性磋商方式确定委托单位。3 月 9 日武城、德城、宁津河务局，3 月 11 日乐陵、庆云河务局，分别在中国政府采购网、中国招标投标公共服务中心、中国采购与招标网、海委政务门户网站、漳卫南运河综合信息网进行发布招标公告；3 月 31 日，召开开标评标会；武城、德城、宁津、乐陵、庆云河务局分别以《关于 2020 年水利工程维修养护项目公开招标定标情况的报告》上报德州局；4 月 1 日发布中标公告；4 月 7 日，发中标通知书。4 月 8 日，武城、德城、宁津、乐陵、庆云河务局分别与中标的德州鬲津水利有限公司签订 2020 年水利工程维修养护合同，标志着德州局水利工程维修养护市场化招标工作圆满完成。

(3) 制度修订。为进一步规范德州局工程管理工作，制订了《德州河务局水利工程维修养护管理办法实施细则》《德州河务局工程管理考核办法》等，确保制度合规性和可操作性，并在工作中严格按照各项规章制度执行。

(4) 业务学习。1 月 13 日，组织学习了《漳卫南运河管理局关于做好 2020 年度水利工程维修养护市场化工作的通知》(漳建管〔2020〕1 号) 和《漳卫南运河管理局关于进一步做好工程绿化工作的通知》(漳建管〔2020〕2 号)，对水利工程维修养护技术实施方案的编制、政府采购、工程绿化等工作进行具体安排；5 月 9 日，召开了德州局工程管理专题座谈会，会上传达学习了漳卫南局工程运行管理工作视频会议精神，学习了《水利工程运行管理监督检查办法（试行）》《水闸工程安全运行专项检查工作手册》等管理办法；7 月 3 日，召开工程管理会议，解读水利部督查办对漳卫南局第一批督查堤防险工险段专项检查的问题，对德州局存在的问题进行梳理，并抓紧进行整改；8 月 6 日，召开工程管理推进会，对德州局工程管理工作进行逐条梳理，全面查找自身短板，研究落实措施；8 月 28 日，召开进一步推进工程管理专项会议，通报前期整改工作情况，针对疑难和复杂问题研讨解决方案，同时，会议要求进一步压紧压实整改责任，坚持真改实改，以高度的政治责任感和紧迫感抓好工程管理工作；11 月 4—5 日，举办德州局工程管理暨内业资料整理培训班。

(5) 堤防绿化。印发了《德州河务局绿化管理办法》，进一步完善树木拍卖程序；督促所属各三级局完成春季绿化任务，完成绿化统计。德州局共计种植各类树木 8.2 万余棵。

2. 2020 年中央直属水利工程确权划界

(1) 完成项目招标工作。按照《漳卫南运河管理局关于做好 2020 年水利工程划界工作的通知》(漳建管〔2020〕13 号) 要求和部门预算“二上”申报书中的规定，德州局 2020 年中央直属水利工程确权划界项目采用公开招标方式确定委托单位。4 月 26 日，选择山东昶亮项目管理咨询有限公司作为招标代理机构，负责招标工作；4 月 29 日，成立德州局2020年中央直属水利工程确权划界项目管理办公室，并在中国政府采购网、中国招标投标公共服务中心、中国采购与招标网、海委政务门户网站、漳卫南运河综合信息网发布招标公告；5月21日召开开标评标会，并在中国政府采购网、中国招标投标公共服务中心、中国采购与招标网、海委政务门户网站、漳卫南运河综合信息网发布中标公告；5月27日发中标通知书；5月28日，项目办与中标的德州高津水利有限公司（联合体成员为山东高图测绘信息科技有限公司）签订德州局2020年中央直属水利工程确权划界项目合同书。

（2）完成项目实施。为保证2020年中央直属水利工程确权划界项目的顺利实施，6月，德州局成立了2020年中央直属水利工程确权划界项目管理办公室，明确了分工，制定了《德州河务局2020年中央直属水利工程确权划界项目管理办法》《德州河务局2020年中央直属水利工程确权划界项目财务管理办法》。对中标人上报的《德州河务局2020年中央直属水利工程确权划界项目施工组织安排》进行了批复。11月底，项目全部完工。共完成南运河、岔河、减河土地测绘11699.25亩，界桩制安2065根；完成南运河、岔河、减河管理与保护范围划界，卫运河、陈公堤、漳卫新河保护范围划界标示牌制安157块。12月14日，组织召开德州河务局2020年中央直属水利工程确权划界项目验收会。

（3）加强建设管理廉政风险防控。11月20日，德州局对水利工程建设与管理、防汛抗旱廉政风险防控手册进行了修订，明确责任主体及相关责任人，严格落实防控措施，在维修养护有关单位确定、合同管理、树木出售、方案编报等方面严格按程序执行。

3. 对各级督促暗访发现问题及时整改落实

（1）整改落实水利部督查组发现的问题。6月19日、23日和7月11日，水利部督查组督查了德州局管理范围内的三店、八屯等6处险工，共发现问题33项。按照《水利部督查办关于对海河堤防工程险工险段专项检查发现问题进行整改的通知》（办督查办函〔2020〕21号）要求，德州局针对检查发现的问题进行了专题整改研究部署，7月20日前完成整改24项，8月31日前完成整改8项，制定整改计划1项。

7月16日，德州局收到反馈意见后，为做好水利部督查办检查组堤防工程险工险段专项检查发现问题整改工作，于当日召开专题会议，对整改工作进行分工，分级落实整改责任，确保8月底全面完成整改工作。7月17日，完成德州局堤防险工险段专项检查发现问题整改项目实施方案的编制，各水管单位按整改方案组织实施。在整改实施过程中，德州局多次组织人员到现场进行指导检查，发现问题及时反馈解决。在武城局八屯险工开展了示范工程建设，一是八屯险工2km堤防段整修：堤肩整修，堤肩行道林种植（今冬明春），戗台畦田埂、界埂修复，界桩补设，清理管理范围内的杂草、杂树、农作物，水沟浪窝填垫，备防石整修（含2016年地方抢料备料），标志牌粉刷等；二是八屯险工整修：修补4个混凝土网格坝破损的混凝土，并全部进行防碳化处理，清除坡面杂草、杂树并整修，浪窝填垫，浆砌石修补、勾缝，排水沟清理，砂浆抹面修补等。

（2）整改落实海委督查组发现的问题。10月28—29日，海委督查组对武城河务局工程运行管理工作进行了督查，共发现问题16项。11月4日，武城局完成《武城河务局工程运行管理督查发现问题整改项目实施方案》的编制，11月12日前全部完成整改。

（鲁晓颖）

【防汛抗旱】

1. 汛前准备

3 月 25 日，为全面做好 2020 年水旱灾害防御工作，下发《德州局关于做好水旱灾害防御有关准备工作的通知》。

4 月上旬，对所辖工程进行全面检查，摸清了工程运行情况和度汛隐患，分别向漳卫南局和德州市防汛抗旱指挥部上报了汛前检查报告。开展西郑庄分洪闸、牛角峪退水闸的运行保养，检修闸门、启闭机和机电设备，确保两闸良好的运行工况；加大堤防工程的日常管护力度，保证工程完整和防汛道路畅通。

5 月 26 日，成立漳卫河防汛抗旱办公室，调整防汛组织机构，落实领导分工包河责任制，明确了各职能组的人员组成、岗位职责和工作要求。

6 月 23 日，召开德州局水旱灾害防御工作会议；6 月 30 日举办一期防汛抢险知识培训班。

6 月，督促地方政府落实以行政首长负责制为核心的各项防汛责任制。

2. 预案编制

结合汛前检查情况和漳卫河河道现状行洪能力，对防洪预案做了进一步修订，并按照《防汛物资储备定额编制规程》（SL 298—2004）对防汛备料进行计算核实，经漳卫南局防汛抗旱办公室审查，于 2020 年 6 月 3 日由德州市防汛抗旱指挥部批准下发有关县（市）防汛抗旱指挥部执行。

3. 防汛开展

6 月 1 日起开始防汛值班；6 月 23 日，召开德州局水旱灾害防御工作会议；6 月 30 日，举办一期防汛抢险知识培训班。

6 月，督促地方政府落实以行政首长负责制为核心的各项防汛责任制。

4. 规程修订

为进一步规范德州局防汛应急响应工作程序和应急响应行动，根据德州局水旱灾害防御工作分工及职责，对《德州河务局防汛应急响应工作规程》（德汛〔2016〕3 号）进行修订，6 月 3 日印发执行。

5. 联合演练

为提高队伍应急抢险和救灾能力，4 月 29 日，庆云河务局联合庆云县人员政府开展防汛抢险演练；5 月 17 日，德州局及所属武城河务局积极参加在山东省武城县鲁权屯镇开展的德州市恩县洼滞洪区应急救援综合演练；8 月 1 日，夏津河务局联合夏津县人民政府在卫运河土龙头闸现场开展 2020 年防汛抢险应急综合实战演练。在前期筹备、演练脚本制定、科目参演等工作中，积极建言献策，切实履行了漳卫南运河防汛参谋职能。

（鲁晓颖）

【水政水资源】

1. 水法宣传

抓住“世界水日”“中国水周”等时间节点，充分发挥新媒体的作用，最大限度减少人员聚集，在做好新冠肺炎疫情防控工作的同时，保证水法宣传的良好效果。11 月 26

日，举办水行政流域执法培训班，带领德州局全体干部职工共同学习了习近平总书记关于学习民法典重要讲话精神；逐条研读民法典涉及水利工作有关条文；营造了德州局学习、遵守、维护民法典的良好氛围。

2. 水行政执法

9月4日重新修订了《德州河务局水行政执法巡查制度》，同时废止2003年制定的《水政执法巡查制度》，对各类水事违法行为做到及时发现和及时处理，并将相关情况录入水行政执法统计信息直报系统中。截至2020年11月底，德州局水政监察支队日常巡查46人次，巡查河道累计长度509km。德州局属水政监察大队2020年度巡查891人次，巡查河道累计长度9470km。

3. 涉河建设管理

2020年4月20日，大王庄社区的坟墓全部迁出堤防管理范围，大王庄社区侵占堤防案件顺利结案。2020年新发生水事违法案件一起，该案件为大曹镇漳卫新河右岸临河堤坡倾倒疑似危险化学品案件，固体废弃物于4月18日上午清理完毕。截至2020年12月31日，德州局管辖范围内所有案件均已结案。

德州局管辖范围内现有3座浮桥：甲马营浮桥、朱家圈浮桥、东良浮桥（部分拆除，已无法使用）。甲马营浮桥、朱家圈浮桥均已上报有关材料并通过漳卫南局的审批，武城河务局与浮桥管理单位签订了浮桥项目水利工程管理协议。

4. 水政执法队伍建设

分别于6月19日、11月25日、11月26日、12月4日举办了法律知识培训班、水资源监督管理培训班、水行政流域执法培训班、“12·4”宪法宣传培训班，就《中华人民共和国宪法》、《中华人民共和国民法典》、水法规、德州局关于水行政执法、节水机关建设、水资源监管相关制度进行学习，共计210人次参加。

5. 水资源管理与保护

德州局现有已办理取水许可的取水口9个，按照漳卫南局关于办理“取水许可证”到期延续审批工作安排，已经协助为武城河务局管辖范围内的6个取水户全部办理了“取水许可证”到期延续审批。按照《漳卫南运河管理局关于建立水资源信息通报制度的通知》（漳资源〔2019〕8号）要求，德州局每月对于已办理取水许可的取水口进行用水量的统计，并上报漳卫南局。12月开始编制取水总结和取水计划报上级批复。

为全面摸清德州局管辖范围内取水口及取水监测计量现状，依法整治取用水管理存在的问题，德州局按照《漳卫南运河管理局关于印发取用水管理专项整治行动工作方案和2020年工作计划的通知》（漳资源〔2020〕28号）文件精神结合德州局实际情况，制定了《德州河务局取用水管理专项整治行动工作方案》和《德州河务局取用水管理专项整治行动2020年工作计划》。截至11月底，德州局管辖范围内的取水口（包括未办理取水许可的）一共是46处均已经填写“取水口基础信息登记表”，并录入到全国取用水专项整治信息系统平台。

6. 节水机关建设

2020年3月25日，成立了节水机关建设工作领导小组（以下简称“领导小组”），4月3日，德州局制定了《德州局机关节水机关建设实施方案》和《德州局局属单位节水机关建设工作方案》。2020 年 11 月，德州局节水机关建设验收小组对所属各三级局进行节水机关验收，6 个局属各三级局全部通过了验收。11 月 20 日，德州局节水机关建设工作顺利通过了漳卫南局的验收。

【河长制工作】

德州局于 4 月 30 日开始 2020 年中央直属水利工程确权划界项目的招投标工作，由中标人完成河湖管理范围的划界工作。7 月 1 日，德州局向德州市河长制办公室发文《关于〈德州市人民政府关于划定卫运河、陈公堤、南运河、漳卫新河（含减河、岔河）河道管理范围的公告〉征询德州市相关各市、县（区）意见的函》（德水政〔2020〕3 号）协助地方政府推进河道管理范围划定和公告工作。7 月 13 日，德州局所辖卫运河、陈公堤、南运河、漳卫新河（含减河、岔河）河道管理范围的公告在德州市人民政府正式发布，完成河道管理范围的公告工作。11 月底，德州局河道管理范围划界工作基本完成。

（鲁晓颖）

【人事管理】

1. 人事任免

3 月 13 日，任命陈卫民为夏津河务局局长（试用期一年），张金涛为德城河务局局长（试用期一年）；任命雷冠宝为庆云河务局局长、一级主任科员，蔡吉军为德州局水政水资源科一级主任科员。

免去陈卫民夏津河务局三级主任科员职级，蔡吉军德城河务局局长职务、一级主任科员职级，雷冠宝乐陵河务局一级主任科员职级，张金涛庆云河务局副局长职务、三级主任科员职级（德人〔2020〕7 号）。

3 月 20 日，免去商荣强德州局水政水资源科副科长职务（德人〔2020〕8 号）。

4 月 8 日，任命任晋杰为德州局水政水资源科副科长（试用期一年），免去其德州局水政水资源科四级主任科员职级（德人〔2020〕10 号）。任命聂法林为德州鬲津水利有限公司副经理（试用期一年）（德人〔2020〕9 号）。

4 月 10 日，任命刘滋田为德州局人事（监察审计）科科长（试用期一年）；免去李梅德州局人事（监察审计）科科长职务（德人〔2020〕11 号）。

12 月 31 日，免去雷冠宝乐陵河务局局长职务（德人〔2020〕30 号）。

2. 职工培训

2020 年，德州局共举办各类培训班 10 期，参加培训人数达 1087 余人次；选送 20 余人次参加海委、漳卫南局及地方举办的各类培训班，共 147 人参加水利部网络教育培训基本完成学习任务。

3. 人员变动

截至 2020 年 12 月底，德州局在职职工 156 人，其中，参照公务员法管理人员 57 人，事业编制人员 66 人，鬲津公司人员 33 人；离退休人员 91 人，其中离休人员 3 人、退休人员 88 人。

4. 职级晋升

8 月 10 日，任命吕笑昊为德州局工管科四级主任科员，免去其原任一级科员职级

(职级任职时间自2020年7月起算)(德人〔2020〕21号);任命刘风坡为宁津河务局三级主任科员,免去其原任四级主任科员职级(职级任职时间自2020年7月起算)(德人〔2020〕22号)。

8月13日,任命肖志强为武城河务局二级主任科员,免去其原任三级主任科员职级(职级任职时间自2020年7月起算)(德人〔2020〕24号)。

5. 人事管理

完成2名职工退休及待遇审批工作;完成离退休人员的日常管理工作。招录参照公务员法管理人员3名(孙伟、崔全忠、刘宝玲),招录事业编制人员4名(赵心月、苗文博、张亚楠、胡雅丽)。

6. 职称聘任

聘任李艳丽馆员专业技术职务、鲁晓莹经济师专业技术职务,聘期三年(2020年7月13日至2023年7月12日)(德人〔2020〕17号)。

聘任邱真经济师专业技术职务,聘期三年(2020年7月13日至2023年7月12日)(德人〔2020〕18号)。

聘任杨倩工程师专业技术职务,聘期三年(2020年7月28日至2023年7月27日)(德人〔2020〕23号)。

聘任陈扬助理工程师专业技术职务,聘期三年(2020年7月28日至2023年7月27日)(德人〔2020〕25号)。

聘任陈曈颖助理工程师专业技术职务,聘期三年(2020年7月28日至2023年7月27日)(德人〔2020〕26号)。

聘任董珅助理工程师专业技术职务,聘期三年(2020年7月28日至2023年7月27日)(德人〔2020〕27号)。

7. 职工考核

德州局职工进行了年度考核,考核结果如下:

(1)参照公务员法管理人员考核结果:

优秀等次人员:陈卫民、李于强、张金涛、柴木林、肖志强、赵全洪、崔莹莹、刘滋田、范张衡、刘波;

未定考核等次人员:孙伟、崔全忠、刘宝玲(试用期内);

其他参加考核的人员均为称职。

(2)事业编制人员考核结果:

优秀等次人员:邢兰霞、顾鹏娟、刘洪、崔占民、廖兆晖、张洪升、贺艳慧、李燕、罗志宝、霍保宁;

未定考核等次人员:赵心月、苗文博、张亚楠、胡雅丽(试用期内);

其他参加考核的人员均为合格。

(3)公司人员考核结果:

优秀等次人员:邵红燕、乔秀荣、许春艳、高萌、秦伟;

其他参加考核的人员均为合格。

(鲁晓颖)

【安全生产】

1. 工作机制

制定印发了《德州局关于印发2020年安全生产工作要点的通知》（德安〔2020〕2号）和《德州局关于印发2020年安全生产工作年度目标的通知》（德安〔2020〕6号），对全年的安全生产工作要点进行部署。

德州局对各类安全生产规章制度进行全面梳理，制定了《德州局生产安全事故应急预案》《德州局生产安全重大事故隐患挂牌督办办法（试行）》，对《德州局安全生产责任制》和《德州局生产安全事故隐患排查治理规定（试行）》进行了修订。积极推进西郑庄分洪闸的安全鉴定工作，从而达到申报安全生产标准化资格。

2. 专项检查

“五一”“十一”等重要节日前，德州局组织开展自查自纠和隐患排查整改工作，并成立检查组对局属各单位进行督查。对在建工程、运行工程、水闸、水文工程、办公区、宿舍区、职工食堂等设施场所进行了自查和抽查。对排查出的问题和隐患，能整改的立即整改，不具备整改条件的严格落实隐患整改“五落实”措施。

3. 应急管理

6月19日开展消防安全知识培训，邀请德州市社会安全防火服务中心教官进行授课讲解。

4. 分级管控

德州局积极落实风险分级管控工作，抽调相关人员进行学习，在学习的基础上，德州局将选取有代表性的单位，开展安全风险分级管控试点工作。

5. “安全生产月”活动

印发了《德州河务局“安全生产月”活动实施方案》，开展安全生产大检查活动，举办安全生产知识培训班，开展“安全生产月”答题活动，张贴安全生产宣传画，普及安全知识。

6. 日常管理

德州局定期召开安全生产工作例会，严格落实漳卫南局安全生产月报制度，每月对水利工程建设、水利工程运行、综合经营等方面进行隐患排查，发现问题认真处理，并及时统计上报。加强对车辆日常安全管理，安排专人对车辆进行定期检查。严格落实节日值班制度。

【党建工作】

1. 党日活动

每月10日党员活动日开展主题活动，按上级要求组织党员开展了“强化政治机关意识、引领水利事业发展”“弘扬抗疫精神、凝聚攻坚力量”“我为廉政建设建言”“我是朗读者——学习《习近平谈治国理政（第三卷）》”等主题党日活动。7月1日，为庆祝建党99周年，德州局党委书记、局长李勇讲授专题党课。

2. 发展党员

全年完成5名预备党员（范张衡、肖志强、刘岐、张彦英、刘宝玲）的转正和3名培养对象（霍保宁、聂法林、任晋杰）的发展工作。

3. 专项工作

深入开展集中整治形式主义、官僚主义工作。做好巡察整改意见、“灯下黑”专项整治、全面从严治党责任清单。

（鲁晓颖）

【内部审计】

认真贯彻落实漳卫南局对审计工作的部署要求，开展了对德城局、乐陵局、庆云局局长离任审计，德州局2019年防汛工程设施修复项目竣工决算审计，德州局2020年水利工程维修养护项目经费审计。履行审计监督职责，发挥了内审的监督、服务作用，加强单位内控管理，防范风险，强化了审计的免疫功能。

（鲁晓颖）

【精神文明建设和工会工作】

继续开展文明交通志愿服务，并与德城区马庄社区组成创城结对单位，组织志愿者前往开展志愿帮扶工作。

3月8日，受新冠肺炎疫情影响，组织女职工通过网络开展“网上知识竞赛”有奖答题活动；7月28日，邀请德州市联合医院专家来德州局为干部职工及家属义诊；8月底，组织职工开展健康体检工作；元旦、国庆节前，组织开展职工趣味运动会；9月30日，举行升国旗仪式。

在春节、重阳节前后开展离退休职工慰问、困难职工慰问、离退休党员慰问。会同局领导走访慰问困难职工家庭3户，看望慰问生病住院职工2名。全年及时向德州市文明单位管理平台上传文明创建工作资料，德州局继续保持“山东省文明单位”称号。

（鲁晓颖）

【综合管理】

全力做好新冠肺炎疫情防控工作，制订工作方案、研究防控措施、落实防控责任，并根据疫情形势，适时调整防控策略。2020年共印发相关通知39条，完成各类统计报表31份。

继续组织全体干部职工参加“学习强国”App学习。积极向漳卫南运河网报送工作信息，2020年出《漳卫河工作信息》38期，《漳卫南运河网》录用稿件69期。全年完成规则制度修订22项。开展了德州局机关、夏津局、德城局的档案工作规范化评估工作，3个单位于11月上旬分别以92.8分、92.6分、92.6分顺利通过海委验收。继续承办德州市“12345”市民热线处理工作，建立驻德单位热线处理微信工作群，及时处理和答复市民热线，截至年底，共处理热线60件。

（鲁晓颖）

【经济工作】

2020年年初，按照批复总预算及时测算、分解各基层单位经费缺口，为单位经济创收工作提供准确有利数据。

合理统筹全局资金调配，在保证机构正常运转情况下，积极落实财政部“过紧日子”的要求。在上级调整经费时，认真测算积极协调，为单位争取财政资金的支持。加强单位往来款项的核收工作，及时准确统计单位或个人的各项往来账款，按时进行核收，确保资金良性循环。认真组织发放职工工资，及时安排做好各项水电费、医疗保险、养老保险及住房公积金等的缴纳工作。认真做好沿街门市租金及代垫职工水电费、取暖费、卫生费的收取工作和每月的税务申报工作。

（鲁晓颖）

沧 州 河 务 局

【概况】

沧州河务局（以下简称“沧州局”）隶属于水利部海委漳卫南局，由漳卫南局授权在其管辖范围内行使水行政管理职责，为具有行政职能的事业单位。管辖范围为沧州市境内漳卫新河。机构内设 7 个科室、下属 6 个直属单位和 1 个维修养护公司。全局现有干部职工 124 人，其中在职人员 72 人、离退休人员 52 人。

2020 年单位负责人如下。

局　长：张同信

副局长：陈俊祥　刘　洋　张华雷（2020 年 7 月任）

【新冠肺炎疫情防控】

沧州局启动新型冠状病毒感染肺炎疫情防控工作。组织成立应对新冠肺炎疫情领导小组，对新冠肺炎疫情防控和当前工作进行部署，制定印发《沧州局防控新型冠状病毒感染肺炎疫情工作方案》（沧办〔2020〕11 号），压实防控责任，加强人员管理，落实防控措施，统筹工作安排。

（柴广慧）

【防汛工作】

1. 检查备汛

3 月中旬至 4 月上旬，沧州局对所辖堤防、河道等工程设施以及非工程措施进行检查。4 月 10 日，根据检查情况编写完成《汛前检查报告》，上报漳卫南局和沧州市防汛抗旱指挥部。

2. 预案编制

修订形成 2020 年防洪预案。6 月 22 日，沧州市防汛抗旱指挥部发布《关于印发漳卫新河防洪预案的通知》（沧汛办字〔2020〕1 号）。

3. 落实责任

6 月 1 日至 9 月 15 日，严格落实领导带班和 24 小时防汛值班制度，及时接收传达雨、水信息，及时处理汛情，进行汛情分析。汛期无脱岗现象。5 月 20 日，调整水旱灾害防御组织机构，成立水旱灾害防御工作领导小组。

4. 防汛会议和培训

6月28日，组织召开2020年度水旱灾害防御工作会议，对全局2020年水旱灾害防御工作进行部署。7月16日，举办水旱灾害防御知识培训班，组织全体干部职工观看堤防险情抢险相关视频。

5. 加强与地方防指的联系沟通

6月，按照沧州市防汛抗旱指挥部统一安排，沧州局技术骨干参加对盐山县、孟村县防汛工作的督导，编写完成防汛备汛专项检查情况报告，将检查中发现的问题及防汛措施落实情况上报沧州市防汛抗旱指挥部。

6. 雨毁

2020年汛期，沧州局所管辖的漳卫新河范围内自8月5日开始出现几波连续降雨天气，致使堤防及附属设施遭受很大破坏。9月，检查发现雨毁31处，主要工程量为浪窝、井穿、堤顶道路等。

7. 市级应急度汛项目

1月9日，沧州市财政局、水务局等单位相关人员组成应急度汛项目验收小组，对沧州局2019年市级应急度汛工程进行验收。验收小组成员查看现场，听取项目建设、施工单位的汇报，查阅相关资料，经讨论认为，漳卫南运河沧州局2019年度市级应急度汛工程已按批复的内容全部完成，质量合格，同意通过验收。

3月24—25日，工程技术人员对汛前检查中发现的堤防獾洞进行现场查勘、测量，核算2020年市级应急度汛项目经费。

4月2日，沧州局以《沧州河务局关于应急度汛经费的请示》（沧工〔2020〕33号），向沧州市水务局申请应急度汛经费47.08万元。6月15日，沧州市财政局、沧州市水务局印发《关于下达2020年市级灾害防治及抗旱防汛物资储备资金的通知》（沧市财农〔2020〕69号），批复下达2020年市级灾害防治及抗旱防汛物资储备资金应急度汛补助资金25万元。

6月23日，沧州局以《沧州局关于2020年度市级应急度汛项目实施方案的请示》（沧工〔2020〕62号），将《2020年度市级应急度汛项目实施方案》报送沧州市水务局。7月2日，沧州市水务局印发《关于〈漳卫南运河沧州河务局2020年度市级应急度汛项目实施方案〉的批复》（沧水防〔2020〕16号），同意沧州局对岔河右堤和漳卫新河左堤背河侧4处獾洞进行处理，核定开挖土方5804m^3，回填土方5804m^3，树林赔偿319棵，工程总投资25万元。

10月13日，委托河北华创工程项目管理有限公司（政府采购代理乙级）组织进行竞争性磋商，随后与中标单位——沧州市沧盛水利工程有限公司签订施工合同。10月17日，施工人员及设备进场。10月18日，开工。11月13日，工程完工，完成吴桥镜子郭獾洞（岔河右堤桩号34＋900～34＋972）、盐山南街獾洞（漳卫新河左堤桩号106＋795～106＋900）、海兴北台獾洞（漳卫新河左堤桩号148＋924～148＋950）、海兴郭桥獾洞（漳卫新河左堤桩号158＋905～158＋950）等4处獾洞的开挖回填处理。

（柴广慧）

【工程管理和维修养护】

1. 表彰先进

2 月 11 日，漳卫南局印发《漳卫南运河管理局关于表彰 2019 年度工程管理先进单位与先进水管单位的通报》（漳建管〔2020〕4 号），东光河务局被授予“2019 年度工程管理先进水管单位”荣誉称号。

3 月 5 日，沧州局印发《沧州局关于表彰 2019 年度工程管理和安全生产先进单位的决定》（沧工〔2020〕17 号），授予东光河务局、南皮河务局“2019 年度工程管理先进单位”荣誉称号。

2. 堤防工程维修养护

3 月底，在国内新冠肺炎疫情得到有效控制的情况下，组织开展堤防绿化种植，共种植树木 4.5 万多棵，堤防长度达 35km，顺利完成全年绿化任务。

3 月，开展完成 2020 年水利工程维修养护招标工作。按照漳卫南局全面实行市场化的工作要求，吴桥局、海兴局采用公开招标的形式选择维修养护单位，东光局、盐山局采用竞争性磋商的形式选择维修养护单位，南皮局直接委托。招标代理机构为河北华创工程项目管理有限公司。通过发布招标（竞争性磋商）公告、出售招标文件、开标等环节的工作，沧州市沧盛水利工程有限公司为中标单位。3 月底，沧州局所属水管单位与中标单位签订维修养护施工合同，标志着沧州局维修养护招投标工作顺利完成。

5 月 25 日，制定印发《沧州河务局水利工程检查管理办法》。5 月 29 日，制定印发《沧州河务局水管单位工作人员包河包堤管理办法》《沧州局水利工程维修养护管理工作方案》。各水管单位也制定了养护作业人员管理制度，沧州局上下建立起工程维修养护长效运行机制。

3. 水利部督查办督查发现问题整改

5 月 21—22 日，水利部督查办对吴桥局、东光局、南皮局的沙王、刘英等 7 处险工险段进行督查，共指出 7 项问题。

6 月 23—24 日，水利部督查办对盐山局、海兴局的黄庄、下东王等 6 处险工险段进行督查，共指出 12 项问题。

6 月 30 日，沧州局针对水利部督查办检查情况，组织召开险工险段专项问题整改暨堤防运行管理推进会，逐项分析问题原因，制订实施方案，明确整改措施和期限，立行立改，逐项销号，深入开展整改工作。举一反三，强化责任落实与隐患排查，保障工程良性运行。

9 月 3 日，沧州局认真总结水利部督查办检查发现问题整改情况，对每个问题的责任落实、整改过程、整改结果进行详细梳理汇总。

（柴广慧）

【水政水资源管理】

1. 水政执法

（1）水法宣传。3 月 18 日，印发《沧州局关于组织开展 2020 年“世界水日”“中国水周”宣传活动的通知》（沧水政〔2020〕19 号），部署 2020 年“世界水日”“中国水周”

宣传活动。

5月27日，制定印发《沧州局2020年水利普法依法治理工作计划》(沧水政〔2020〕51号)，安排部署年度普法依法治理工作，推进普法工作融入到依法治水管水工作的各环节和全过程。

11月17日，制定印发《沧州局学习宣传民法典实施方案》(沧水政〔2020〕118号)，部署分解沧州局民法典学习工作任务，明确责任部门和单位，推进民法典学习活动深入开展。

“12.4”宪法日活动期间，组织干部职工集中学习“习近平法治思想的核心要义”“习近平总书记关于宪法的重要论述”，重温宪法宣誓誓词，观看中国庭审公开网庭审现场视频——《不服水利行政管理纠纷》，参加海委系统及沧州市法宣办宪法法律知识竞答，并制作宣传主题条幅、沧州局宪法知识二维码和民法典涉及水利工作条文展板进行宪法宣传，同时倡导干部职工自行观看学习强国App“图说宪法”系列短视频等。

(2) 水政巡查。认真落实水政巡查制度，加强河道巡查，采取现场巡查和视频监控巡查相结合的巡查方式，支队每月至少进行一次现场巡查，各大队开展经常性巡查，保证每周不低于一次现场巡查；利用漳卫新河水政执法视频监控设备，开展视频监控巡查，认真做好视频监控值班记录，为及时发现水行政违法行为提供保障，更好地为工程管理保驾护航。

(3) 水政制度建设。9月22日，制定印发《沧州河务局水行政执法视频监控系统运行管理办法》(沧水政〔2020〕99号)，规范水行政执法视频监控系统的使用管理，充分发挥水行政执法视频监控系统作用，提高水行政执法效能。

9月22日，修订印发《沧州河务局水行政执法责任制规定》《沧州河务局法律顾问工作制度》《沧州河务局水行政执法巡查制度》《沧州河务局水政监察工作考核办法》(沧水政〔2020〕100号)，规范水行政执法行为，落实执法责任，提升发现和查处水事违法行为的能力和水平。

(4) 水政监察基础设施建设。配合上级完成海委漳卫南局水政监察基础设施建设二期项目竣工验收工作。11月27日，海委验收委员会前往沧州局机关、东光局机关和堤防检查部分设备和工程现场；11月28日，在局机关四楼会议室召开验收会，验收委员会听取了工程建设、设计、施工、监理和运行管理等单位的工作报告，查阅项目有关资料，经研究同意通过竣工验收。

2. 河湖管理

(1) 河长制工作。5月6日，将《漳卫新河河北岸“四乱”问题清单》(沧水政〔2020〕45号)(沧水政〔2020〕46号)报送给沧州市和德州市河湖长制办公室，以彻底解决漳卫新河河北岸存在的“四乱”问题。

截至12月底，累计排查统计“四乱”问题127个，其中“乱占”问题53个，“乱堆”问题3个，“乱建”问题71个；完成销号123个，累计清除违建房屋、蔬菜大棚28852m^2，虾池1500余亩，网箱700个，线杆640根，防护栏1排，堆放的碍洪渣土20800m^2，树障323276m^2，违建船厂4处。至此，沧州局管辖范围内船厂、虾池、鱼塘、河道网箱基本清除完毕。

（2）中央直管河道管理范围划定和公告工作。3月19日，召开水政工作会议，要求水管单位积极配合地方政府及相关部门，提供基础材料，尽快推进中央直管河道管理范围划定和公告工作。

6月20日，沧州局完成管理范围内的河湖管理范围划定和公告工作，成为漳卫南局直属单位中首家完成此项工作的单位。

（3）涉河建设项目。加大在建涉河建设项目的监督管理力度，开展涉河建设项目巡查，做好巡查记录。做好黄大铁路的监督管理工作，汛期加密检查监督，督促做好防汛预案工作，跨河大桥主体已完工。积极做好秦滨高速和滨海公路建设开工前的监督管理工作，做到全程科学监管；积极做好吴桥县2019年地下水超采综合治理农村生活用水置换项目的监督管理工作。

（4）河口管理。11月23日，与水闸管理局联合召开漳卫新河第五次河口联席会议，通报2020年度河口管理工作情况，就河口管理范围内违章建筑清理、联合执法、推进河长制工作等进行座谈交流，达成工作共识。要发挥好河道管理部门的执法主体及两岸河长的责任主体作用，统筹推进水事违法行为的核实查处；要规范河口开发利用，切实解决河湖管理中存在的职能交叉等问题；要进一步加强流域与区域、水利部门与其他部门联动协作执法机制，完善河口管理联席会议组织协调职能，共同打造造福两岸人民的幸福河口。

3. 水资源管理

（1）节水机关建设。3月27日，召开沧州局节水机关建设部署会，成立沧州局节水机关建设工作领导小组，负责统筹部署沧州局机关及局属各单位节水机关建设工作。

3月30日，印发《沧州局关于成立节水机关建设工作领导小组的通知》（沧水政〔2020〕27号）和《沧州局关于开展节水机关建设的通知》（沧水政〔2020〕28号），部署沧州局机关及局属各单位节水机关建设工作。

4月2日，印发《沧州局节水机关建设实施方案》、《沧州局局属单位节水机关建设工作方案》（沧水政〔2020〕34号），报请漳卫南局批复。4月23日，漳卫南局下发《漳卫南运河管理局关于沧州局节水机关建设实施方案和工作方案的批复》（漳资源〔2020〕22号），对沧州局和局属单位节水机关建设进行部署。

5月10—16日，在第29届“全国城市节水用水宣传周”到来之际，沧州局举办以“养成节水好习惯，树立绿色新风尚”为主题的一系列宣传活动，悬挂宣传条幅，设立“水利职工节约用水行为规范”宣传牌，制作了“节水用水主题宣传画”“全国城市节水宣传周由来”“节水倡议和节水常识”三块宣传展板，在单位公示栏张贴“沧州局节水机关建设倡议书”，在沧州局营造节水氛围，推动沧州局节水机关建设。

7月2日，制定印发《沧州局机关节水考核制度》、《沧州局机关用水巡回检查制度》《沧州局机关用水计量管理制度》、《沧州局机关用水设施设备维护制度》（沧水政〔2020〕67号），完善沧州局机关节水管理制度体系，实施用水精细化管理，推进节水机关建设。

7月15日，沧州局举办节水机关建设培训班，就水利行业节水型机关工作背景、目标任务、重点建设内容、节水机关验收、共性问题梳理、节水技术和小窍门等6个方面进行解读与交流，让干部职工树立惜水、节水、爱水意识，培养科学用水、节约用水的习惯。

9 月 30 日，印发《沧州局关于申请节水机关建设验收的报告》（沧水政〔2020〕109 号），认真总结节水机关建设组织领导、节水设施建设、用水精细化管理、非常规水利用、节水管理制度、节水宣传教育及节水成效等情况，对节水机关建设进行自评。

10 月 28 日，漳卫南局组织对沧州局机关和局属三级单位节水机关建设验收，沧州局机关和局属三级单位全部通过节水机关建设验收。

11 月 20 日，漳卫南局下发《漳卫南运河管理局关于节水机关建设验收结果和表彰节水机关建设先进单位的通报》（漳资源〔2020〕48 号），沧州局及所属东光河务局以优异成绩被评为漳卫南局节水机关建设先进单位。

(2) 取水口管理。7 月 1 日，制定印发《沧州河务局取水监督管理办法（试行）》（沧水政〔2020〕64 号），规范和加强取水监督管理。

7 月，完成沧州局管辖范围内 23 个办证取水口和 9 个未办证取水口管理台账建立工作，严格取用水管理，深入实施最严格水资源管理制度。

8 月 4 日，制定印发《沧州局关于印发取用水管理专项整治行动工作方案和 2020 年工作计划的通知》（沧水政〔2020〕84 号）；8 月 25 日，召开沧州局取水口管理专项整治行动部署会，积极开展取用水专项活动，推进“合理分水、管住用水”水资源管理目标的实现。

9 月 30 日，完成沧州局所辖范围内取水口核查登记及信息审核工作。

（柴广慧）

【经济工作】

1. 经济工作会议

4 月 17 日，沧州局召开经济工作会议，全面总结分析 2019 年经济运行情况，结合沧州局经济形势，安排部署 2020 年重点经济工作。

2. 财经制度

4 月 1 日，制定印发《沧州河务局固定资产管理办法》（沧财〔2020〕30 号），加强固定资产管理，确保固定资产的安全完整。

4 月 27 日，制定印发《沧州河务局财务管理制度》（沧财〔2020〕43 号），进一步加强财务管理，规范财务行为。

6 月 8 日，制定印发《沧州河务局差旅伙食费和市内交通费收交管理暂行办法》（沧财〔2020〕56 号），严肃财经纪律，规范差旅伙食费和市内交通费收交管理。

8 月 18 日，制定印发《沧州河务局合同管理制度》（沧财〔2020〕90 号），加强合同管理，规范合同程序。

11 月 19 日，修订印发《沧州河务局差旅费管理办法》（沧财〔2020〕124 号），进一步加强差旅费报销管理。

12 月 24 日，修订印发《沧州河务局经济创收考核办法》（沧财〔2020〕137 号），充分调动各单位创收积极性，增强沧州局整体经济实力和持续发展能力。

3. 资产清查工作

6 月 22 日，印发《沧州局关于报送〈2019 年度行政事业单位国有资产报表〉等决算的报告》(沧财〔2020〕59号),完成国有资产决算工作,并报送漳卫南局。

7月2日,印发《沧州局关于固定资产报废的请示》(沧财〔2020〕66号),对沧州局拟报废资产进行请示。

9月7日,漳卫南局印发《漳卫南运河管理局关于沧州局固定资产报废的批复》(漳财务〔2020〕31号),对沧财〔2020〕66号文件进行批复,批复沧州局处置报废资产1290618.07元。

4. 经济创收

11月,借助堤防土地资源优势,大力开展经营创收,按照《沧州局树木采伐管理办法》,按程序完成8km堤防的2.2万余棵树木的采伐,总计收入62万元。11月,紧抓涉河项目机遇,收取秦滨高速大桥占压补偿费300万元,极大地弥补了经费不足。深入挖掘闲置资产增收潜力,对闲置资产实行统一管理,2020年出租收入9.7万元。

5. 审计工作

(1)5月25日至6月1日,漳卫南局对沧州局原局长饶先进自2014年4月至2019年11月任职期间进行经济责任审计,在内部控制制度执行、预算编制、会计核算、固定资产管理方面提出相关的审计意见。

(2)11月7—12日,北京德源信恒会计师事务所受海委委托,对沧州局2019年至2020年9月预算执行等情况进行检查,对内控建设、资产管理、政府采购等方面提出意见。12月30日,沧州局将检查问题的整改情况上报漳卫南局(沧财〔2020〕138号)。

6. 东光老基地置换

3月6日,东光县人民政府就拟占用东光河务局秦村镇张彦恒村老基地进行新农村安居改造工程事宜致函沧州局。8月4日,沧州局对东光县人民政府复函,支持此项目的实施,并提出沧州局意见。

(柴广慧)

【人事管理】

1. 表彰奖励

(1)2月10日,张勇、杜晓娜、刘维艳、张轶天、纪情情、王德、张宝恒、王刚、乔庆明2019年度考核确定为优秀等次,予以嘉奖一次。王刚2017—2019年连续三年考核被确定为优秀等次,记三等功一次(沧人〔2020〕14号)。

2月10日,授予齐军、林立新、李肖洁、王蕾、王莹、王健、张雨、范福林、王丙会、张俊平、高洁2019年度“先进个人”荣誉称号(沧人〔2020〕14号)。

(2)2月28日,经漳卫南局党委研究决定:沧州局张同信、陈俊祥2019年度考核确定为优秀等次,予以嘉奖。

(3)5月7日,漳卫南运河沧州局驻海兴县小徐村工作被评为良好等次。其中魏浩考核为优秀等次。刘铁民、潘建勇考核为称职。

2. 人事制度

6月3日,制定印发《沧州局劳动纪律管理办法》(沧人〔2020〕55号),切实加强机关工作作风,严肃工作纪律。

9 月 28 日，制定印发《沧州局参照公务员法管理人员考核办法（试行）》（沧人〔2020〕108 号），激励参照公务员法管理人员担当作为，提高工作效能，促进沧州局事业发展。

12 月 7 日，制定印发《沧州河务局事业人员年度考核办法（试行）》（沧人〔2020〕129 号），以正确评价事业编制人员的德才表现和工作实绩，规范考核工作，建设高素质的职工队伍。

12 月 14 日，制定印发《沧州河务局所属企业职工薪酬分配管理办法（试行）》（沧人〔2020〕134 号），规范沧州局所属企业薪酬分配管理。

3. 机构设置与调整

(1) 1 月 29 日，成立应对新型冠状病毒感染肺炎疫情工作领导小组（沧党〔2020〕5 号），成员组成如下。

组　长：张同信

副组长：陈俊祥　刘　洋

主　任：刘　洋

成　员：齐　军　张　勇　林立新　刘维艳　刘艳海　张广霞　王　刚　乔庆明

领导小组办公室设在局办公室，负责相关工作的组织开展。

(2) 2 月 17 日，调整党风廉政建设责任制领导小组成员（沧党〔2020〕6 号），成员组成如下。

组　长：张同信

副组长：陈俊祥　刘　洋

成　员：刘艳海　刘维艳

领导小组办公室设在人事（监察审计）科。

(3) 3 月 12 日，成立固定资产报废鉴定领导小组（沧财〔2020〕19 号），成员组成如下。

组　长：陈俊祥

成　员：刘艳海　林立新　张轶天　崔金峰　乔庆明　王　刚

(4) 3 月 23 日，成立 2019 年度职称审核小组（沧人〔2020〕21 号），成员组成如下。

组　长：张同信

副组长：刘　洋

成　员：刘维艳　王　蕾

(5) 3 月 27 日，调整沧州局水利工程维修养护工作领导小组成员（沧工〔2020〕23 号），成员组成如下。

组　长：张同信

副组长：陈俊祥

成　员：刘艳海　张　勇　林立新　刘维艳　张轶天

(6) 3 月 27 日，调整沧州局水利工程维修养护质量监督检查小组成员（沧工〔2020〕24 号），成员组成如下。

组　长：陈俊祥

成　员：张铁天　王　莹

（7）3 月 27 日，调整安全生产管理机构人员（沧工〔2020〕25 号），成员组成如下。

组　长：张同信

副组长：陈俊祥

成　员：张铁天　刘艳海　张　勇　林立新　刘维艳　张广霞　王　刚　乔庆明

安全生产领导小组办公室设在工程管理科，负责安全生产领导小组日常工作，安全生产办公室主任由张铁天兼任，联系人员如下。

专职联系人：田文秀

兼职联系人：高　洁　霍　伟　王　温　范福林　李　超　郭庆凯　王虹锦　刘　伟

局属各单位第一责任人如下。

吴桥局：王　健

东光局：王宝军

南皮局：王丙会

盐山局：孙世军

海兴局：王　德

沧盛公司：任　一

（8）3 月 30 日，成立节水机关建设工作领导小组（沧水政〔2020〕27 号），成员组成如下。

组　长：张同信

副组长：陈俊祥

成　员：刘艳海　张　勇　林立新　王　刚　乔庆明

领导小组下设办公室，承担领导小组的日常工作，领导小组办公室设在水政科，办公室主任由张勇兼任，办公室副主任由乔庆明兼任。

（9）4 月 1 日，成立水利档案规范化建设工作小组（沧办〔2020〕32 号），成员组成如下。

组　长：刘　洋

成　员：刘艳海　林立新　张铁天　王宝军　孙世军　齐　军　柴广慧

档案规范化建设工作小组办公室设在局办公室，负责档案规范化建设的日常工作，办公室主任由刘艳海兼任，各单位、部门专兼职人员包括：刘立红、李肖洁、高洁、范福林、王倩、纪情情、董传奇。

（10）4 月 3 日，成立东光局老基地拆迁置换建设工作领导小组（沧办〔2020〕36 号），成员组成如下。

组　长：张同信

副组长：刘　洋

成　员：刘艳海　林立新　张铁天　王　刚　王宝军　闫清华

东光局老基地拆迁置换建设工作全面结束后领导小组自行解散。

（11）4 月 20 日，成立 2020 年沧州局水利工程确权划界项目管理办公室（简称“项目办”）（沧工〔2020〕41 号），项目办主任由陈俊祥担任，项目办下设综合、技术质检、财务等3个小组，组成人员及职责分工如下。

1）综合组：王德，负责项目质量管理、综合协调等工作。

2）技术质检组：张铁天、王莹，负责项目质量监督检查、资料汇编等工作。

3）财务组：林立新、崔金峰，负责项目资金管理及审计。

该机构为临时机构，项目完成后，自行撤销。

(12) 5月20日，调整2020年水旱灾害防御组织机构（沧工〔2020〕48号），成员组成如下。

1）局水旱灾害防御工作领导小组。

组　长：张同信

副组长：陈俊祥　刘　洋

成　员：张铁天　刘艳海　刘维艳　张　勇　林立新　张广霞　王　刚　乔庆明

2）局领导水旱灾害防御工作职责及包河分工如下：张同信负责局水旱灾害防御全面工作；陈俊祥分管吴桥、东光局水旱灾害防御工作，负责局水旱灾害防御日常工作及技术工作；刘洋分管南皮、盐山、海兴局水旱灾害防御工作。

3）职能组。沧州局水旱灾害防御工作设立4个职能组，各组组长由相应科室主要负责人担任，若其工作岗位发生变动由继任者担任。

水情工情组

组　长：张铁天

副组长：张　勇　刘国强　张新华

成　员：主要由工管科和水政科人员组成

后勤保障组

组　长：乔庆明

副组长：王　刚

成　员：主要由后勤服务中心和综合事业中心人员组成

宣传报道组

组　长：刘艳海

副组长：刘维艳　乔　霞　崔金峰　柴广慧

成　员：主要由办公室和人事科人员组成

物资保障组

组　长：林立新

副组长：张广霞

成　员：主要由财务科和工会人员组成

(13) 7月14日，调整党风廉政建设责任制领导小组（沧党〔2020〕18号），成员组成如下。

组　长：张同信

副组长：陈俊祥　刘　洋　张华雷

成　员：刘艳海　刘维艳

领导小组办公室设在人事（监察审计）科。

(14) 7月21日，调整党建工作领导小组（沧党〔2020〕19号），成员组成如下。

组 长：张同信

副组长：陈俊祥 刘 洋 张华雷

成 员：刘艳海 刘维艳 崔金峰

办公室设在局办公室（党办），主任由刘艳海兼任。

(15) 7月21日，调整沧州局水利档案规范化建设工作领导小组（沧办〔2020〕79号），成员组成如下。

组 长：张华雷

成 员：刘艳海 林立新 张铁天 王宝军 孙世军 柴广慧

档案规范化建设工作领导小组办公室设在沧州局办公室，负责档案规范化建设的日常工作，办公室主任由刘艳海兼任。

(16) 8月12日，成立2020年秋季树木更新采伐领导小组（沧工〔2020〕88号），成员组成如下。

组 长：张华雷

成 员：林立新 张铁天 崔金峰 王 刚 王 健 王宝军 王丙会 孙世军 任 一

沧州局2020年秋季树木更新采伐领导小组下设办公室，办公室设在沧州局综合事业中心，负责树木更新采伐过程中相关事宜，该小组相关工作结束后自行撤销。

(17) 9月3日，成立水利部督查办检查发现问题整改领导小组（沧工〔2020〕93号），成员组成如下。

组 长：张同信

副组长：刘 洋

成 员：王 健 王宝军 王丙会 孙世军 王 德 张铁天 崔金峰

(18) 9月4日，成立软件正版化工作领导小组（沧办〔2020〕94号），成员组成如下。

组 长：张同信

副组长：张华雷

成 员：刘艳海 张 勇 林立新 刘维艳 张铁天 张广霞 王 刚 乔庆明 王 健 姜天钊 王丙会 孙世军 王 德 任 一

软件正版化工作领导小组下设办公室，设在沧州局综合事业中心，承办相关具体工作，主任由综合事业中心主任王刚兼任。

(19) 9月22日，成立职工思想政治工作领导小组（沧办〔2020〕101号），成员组成如下。

组 长：张同信

副组长：陈俊祥 刘 洋 张华雷

成 员：刘艳海 张 勇 林立新 刘维艳 张铁天 张广霞 王 刚 乔庆明 王 健 姜天钊 王丙会 孙世军 王 德 任 一

(20) 10月26日，调整审计工作领导小组成员（沧审〔2020〕112号），成员组成如下。

组　长：张同信

副组长：陈俊祥

成　员：刘艳海　林立新　刘维艳　崔金峰

(21) 11 月 5 日，调整沧州局关于行政事业单位内部控制基础性评价领导小组（沧财〔2020〕114 号），成员组成如下。

组　长：张同信

副组长：陈俊祥

成　员：刘艳海　张　勇　林立新　刘维艳　张铁天　张广霞　崔金峰　王　刚
　　　　乔庆明

(22) 11 月 25 日，成立网络安全与信息化领导小组（沧办〔2020〕128 号），成员组成如下。

组　长：张同信

副组长：张华雷

成　员：刘艳海　张　勇　林立新　刘维艳　张铁天　张广霞　王　刚　乔庆明
　　　　王　健　王丙会　姜天钊　孙世军　王　德　任　一

网信领导小组下设办公室（以下简称"网信办"），设在沧州局综合事业中心，网信办主任由综合事业中心主任兼任，成员由综合事业中心有关人员组成，承担网信领导小组日常工作。

4. 人事任免

(1) 2 月 10 日，任命刘艳海为办公室（党委办公室）主任、一级主任科员，刘维艳为人事（监察审计）科科长（试用期一年）；免去齐军办公室（党委办公室）主任、一级主任科员，刘艳海工程管理科科长、一级主任科员，刘维艳人事科（监察审计）科副科长（沧人〔2020〕12 号）。

(2) 2 月 10 日，任命齐军为南皮河务局一级主任科员（沧任〔2020〕13 号）。

(3) 2 月 10 日，任命孙世军为盐山河务局局长（试用期一年）（沧任〔2020〕11 号）。

(4) 6 月 22 日，任命张铁天为工程管理科（防汛抗旱办公室）科长（试用期一年），李肖洁为财务科副科长（试用期一年）；免去张铁天工程管理科（防汛抗旱办公室）副科长，李肖洁财务科一级主任科员（沧任〔2020〕60 号）。

(5) 6 月 22 日，任命王丙会为南皮河务局局长（试用期一年）。免去王丙会南皮河务局副局长、三级主任科员（沧任〔2020〕61 号）。

(6) 7 月 2 日，漳卫南局党委任命张华雷为水利部海委沧州局副局长（试用期一年）（漳任〔2020〕38 号）。

(7) 7 月 20 日，任命曹吉霖为吴桥河务局一级科员（沧任〔2020〕76 号）；任命刘莹莹为南皮河务局四级主任科员（沧任〔2020〕77 号）。

(8) 7 月 27 日，任命王莹为工程管理科（防汛抗旱办公室）副科长（试用期一年），免去王莹工程管理科（防汛抗旱办公室）一级科员（沧任〔2020〕82 号）。

(9) 12 月 18 日，任命赵明为财务科四级主任科员，邹立微为人事（监察审计）科四级主任科员，田文秀为吴桥河务局四级主任科员。免去田文秀工程管理科（防汛抗旱办公室）四级主任科员，赵明东光河务局四级主任科员，邹立微海兴河务局四级主任科员（沧任〔2020〕135号）。

5. 职级并行

（1）8月11日，经漳卫南局党委2020年7月31日研究决定，晋升崔金峰职级如下：崔金峰任沧州局四级调研员，职级任职时间自2020年7月起算（漳任〔2020〕61号）。

（2）11月30日，经中共海委党组研究，晋升张同信为漳卫南局所属正处级参照公务员法管理机关二级巡视员，职级任职时间自2020年10月起算（海任〔2020〕34号）。

6. 人员变动

（1）7月13日，张华雷由漳卫南局调入沧州局。

（2）10月27日，新录用参照公务员法管理人员徐明珠到沧州局报到。

7. 职称评定与岗位聘任

7月8日，潘建勇取得工程师任职资格（漳人事〔2020〕44号）。7月28日，沧盛水利工程有限公司聘任潘建勇为工程师（沧盛综〔2020〕6号）。

7月25日，王虹锦取得助理工程师任职资格（漳人事〔2020〕44号）。7月28日，沧州局聘任王虹锦为专业技术十二级（沧人〔2020〕85号）。

8. 干部交流

（1）参照公务员法管理人员海兴局邹立微5—12月借调到人事科，东光局赵明5—12月借调到财务科，南皮局齐军借调到盐山局，盐山局王宝军借调到东光局，盐山局纪情情借调到机关办公室。

（2）后勤中心王培借调到办公室，综合事业中心高洁借调到工程管理科。

（3）7—9月，沧州局办公室主任刘艳海赴西藏阿里开展“组团式”援助工作。

（4）东光局局长姜天钊借调到海委河湖管理处水域岸线科挂职交流一年，时间自2019年11月至2020年11月（办人事〔2019〕27号）。

9. 社会保险工作

自2020年1月1日起，机关事业单位养老保险按河北省社保要求，按月缴纳基本养老保险和职业年金。合同制退休职工6人暂在山东省社保参保。

1月，完成在职职工62人的2020年度公务员医疗补助、大额医疗补助，2020年度上半年基本医疗保险的缴费工作。7月，完成2020年下半年基本医疗保险的缴费工作。每月按时足额缴纳沧州局在职职工工伤保险。

10. 职工培训

按照2020年度培训计划，以线下培训、职工自学和网络选学相结合的方式开展教育培训。全年举办水旱灾害防御能力、安全生产、消防基本知识、水行政执法、廉政专题、新时代公民道德、爱国主义教育等36个线下培训班，培训610余人次。

11. 地方财政补助

（1）2020年1月，沧州市财政局拨付2019年精神文明创建奖和一次性生活补助106.88万元（沧市财预〔2020〕5号）。

（2）2020年7月，2019年度目标绩效管理奖（生活补助）需要经费167万元，申请沧州市财政资金补助 83.5 万元。

（柴广慧）

【安全生产】

1. 表彰先进

3 月 5 日，沧州局印发《沧州局关于表彰 2019 年度工程管理和安全生产先进单位的决定》（沧工〔2020〕17 号），授予吴桥河务局、南皮河务局“2019 年度安全生产先进单位”荣誉称号。

4 月 20 日，漳卫南局印发《漳卫南运河管理局办公室关于 2019 年安全生产监督管理工作考核情况并表彰 2019 年度安全生产工作先进单位的通知》（办监督〔2020〕4 号），沧州局被授予“2019 年度漳卫南局系统安全生产工作先进单位”荣誉称号。

2. 安全生产会议

4 月 10 日，组织召开 2020 年安全生产工作会议，传达漳卫南局 2020 年安全生产工作会议精神，总结 2019 年安全生产工作，安排部署 2020 年安全生产工作目标任务，对全年安全生产工作提出具体要求。

3. 安全生产检查

2020 年，认真开展安全生产检查和隐患排查，对安全生产重点和隐患建立台账，实现整改措施、资金、期限、责任人和应急预案的“五落实”。采取有效措施加强安全隐患和风险管控，筹措资金更换变压器电线、进行公车保养等，消除安全隐患。

4. 安全生产月活动

6 月，沧州局举办以“消除事故隐患，筑牢安全防线”为主题的安全生产知识培训班，学习《沧州局 2020 年“安全生产月”活动实施方案》，观看 2020 年安全生产月宣传影片《命脉》《猝死急救“黄金四分钟”》。

5. 应急管理工作

10 月，沧州局组织召开安全生产暨消防知识培训班，学习传达《漳卫南运河管理局生产安全事故隐患排查治理规定（试行）》《漳卫南运河管理局生产安全事故应急预案》精神，讲解消防安全知识技能，组织全体职工进行突发事故疏散演练。11 月，修订印发《沧州河务局安全生产事故应急预案》，提升应急处置能力。

6. 安全生产标准化创建工作

7 月，制定印发《沧州局 2020—2022 年水利安全生产标准化建设工作实施方案》，对照《水利工程管理单位安全生产标准化评审标准》上一级创建标准要求，查漏补缺，整改提高，完成提档升级工作。

7. 安全生产风险管控工作

7 月，组织系统学习《水利部海河水利委员会工程运行管理单位安全风险防控手册（水闸、堤防类）》（以下简称《防控手册》）及相关规范、规程，制定印发《沧州局 2020 年安全风险管控工作实施方案》《沧州局安全生产专项整治三年行动实施方案》。

11 月，根据 2020 年海委工程运行管理单位安全风险防控试点工作的要求，沧州局组织开展东光河务局危险源辨识工作。工作人员对照《防控手册》，逐条梳理东光局堤防工程资料，逐一比对东光局的危险源清单，对5类106项危险源进行现场辨识和确认，为下一步开展风险防控和评估工作奠定了基础。

（柴广慧）

【综合管理】

1. 工作会议

3月19日，沧州局组织召开2020年工作会议，全面落实海委、漳卫南局工作会议部署，回顾总结沧州局前期各项工作取得的新进展，研究探讨新形势下沧州局重点任务，安排部署2020年重点工作。7月15日，沧州局组织召开2020年年中工作会议。

2. 调整领导分工

（1）2月12日，调整局领导分工如下（沧办〔2020〕15号）。

张同信：党委副书记、局长，主持党委、行政全面工作，联系海兴局。

陈俊祥：党委委员、副局长，负责水政水资源管理、水行政执法、纪检、监察、审计、财务、工程管理、防汛抗旱工作，分管水政水资源科（水政监察支队）、监察审计科、财务科、工管科（防办），联系吴桥局、东光局、沧盛公司。

刘洋：党委委员、副局长，负责行政管理、精神文明建设、档案管理、人事管理、工会、综合经营、信息通信、后勤工作，分管办公室、人事科、工会、综合事业管理中心（信息中心）和后勤服务中心，联系南皮局、盐山局。

（2）7月14日，调整局领导分工如下（沧办〔2020〕71号）。

张同信：党委副书记、局长，主持党委、行政全面工作。

陈俊祥：党委委员、副局长，负责水政水资源、水行政执法、河长制、纪检、监察、审计、财务工作，分管水政水资源科（水政监察支队）、监察审计科、财务科，联系海兴局、沧盛公司。

刘洋：党委委员、副局长，负责工程管理、防汛抗旱、安全生产、人事、工会工作，分管工管科（防汛抗旱办公室）、人事科、工会，联系吴桥局、东光局。

张华雷：党委委员、副局长，负责机关党务政务、水利宣传、精神文明建设、档案管理、综合经营、信息化建设、后勤管理工作，分管办公室、综合事业管理中心和后勤服务中心，联系南皮局、盐山局。

3. 表彰先进

2月28日，沧州局印发《沧州局关于表彰2019年度先进单位、先进集体的决定》（沧办〔2020〕16号），授予海兴河务局、东光河务局“沧州河务局2019年度先进单位”荣誉称号，授予人事科、水政科“沧州河务局2019年度先进集体”荣誉称号。

4. 制度建设

3月30日，印发《沧州局关于集中开展制度建设工作的通知》（沧办〔2020〕29号），部署制度废改立工作。

4月15日前，各单位、各部门在全面开展自查，摸清现有规章制度底数的基础上，查找制度建设方面存在的突出问题和短板，研究提出本单位（部门）制度建设清单。4月20日，梳理汇总沧州局制度建设清单，上报漳卫南局。

按照制度制修订计划，沧州局全年共制修订制度40余个，其中综合管理方面的制度如下。

7月16日，制定印发《沧州河务局工会经费福利支出管理办法》（沧工会〔2020〕72号），加强工会经费福利支出管理，规范工会经费使用；制定印发《沧州河务局女职工劳动保护特别规定》（沧工会〔2020〕73号）。

9月1日，修订印发《沧州河务局工会困难职工帮扶实施办法》（沧工会〔2020〕92号），推进做好困难职工帮扶工作。

10月28日，修订印发《沧州河务局突发事件应急预案》，提高处置突发事件能力；修订印发《沧州河务局公文处理办法》（沧办〔2020〕113号），规范公文处理流程。

11月19日，修订印发《沧州河务局信息宣传工作管理办法》（沧办〔2020〕121号）；修订印发《沧州河务局行政工作会议制度》（沧办〔2020〕122号）；修订印发《沧州河务局公务出差审批管理办法》（沧办〔2020〕123号）。

5. 宣传工作

4月25日，《防疫不松懈　发展不动摇——海委漳卫南运河沧州河务局防疫发展两手抓》在《中国水利报》4594期上刊发。

6. 档案管理

4月1日，成立沧州局水利档案规范化建设工作小组，负责领导、协调沧州局水利档案规范化建设工作，研究解决档案规范化管理申报评估工作中的重大问题。

4月3日，沧州局全面启动档案规范化管理工作，组织小组成员集体学习《水利档案工作规范化管理综合评估办法》，逐条理解分析具体要求，梳理档案管理工作中存在的问题和差距，深入研讨整改措施和方案，制定档案规范化管理工作规划。

6月28日，组织开展档案工作规范化管理培训演练，补齐档案工作规范化管理中存在的短板，提升档案规范化管理水平。

7月21日，制定印发《沧州河务局档案管理突发事件应急处置预案》（沧办〔2020〕80号），建立健全档案安全管理工作机制，提高应对各种灾害的应急救援能力。

8月12日，制定印发《沧州河务局档案工作制度》《沧州河务局文书档案管理制度》《文书档案归档范围及保管期限表》《沧州河务局会计档案管理制度》《会计档案归档范围及保管期限表》《沧州河务局科技档案管理制度》《科技档案归档范围及保管期限表》《沧州河务局音像档案管理办法》《声像、照片档案归档范围及保管期限表》《沧州河务局档案借阅制度》《沧州河务局档案保密制度》《沧州河务局档案统计制度》《沧州河务局档案鉴定销毁制度》《沧州河务局档案管理人员岗位职责》（沧办〔2020〕87号）。

8月27日，组织开展新修订的《中华人民共和国档案法》宣传活动。

6月18—19日、8月4—5日、10月10日，沧州局水利档案规范化建设工作小组通过听汇报、看现场、查资料等方式，多次对沧州局机关和东光局、盐山局档案规范化管理工作进行督导检查，扎实推进档案规范化管理工作。

11月3—4日，沧州局机关和盐山局、东光局顺利通过海委档案规范化管理达标验收。

7. 目标管理

9月28日，修订印发《沧州河务局目标管理办法》（沧办〔2020〕107号），规范目标管理考核流程，提升考核工作质量和效率。

11月5日，修订印发《沧州局2020年目标管理指标体系》（沧办〔2020〕115号）。

12月1—2日，漳卫南局对沧州局进行年终目标管理考核。

12月16—18日，沧州局对各部门、各单位开展年终目标管理考核，东光局、海兴局被评选为“沧州河务局2020年度先进单位”，办公室、水政科被评选为“沧州河务局2020年度先进集体”，盐山局、海兴局被评选为“沧州河务局2020年度宣传工作先进单位”，工管科、人事科被评选为“沧州河务局2020年度宣传工作先进集体”，纪情情、杜晓娜、张宝恒被评选为“沧州河务局2020年度宣传工作先进个人”。

8. 食堂建设

5月11日，经过两个多月的深入调查研究和精心准备，机关食堂开业，为职工提供卫生、营养、健康的就餐服务，满足广大职工的意愿和诉求。以食堂为平台，在餐桌、墙壁等醒目处张贴宣传画，开展“节约粮食，反对浪费”宣传活动，倡议职工节约从自我做起，自觉加入光盘行动；9月28日，组织职工开展厨艺大赛，增进职工友谊，和谐机关氛围。

（柴广慧）

【党建工作】

1. “不忘初心、牢记使命”主题教育

4月24日，沧州局召开“不忘初心、牢记使命”主题教育总结会议。5月27日，漳卫南局机关党委对沧州局“不忘初心、牢记使命”主题教育问题整改落实情况进行检查，指出沧州局在形式主义、组织建设、主体责任落实等方面存在的问题。6月，沧州局以问题为导向，集中开展“不忘初心、牢记使命”主题教育专项整治落实，并将整改落实情况报至漳卫南局。

2. 巡察整改回头看

沧州局对存在的主体责任落实有缺位、党建工作不规范等4个方面9项13个具体问题认真整改。6月对整改措施、整改情况进行总结梳理。8月19—21日，漳卫南局党委巡察“回头看”第四检查组对沧州局巡察整改工作进行检查。11月，漳卫南局党委巡察“回头看”第四检查组对沧州局巡察“回头看”进行反馈，进一步指出沧州局存在的问题，并提出意见和建议。沧州局党委针对问题，结合漳卫南局意见和建议，制订方案，明确整改要求、整改措施、责任领导和部门及整改时限，逐项整改。12月，沧州局党委对党委中心组理论学习不够深入、“三会一课”制度执行不严格等四方面问题的整改措施和整改情况进行总结梳理，报送至漳卫南局。

3. “灯下黑”专项整改

6月，沧州局党委对照“灯下黑”问题具体表现，结合主题教育、巡察等发现的党建突出问题，从四个方面逐条分析排查，查找短板弱项，剖析根源，探讨研究整治措施，制定沧州局党委开展“灯下黑”问题专项整治方案，认真开展问题整治。12月，对“灯下黑”问题专项整治情况进行全面总结，共完成8个“灯下黑”问题的专项整治。

4. 强化政治机关意识教育活动

7月，部署开展强化政治机关意识教育工作，明确专题学习、知识测试、领导干部讲党课等工作的具体时间。

7—12月，按照总体部署，分别开展“机关党建的重要性”和“如何加强机关党建工作”等专题学习活动；组织各党支部开展“牢记初心使命、弘扬优良家风”主题党日活动，观看纪录片《守望家风——家·国》；开展党员应知应会测试，领导班子讲党课以及“模范科室”“模范单位”评选表彰活动，授予办公室、水政科“模范科室”荣誉称号，授予东光河务局、海兴河务局“模范单位”荣誉称号。

5.“模范机关”创建活动

8月26日，制定印发《沧州局创建“让党中央放心、让人民群众满意的模范机关”实施方案》（沧党〔2020〕24号），对创建模范机关主要任务进行分解，明确责任部门和单位，细化措施，确保创建成效。

6. 党员教育培训

2020年年初，制定理论中心组学习计划，年内按照计划完成党委中心组集中学习12期。落实领导班子成员讲党课，5月、6月、8月、10月、12月，沧州局领导班子成员分别主讲《从严治党》《公职人员政务处分法为监察机关实施政务处分提供法律依据》《认真学习新党章，严格遵守新党章》《一体推进不敢腐不能腐不想腐是新时代全面从严治党重要方略》《做严守政治纪律和政治规矩的明白人》等主题党课。

按照2020年年初制定的培训计划，开展党员教育培训学习。按要求组织党员干部参加上级单位调训的同时，开展集中培训、职工自学和网络培训，圆满完成全年教育培训工作计划和任务。特别是党员干部通过“学习强国”App开展学习的热情高涨，自“学习强国”网络平台开学以来，沧州局党员干部的平均日学习积分达40分以上，稳居沧州市直机关第一。

7. 基层党组织建设

4月起，海兴局党支部开展沧州市直工委组织的“百强党支部”创建活动，对照百强党支部申报条件查漏补缺，修订完善规章制度，落实“三会一课”制度，收集完善党建资料，设立党建资料室。

8月，完成沧州局机关党支部支委会换届选举工作，设立了盐山局党支部和沧盛公司党支部，对盐山局党支部、海兴局党支部、沧盛公司党支部和离退休党支部书记进行了任命。9月，党委负责人张同信和新任党支部书记进行任职谈话。11月，组织开展党支部书记培训班，观看《基层党务规范化》系列小视频，学习《推进新时代党支部规范化建设》专题知识；编制完成《沧州河务局党支部工作手册》并分发给各党支部委员，供日常工作参考使用。

8. 庆祝建党99周年系列活动

中国共产党成立99周年来临之际，沧州局组织开展系列纪念活动，举办党纪党规知识测试、庆“七一”讲党课、观看红色电影《百团大战》《八佰》和红色学习教育，激发全局党员继承发扬党的优良传统，立足岗位发挥先锋模范作用。

9. 叶建春副部长专题党课学习方案

11 月，制定印发《沧州局党委叶建春副部长专题党课学习方案》，组织开展叶建春副部长专题党课三个专题的学习，完成交流发言材料 17 篇。

10. 表彰奖励

11 月 19 日，中共沧州市直工委印发《中共沧州市委市直机关工作委员会关于表彰“学习强国”平台推广使用工作先进学习组织和先进学习个人的通知》（沧直字〔2020〕35 号），沧州局被授予市直机关“学习强国”平台推广使用工作先进单位。

11 月 27 日，沧州市委市直工委印发《中共沧州市委市直机关工作委员会关于命名第六批“百强党支部”的决定》（沧直发〔2020〕5 号），海兴局党支部被命名为“百强党支部”。

12 月 8 日，沧州市委市直工委印发《中共沧州市委市直机关工作委员会关于命名“百个党员模范岗”和“百名模范共产党员”的决定》（沧直发〔2020〕6 号），沧州局刘艳海同志被评为沧州市“模范共产党员”。

11. 共青团建设

9 月 15 日，向漳卫南局请示改选共青团沧州局委员会事宜（沧办〔2020〕96 号），拟设委员 5 名，其中书记 1 名。沧州局团委委员候选人建议名单（按姓氏笔画排序）：王莹、纪情情、杜晓娜、李鹏飞、张雨、邹立微、高洁。沧州局团委书记候选人建议名单：王莹。

12 月 14 日，召开共青团沧州局委员会全体会议暨沧州局青年职工座谈会，选举产生新一届共青团沧州局委员会，王莹当选为书记，邹立微为组织委员，纪情情为宣传委员，李鹏飞为生活委员，张雨为文体委员。座谈会交流讨论青年职工工作中面临的实际问题、需要帮助解决的困难和对沧州局未来发展的意见建议。

（柴广慧）

【纪检监察和党风廉政建设】

1. 党风廉政建设工作部署

3 月 19 日，沧州局召开 2020 年度党风廉政建设工作会议。会议学习中央纪委十九届四中全会精神，传达漳卫南局党风廉政建设工作会议精神，对全年党风廉政建设和反腐败工作进行安排部署。

4—6 月，沧州局党委先后制订了年度党风廉政建设主体责任、监督责任两个清单，细化分解了全年党风廉政建设责任；6 月，制定印发《沧州局党委 2020 年全面从严治党工作要点》（沧党〔2020〕11 号），细化量化党风廉政建设工作。

2. 廉政教育学习

6 月，研究制定《沧州局 2020 年廉政警示教育活动工作方案》（沧党〔2020〕12 号），继续推行“每月一学习、季度一考试、全年一报告”反腐倡廉教育常态化机制，对廉政警示教育大会、观看廉政警示教育片、廉政党课和廉政风险点安全检查等内容进行部署。

全年召开廉政警示教育大会 2 次，职工廉政教育培训 8 次，组织观看警示教育纪录片《从严治党永远在路上》《贪欲之害——辽宁省铁岭市原市委书记吴野松案件警示录》等正、反面典型视频4次，通报学习沧州市和水利行业发生的廉政模范事迹和违规违纪反面典型案例2次，党规党纪测试4次，廉政党课4期。通过教育培训活动，大家吸取经验教训，牢固树立正确的人生观、世界观、价值观，坚定廉洁从政的信念，强化为人民服务的远大理想。

3. 监督执纪工作

严格落实中央“八项规定”精神，切实压缩会议培训、文件简报、公务用房使用、公务用车运行等各项支出，使之严格控制在预算范围内。开展多层级廉政约谈5次。“五一”、中秋节、国庆节、春节等重要时间节点进行廉政提醒，对车辆封存、食堂封闭及值班情况开展“四不两直”式的检查，发现苗头及时提醒。全年对基层单位开展廉政检查2次。

10月，创新监督管理机制，把监督挺在前，强化日常监督提醒，为局属副科级以上领导干部制作动态廉政提醒卡。

（柴广慧）

【精神文明建设】

1. 和谐社会共创活动

6—7月，10余名党员及入党积极分子参加沧州市委市直机关工作委员会开展的“扮靓大运河·创城有我行”党员志愿活动。9月，沧州市市直机关工委召开“扮靓大运河·创城有我行”党员志愿服务活动表彰大会，沧州局职工赵明被授予“优秀个人”称号。10月，组织开展“捐出你一天的收入，奉献你的一份真情”为主题的“博爱一日捐”活动，机关47人共捐款4000元，及时送交沧州市红十字会。

2. 和谐机关建设

3月，依托网络组织开展纪念“三八”国际妇女节活动，向沧州局全体女职工发出以“立足岗位，争做最美巾帼奋斗者”的倡议。倡导全体女职工众志成城，共克时艰，在新冠肺炎疫情防控和本职工作中展现巾帼作为。二是组织女职工利用网络、微信收看以“关注女性健康”为主题的妇女健康知识讲座视频。

4月，开展以“迎五一、爱劳动、美环境”为主题的大扫除活动，净化、美化工作环境，提高卫生质量，愉悦职工心情，增强职工凝聚力，让职工过一个有意义的劳动节。

5月，组织干部职工开展《新时代公民道德建设实施纲要》《新时代爱国主义教育实施纲要》学习教育培训活动。沧州局职工赵明家庭被漳卫南局评为孝老爱亲类最美家庭。

5月，以食堂为平台，在餐桌、墙壁等醒目处张贴宣传画，开展“节约粮食，反对浪费”宣传活动，倡议职工节约从自我做起，自觉加入“光盘行动”。

6月，沧州局组织全局在职职工、离退休职工及临时工近130余人，在沧州二院健康体检中心进行了全面细致的健康体检。

7月，沧州局联系沧州市中西医结合医院各科室党员专家主任组成的志愿服务队一行6人，开展“健康机关·健康单位”为主题的“名医面对面”健康义诊志愿服务活动。

9月，组织职工开展了厨艺大赛，增进职工友谊，和谐机关氛围；举办“庆国庆、颂祖国”文艺联欢活动，庆祝新中国71周年华诞。

3. 驻村扶贫工作

2020 年，继续开展驻村精准脱贫工作，以退休处级干部刘铁民为队长的驻海兴县小徐村工作队在充分了解村情村貌的基础上，多措并举，精准扶贫。

4 月，沧州局党委副书记、局长张同信到海兴县小徐村走访慰问驻村扶贫干部和困难群众，了解他们的生产、生活和困难情况，鼓励他们坚定信心、克服困难，逐步走出生活困境、改善生活状况，同时给他们送去关怀与温暖。

（柴广慧）

岳城水库管理局

【概况】

岳城水库管理局（以下简称“岳城局”）隶属于水利部海委漳卫南局，由漳卫南局授权在其管辖范围内行使水行政管理职责，为具有行政职能的事业单位。管辖岳城水库水利枢纽工程及附属设施。

机构内设 6 个科室，下设 6 个直属单位和 1 个维修养护公司。全局现有干部职工 226 人，其中在职人员 127 人、离退休人员 99 人。

2020 年单位主要负责人如下。

局　长：倪文战

副局长：张建军　赵宏儒　李修勤（2020 年 6 月任）　李永宁

【工程建设与管理】

对大坝主体工程、闸门启闭机、机电设备、附属设施、自动控制设施等工程进行维修维护。全年投入养护资金 500 余万元；投入 15 万元，按时完成度汛应急项目机关院发电机组的更新安装调试工作；完成岳城水库大坝“二类坝”鉴定审查。完成岳城水库工程管理与保护范围的公告，明确管理与保护界限。

（曹文杰）

【防汛抗旱】

4 月中旬组织完成汛前检查工作，重点对大坝、供配电设施、闸门及启闭设施、水雨情测报设施、防汛通信、工程安全监测设施及防汛物料、抢险物料、安全度汛措施等进行检查，对有关设施设备进行运行调试，发现问题及时处理，并上报汛前检查报告。修订完善防汛值班制度和防洪预案，制定汛期调度运用计划和调度记录制度。

6 月 1 日上汛，重点岗位实行 24 小时值班。严格执行领导带班值班制度，严肃汛期劳动纪律。加强防汛业务培训，做到防汛值班人员熟悉雨水情测报、卫星电话使用、紧急事件处置等工作。

协调邯郸、安阳两市，召开了岳城水库防汛指挥部工作会议，落实以行政首长负责制为中心的各项防汛责任制。召开水旱灾害防御工作会议，明确内部责任制，落实“三个责任人”及履职标准。开展溢洪道闸门启闭演练，自备发电机供电，爆破2号小副坝非常措施下炸药库开启防汛抢险演练。

汛期，岳城水库流域全面降雨过程有3次。分别是8月4—6日、8月8—9日、8月14—15日。8月8日，观台站结束了687天的断流时段，开始产生径流。由于全流域普遍干旱缺水，上游水库及灌区大量蓄水引水，观台站从8日19时出现流量，至8月30日9时断流，有水时段仅维持了22天。观台站入库最大流量70.9m^3/s。观台站总来水量约5300万m^3。6月1日，水库水位为123.19m，相应库容为0.2039亿m^3；9月16日水库水位为128.57m，相应库容为0.88亿m^3。反推汛期总来水量为7159万m^3。

（曹文杰）

【水政水资源管理】

在“世界水日”和“中国水周”期间，张贴标语20余张、散发节约用水宣传材料500余份，积极组织“国家宪法日”活动，集中宣传民法典、水法规等。

7月，成功处置一起防汛物料违法盗窃案，责令当事人采取补救措施，恢复沙砾料原状，并对其进行法治教育。同时，在防汛物料场安装了围挡。

配合地方法制主管部门，搞好水政执法人员的年审等工作。规范水行政执法文书管理，实行专人负责。认真开展水政监察人员考核，落实责任追究制度。

以推进河长制工作为抓手，积极协调联合地方政府河长办，坚决打击库区和河道内的“四乱”现象，有效保障岳城水库防洪安全。联合磁县水利局水政执法大队对违法行为进行多次现场执法，责停违法行为6起。加大都党沟入库口河道整治施工，主坝下游管理区和保护区内的鱼塘监管。11月，联合地方政府河长办，对库区内及溢洪道尾水渠内的“四乱”问题进行集中清理整治。清理尾水渠内的一处达10000余m^2的砂石堆料，拆除房屋1处、板房2处和养羊场1处，恢复了河道原貌。

开展水源地巡查30余次。督促邯郸、安阳两市办理取水许可有关手续等工作。加强取水口排查，开展库区水草打捞。

开展入库排污监测、藻类监测、富营养化监测等，全年水库水质常规监测采样10余次；库区水面巡测20余次。加强坝前、观台入库水质自动监测站的运行管护，提供水质监测情况。6月，完成岳城水库突发水污染事件水质应急监测演练，提升了突发水污染事件的应对能力。

【供水工作】

严格合同管理，精准计量和监测。针对水库蓄水少的实际，科学谋划，合理制定供水计划。积极拓展用水户，全年向邯郸、安阳两市供水总量为2471万m^3，收取水费1353万元（包含预收水费）。

（曹文杰）

【水文工作】

汛前，从系统通信、数据接收、遥测站点设备等方面，对水文遥测系统进行全方位的检测维护。汛期，水文遥测系统畅通率达到95%，及时准确报送了实时水雨情信息。汛后，对水文遥测系统进行逐一排查，对发现的问题进行维护。加强防汛视频会商系统、网络办公系统、卫星电话的维护管理，保障通信通畅。

加强水文基础工作，日常测报工作做到了不错报、不迟报、不缺报、不漏报，高标准完成水情测报任务。加强水文资料整编，观测和测验数据必须经过三次审核，做到日清月结，保证水文资料的完整和准确。全年资料质量达到整编规范要求，成果通过海委水文局的复审，符合国家刊印水文年鉴标准和要求。

完成降水蒸发观测工作，采用流量测验仪器 ADCP 开展调水测验工作，及时提供流量、水量等监测数据。完成邯郸、安阳两市生态水网供水、小跃峰引水流量测验任务。

（曹文杰）

【人事管理】

1. 干部任免

3 月 11 日，任命李军为岳城局四级调研员。

6 月 1 日，任命李竹花为岳城局人事（监察审计）科副科长（试用期一年）。

6 月 17 日，任命李修勤为岳城局副局长（试用期一年）。

7 月 31 日，任命倪文战为岳城局一级调研员，孙建义为岳城局三级调研员。

12 月 21 日，任命王亚伟为岳城局水政水资源科（水政监察支队）科长（试用期一年），免去岳城局水政水资源科（水政监察支队）副科长职务、二级主任科员职级。

任命谢吉亭为岳城局人事科科长（试用期一年），免去岳城局办公室（党委办公室）副主任（副科级）职务、二级主任科员职级。

聘任周云鹏为岳城局信息中心主任（正科级）（聘期三年，含试用期一年），解聘其岳城局信息中心副主任职务。

聘任王利民为岳城局保安中心主任（正科级）（聘期三年，含试用期一年），解聘其岳城局保安中心副主任职务。

12 月 30 日，免去李修勤岳城局四级调研员职级。

2. 人事管理

完成 5 名职工退休及待遇审批工作；完成离退休人员的日常管理工作。招录两名事业编制人员（杨蕊帆、李乐水）。

3. 职称评定

聘任杨华芳为专业技术九级岗位；聘任王涛为专业技术十级岗位；聘任王喆、孙明阳、李丽军为专业技术十一级岗位。以上人员聘期三年（2020 年 7 月至 2023 年 6 月）（岳人事〔2020〕66 号）。

4. 表彰奖励

岳城局荣获 2018—2020 年度河北省文明单位；荣获全国水利安全生产标准化一级单位；荣获漳卫南局 2020 年度工程管理先进单位；荣获邯郸市公安局 2020 年度内保单位“安全防范红旗单位”；中共岳城局委员会第一党支部荣获中共邯郸市委市直机关工作委员会“标准化规范化建设先进党支部”；王涛被中共河北省委组织部、河北省扶贫开发办公室评为 2019 年度全省扶贫脱贫“优秀驻村工作队员”，并入选中共河北省委主办的《共产党员》专刊——《最美答卷人》“河北省乡村振兴、扶贫脱贫群英榜”；曹文杰荣获中共邯郸市委市直工委“最美巾帼抗疫先锋”；左晓楠荣获漳卫南局“最美职工”荣誉称号；王利民荣获邯郸市公安局2020年度内保单位“个人嘉奖”。

岳城局授予办公室（党委办公室）、财务科、工管科（防汛抗旱办公室）、工程运行监测中心、岳城水库水文站、后勤服务中心先进集体。

5. 职工考核

（1）经民主测评、岳城局党委研究决定，确定2020年度优秀等次的人员如下。

参照公务员法管理优秀人员：李竹花　王小川　李明　左晓楠

事业编制优秀人员：杨　宾　潘云峰　曹文杰　范程博　邓广军　葛宝勇　陈宇灿
左月强　杨照美　刘日奇　张晓辉

（2）考核评议为优秀科级干部的人员如下。

机关部门：李竹花　王小川

事业单位：杨　宾　潘云峰

天德公司：朱庆东

6. 工资调整

完成转正、晋升、退休等干部职工的工资调整，完成离退休人员的津补贴调整工作，完成参照公务员法管理人员、事业编制人员的工资增补工作。

7. 职工培训

2020年共举办各类培训班13期，122人参加并完成水利部网络教育培训学习任务。

8. 制度修订

3月2日，印发职工教育培训计划；4月20日，印发岳城局职工教育管理办法；5月15日，印发离退休职工管理办法；7月8日，印发人事档案专项审核“全覆盖”工作实施方案及教育培训学时登记管理暂行规定。

（曹文杰）

【综合管理】

确定2020年为“制度建设年”，着力推进长效机制建设，如期完成制度汇编。内容涉及党务管理、业务工作等涵盖全局各个方面工作的9大类共计110项，并将其作为指导和规范各项工作的主要依据。

有力有序推进安全生产工作落实，9月获得了水利部水利工程管理单位安全生产标准化评审标准一级单位称号。

档案工作措施完备、落实有力，档案制度建设完善、基础设施得到改善，在水文资料管理、实物档案抢救保护等方面成效明显，顺利通过三级单位评估。

10月，节水机关建设达到创建标准通过专家组验收；积极开展无烟机关单位创建，认真落实垃圾分类管理措施。

（曹文杰）

【党群工作】

3月，漳卫南局对岳城局党委班子进行了充实调整，班子及时进行了责任分工。根据党建工作需要，及时调整了党建工作领导小组，完善党建联席会议制度。共召开党建工作领导小组会议 5 次，研究解决党建工作中存在的问题。

4 月，结合巡察整改和支部标准化规范化建设要求，合理划分了党支部并及时进行换届选举。在安全生产达标、汛期库区巡查、文明单位创建等工作中，全体党员积极参与、履职尽责，有效发挥先锋模范作用。

充分发挥党委理论中心组学习的引领带动作用，每月开展党委理论中心组学习。各支部认真组织开展理论学习和主题党日等活动。全年党委理论中心组开展学习 15 次，集体研讨 4 次。支部开展学习 24 次、主题党日活动 19 次，全局党员干部学习参与率达 95% 以上。

建立干部职工交流谈心制度，定期开展谈心谈话活动，全面了解职工思想动态，解决职工反映强烈的职工宿舍分配、机关院落及食堂管理等问题。按照支部标准化规范化建设要求，把严肃党内政治生活、加强党的思想政治建设落实到每个支部、每名党员，通过采取个别谈话、集体座谈等方式，有组织地开展谈心谈话活动。全年共开展谈心谈话活动 100 余人次。

坚持和完善党建带群建工作机制，统筹做好工会、团委、妇工委等工作。2020 年进行了工会换届，落实工会各项制度，开展职工体检、送温暖、献爱心等活动。注重职工精神生活，组织开展文体活动。加强阵地建设，完善了党员活动室、机关书屋、荣誉室等场所；重视青年工作，成立青年理论学习小组，通过开展调研、座谈等方式，了解青年职工思想动态，组织青年职工积极参加各项活动，引导他们进一步增强责任意识和树立远大理想，谋求为水库更好发展奉献青春和力量。

（曹文杰）

【党风廉政建设】

3 月，召开党风廉政建设工作会议，贯彻落实上级党风廉政建设工作会议精神，部署岳城局 2020 年度党风廉政建设各项工作。4—6 月，层层开展党风廉政建设集体约谈和单独约谈。5 月，研究制定了《岳城局党委全面从严治党主体责任清单》，并按照清单分工开展工作。6 月，召开了廉政警示教育大会，进一步传达压力。7 月，开展了党风廉政建设专题讲座；对出差人员交纳伙食费和市内交通费进行了自查，并针对有关问题进行整改。9 月，召开国庆节、中秋节“双节”前廉政谈话会，强化纪律规矩意识。10 月，组织党员干部到邱县廉政漫画馆开展主题实践教育。3—12 月，认真落实漳卫南局巡察反馈问题整改，针对巡察组反馈的 15 项 16 个问题，已完成整改 15 个问题。岳城局党委强化以案释纪、以案示警，分别于 3 月、5 月、8 月、11 月开展了廉政警示教育活动。

研究制定了《岳城局党委 2020 年全面从严治党监督责任清单》，并按照清单要求认真履行监督责任。针对贯彻落实中央“八项规定”精神、“两个清单”执行、工程招投标、支部换届选举、干部选拔任用、支部工作进展、合同管理、巡察问题整改等工作进行监督。纪检监察工作人员列席党委会，紧盯权力运行各环节，加强对重点工作、重要岗位、关键环节的监督，重点加强对贯彻民主集中制、执行“三重一大”决策机制情况的监督。在重要时间节点，针对公车封存、公车使用进行监督，并开展廉政提醒。

纪检监察部门落实制度建设有关要求，研究制定《岳城局党风廉政建设工作责任制》

《岳城局党委所属党支部工作职责》《岳城局党委“三重一大”实施细则》等文件。同时，为强化领导干部廉洁自律，规范了婚丧喜庆有关事宜的报备工作。结合巡察整改工作落实，立足岳城局实际，纪检监察部门督促相关职能部门（单位）修订完善了廉政风险防控手册，并对落实情况进行监督，强化廉政风险防控。

（曹文杰）

【精神文明建设】

系统谋划并强力推进道德讲堂、“我们的节日”、“博爱一日捐”、党员志愿服务等活动。开展了以爱国主义、网络安全、节俭养德、安全生产、纪念抗美援朝等为主题的11期道德讲堂活动，积极传播正能量、唱响主旋律。志愿服务队围绕“建设幸福河，弘扬水文化”这一目标，着力打造志愿服务品牌，多次组织志愿者在南湖公园、水库大坝、周边社区等开展生态环境保护、水法规宣传、清洁河湖等志愿服务活动，全年共开展了12次志愿服务活动。获得2018—2020年度河北省文明单位荣誉。

（曹文杰）

【新冠肺炎疫情防控】

坚持“人民至上、健康至上”理念，扎实抓好新冠肺炎疫情防控，并根据疫情变化做好常态化防控各项工作。成立了疫情防控领导小组，组建了3个办事机构，抓实疫情防控对内对外协调联络、防控措施制定、人员排查检测、防疫物资采购等，确保外防扩散、内防输入，保证职工零感染。

发挥党组织引领作用，积极开展新冠肺炎疫情防控志愿服务。岳城局在2020年疫情防控中、在社区防疫中充分发挥局党委示范引领作用，带头值班、带头参与查控。全局党员干部自3月3日至6月1日，每天12小时，轮流值班，积极参与邯郸市疫情防控办公室部署的南湖小区新冠肺炎疫情防控，受到南湖居民高度赞扬。疫情最紧张期间，在岳城局部分人员到岗的情况下，局党委安排中层干部、党员首先到岗，积极投身到岳城水库工程巡查、水源地保护、水质监测等业务工作上，彰显党员的先锋模范作用。

积极开展对扶贫帮扶村新冠肺炎疫情防控支持，慰问驻村工作队员，采购疫情防控消毒液、口罩等。

（曹文杰）

四女寺枢纽工程管理局

【概况】

四女寺枢纽工程管理局（以下简称“四女寺局”）隶属于水利部海委漳卫南局，由漳卫南局授权在其管辖范围内行使水行政管理职责，为具有行政职能的事业单位。管辖范围包括四女寺南闸、北闸、节制闸、船闸、倒虹吸工程和四女寺枢纽三角洲以及减河右岸0.205km，老减河左岸与岔河右岸重合段0.25km，岔河左岸0.28km，卫运河右岸

0.3km，南运河右岸 0.145km，船闸闸室段从闸室左岸墙外侧起向外 12m 宽度范围内的平地以及闸室上、下游堤内护坡。机构内设 6 个科室、下属 3 个直属单位和 1 个维修养护公司。全局现有干部职工 107 人，其中在职人员 63 人、离退休人员 44 人。

2020 年单位主要负责人如下。

局　长：李才德

副局长：何传恩　师家科

【工程管理】

1. 日常维修养护

（1）3 月 17 日，漳卫南局印发《漳卫南运河管理局关于四女寺枢纽工程管理局 2020 年水利工程维修养护技术实施方案的批复》（漳建管〔2020〕10 号），对《四女寺局关于 2020 年水利工程维修养护技术实施方案的请示》（四工管〔2020〕1 号）文件进行批复。

（2）2020 年，四女寺枢纽工程维修养护项目投入经费 179.7 万元，全年主要对水工建筑物、闸门、启闭机、机电设备及附属设施进行经常化、日常化清洁和维护保养，定期检查、检测。

主要工程量包括：养护土 750m^3，护坡勾缝修补 1300m^2，反滤排水设施维修养护 95m，混凝土修补 460m^2，裂缝处理 525m^2，闸门维修养护 3920m^2，启闭机防腐 1840m^2，启闭机房维修养护 1809m^2，护栏维修养护 402m，绿化 4381m^2。

2. 节制闸交通桥修复

（1）6 月 4 日，漳卫南局印发《漳卫南运河管理局关于四女寺局 2020 年度防汛工程设施修复项目实施方案的批复》（漳防御〔2020〕4 号），对《四女寺局关于 2020 年度防汛工程设施修复项目实施方案的请示》（四工管〔2020〕10 号）文件进行批复。

（2）2020 年度防汛工程设施修复项目为四女寺枢纽节制闸交通桥修复。该工程包括：对节制闸闸室段三孔交通桥旧桥拆除，“Π”型桥梁预制，“Π”型桥梁运输及安装，墩台支座处理，桥面铺装、伸缩缝处理，检修门槽、桥栏杆制作安装，护轮带修砌等项目。该工程于 2020 年 6 月 8 开工，2020 年 7 月 20 日完工。

主要工程量包括：混凝土（构件）拆除 32.72m^3，预制 C30 混凝土构件 32.72m^3，钢筋制作与安装 7t，C40 混凝土桥面铺装 12.14m^3，门槽盖板制作安装 3 孔，桥栏杆 65m，C40 混凝土护轮带 4.95m^3，减速带 4 道，限高杆 1 处，警示牌 4 个，临时道路维修 1800m^2。

3. 确权划界

2020 年完成四女寺枢纽确权划界项目管理。主要包括四女寺枢纽管理范围内土地面积测绘和 50 根界桩安装。四女寺局委托山东致远中信土地房地产评估咨询有限公司进行该项目的具体实施，该项目于 2020 年年底全部完成。

4. 工程运行管理

8 月 24 日，漳卫南局召开工程运行管理约谈会。8 月 25 日，四女寺局召开工程管理推进会，对所辖工程进行集中检查，共发现问题 23 项，2020 年已全部整改到位。

（李光桥　孟跃晨）

【四女寺枢纽北进洪闸除险加固工程】

(1) 6 月 28 日，四女寺北闸除险加固工程所有闸门、启闭机调试完成，工程全部闸门具备启闭运行条件，为主汛期充分发挥工程效益奠定坚实基础。

(2) 7 月 20 日，漳卫南运河四女寺枢纽北进洪闸除险加固工程顺利通过漳卫南局代海委组织的部分工程投入使用验收。漳卫南局副局长杨士坤主持验收，漳卫南局副局长、建管局局长付贵增出席验收会。此次部分工程投入使用验收范围为：上游混凝土铺盖重建、中八孔闸室重建、一级消力池重建、工作闸门安装、排架柱重建、机架桥重建、启闭机安装、边四孔底板脱空接触灌浆、混凝土防腐、主体工程维修以及供电设施改造等，共 17 个分部工程。验收委员会实地查看拟投入使用的工程施工现场，听取工程建设管理工作报告以及设计、监理、施工、工程质量和安全监督等工作报告，查阅工程档案资料并进行质询。经充分讨论，认为：漳卫南运河四女寺枢纽北进洪闸除险加固工程部分投入使用工程已按设计内容全部完成，档案资料基本齐全，具备投入使用条件，同意通过部分工程投入使用验收。

(3) 8 月 15 日 14 时 30 分，随着卫运河水头到达四女寺枢纽，四女寺枢纽北进洪闸除险加固工程实现首次拦蓄上游来水，开始发挥防洪和兴利效益。8 月 18 日上午 8 时，闸前水位为 22.56m，水深 6.41m，蓄水量为 1105 万 m^3。

(4) 11 月 26 日，随着所有设备调试完毕，漳卫南运河四女寺枢纽北进洪闸除险加固工程全部完工，正式进入竣工验收准备阶段。漳卫南运河四女寺枢纽北进洪闸除险加固工程于 2017 年 9 月立项，2019 年 1 月获得行政许可。工程总投资 9940 万元，总工期 14 个月，主要建设内容包含中 8 孔闸室、全闸上部结构拆除重建、左右各 2 边孔闸室改造加固、闸门及启闭设备更换、供电线路更新改造等。项目主体工程于 2019 年 8 月 26 日正式开工。2020 年 6 月 28 日，闸门具备启闭条件，7 月 20 日部分工程通过投入使用验收，8 月 15 日工程启动拦蓄上游来水，10 月 28 日交通桥恢复通车，11 月底项目全部建设任务安全建成，彻底消除了北进洪闸原有险情，确保枢纽防洪、排涝、灌溉、输水等功能的正常发挥，为漳卫河流域下游地区经济社会发展提供更为坚实的水安全保障。

(5) 12 月 28—30 日，四女寺枢纽北进洪闸主体重建工程、北进洪闸主体加固工程等 4 个单位工程通过了单位工程验收，北进洪闸除险加固工程施工（第 1 标段）等 2 个合同工程通过了合同工程完工验收。水利部海河水利委员会、海委漳卫南局、水利部水利工程建设质量与安全监督总站海河流域分站的代表参加了验收。单位工程验收和合同工程完工验收会议由四女寺北闸建设管理局主持召开，成立了由四女寺枢纽北进洪闸除险加固工程建设管理局、中水北方勘测设计研究有限责任公司、天津润泰工程监理有限公司、华北水利水电工程集团有限公司、水利部漳卫南局德州水利水电工程集团有限公司、水利部海委漳卫南运河四女寺局等单位代表组成的验收工作组，验收工作组依据《水利工程建设项目验收管理规定》（水利部令 30 号）、《水利水电建设工程验收规程》（SL 223—2008）等有关规程、规范以及施工图纸和合同要求，对四女寺枢纽北进洪闸除险加固工程单位、合同工程完工进行验收。验收工作组重点检查已投入使用工程运行情况和工程完工结算情况，听取了工程参建单位工程建设有关情况的汇报、查阅了分部工程验收有关档案资料，讨论并通过了 4 个单位工程验收鉴定书，同意 2 个合同工程通过合同工程完工验收。

（杨泳鹏）

【防汛抗旱】

（1）制定《四女寺局汛期闸门操作运行值班制度》（四工管〔2020〕14 号）、《四女寺局水闸运行管理制度》（四工管〔2020〕15 号）、《四女寺局汛期值班制度》（四工管〔2020〕17 号）。

（2）汛前，及时调整防汛抗旱组织机构，成立防汛抢险队。5 月 13 日，结合工程实际，修订《四女寺枢纽工程防洪抢险预案》（四工管〔2020〕16 号）和《四女寺枢纽工程 2020 年度汛方案》（四工管〔2020〕18 号）。6 月 24 日，召开四女寺局水旱灾害防御工作会议，对水旱灾害防御重点工作进行安排部署。7 月 2—3 日，举办防汛抢险知识培训。8 月 3 日，召开紧急强降雨防范专题会议，对强降雨防范工作进行周密部署。严格落实防汛责任制，值班人员做到 24 小时守岗待命，密切关注雨情、水情及工程运行情况，做好雨情、水情的统计和报送工作。组织技术力量对四女寺枢纽节制闸、南进洪闸和引黄倒虹吸工程进行重点检查，按照“汛期不过，检查不停，整改不止”的要求，对水闸进行重点维修养护，加强机电设施维修养护，从防潮、防漏电、防短路等方面做好设备绝缘；做好启闭机房门窗密封及防渗水工作；对配电设施进行检查清扫，校核电气设备指示仪表，对电气关键部位进行防潮处理；逐孔对启闭机、闸门、钢丝绳进行检查，检查并补加启闭机转动润滑油脂；检查启闭机制动装置，确保制动灵活，防微杜渐，防患于未然。

（3）8 月 15 日 14 时 30 分，卫运河水头到达四女寺枢纽，四女寺局安排技术人员加密水情观测，第一时间上报水文资料。根据上级调度令要求，8 月 18 日 11 时 30 分，开启四女寺枢纽南进洪闸向减河泄水。截至 8 月 23 日 9 时，闸门全部关闭，共启闭南进洪闸 5 次，减河过水量 1361.8 万 m^3。

（4）汛后，工程检查小组对所辖枢纽工程（水工建筑物、闸门启闭机、机电设备、附属设施等）、通信设施、供电专用线路、防汛物料等，进行全面检查，并将汛后检查情况上报漳卫南局。

（孟跃晨）

【输水工作】

2020 年，成立四女寺局引黄水文站水文应急监测小组，制定《四女寺局引黄水文站测报方案》（四水文〔2020〕1 号）、《四女寺局引黄水文站水文应急监测预案》（四水文〔2020〕3 号）、《四女寺引黄倒虹吸工程管理所（四女寺引黄水文站）规章制度》（四水文〔2020〕4 号）。

1. 引黄济冀潘庄线路第一次输水

四女寺局于 2020 年 5 月 19 日开启倒虹吸进、出口闸闸门，引黄济冀潘庄线路第一次输水工作正式开始。5 月 19 日 15 时 50 分，水头到达耿李杨测流断面。7 月 3 日，根据《漳卫南运河管理局关于结束 2020 年引黄济冀潘庄线路第一次输水工作的通知》（漳资源〔2020〕10 号）第一次输水工作结束，共历时 46 天。四女寺局完成耿李杨及第三店两个断面流量测验工作。两个监测断面测流施测共 168 测次，水位观测 522 次，含沙量测验

92 次，向漳卫南局水文处发送报文 213 次。耿李杨监测断面累计过水 9281 万 m^3，最大流量 $65.9m^3/s$，最高水位 18.28m，最大含沙量 $0.322kg/m^3$，第三店监测断面累计过水 7978 万 m^3，最大流量 $37.0m^3/s$，最高水位 16.07m，最大含沙量 $0.091kg/m^3$。

2. 引黄济冀潘庄线路第二次输水

四女寺局于 2020 年 10 月 25 日开启倒虹吸进、出口闸闸门，引黄济冀潘庄线路第二次输水工作正式开始。10 月 25 日 16 时，水头达到耿李杨测流断面。12 月 7 日，根据《漳卫南运河管理局关于结束 2020 年第二次潘庄线路引黄输水工作的通知》要求，第二次输水工作结束，共历时 44 天。四女寺局完成耿李杨及第三店两个断面流量测验工作。两个监测断面测流施测共 162 测次，水位观测 520 次，含沙量测验 88 次，向漳卫南局水文处发送报文 166 次。耿李杨监测断面累计过水 1.63 亿 m^3，最大流量 $56.9m^3/s$，最高水位 18.98m，最大含沙量 $0.297kg/m^3$；第三店监测断面累计过水 1.58 亿 m^3，最大流量 $56.0m^3/s$，最高水位 16.67m，最大含沙量 $0.256kg/m^3$。

3. 水样采集

2020 年，四女寺局组织水文人员每月对四女寺、第三店、王营盘、玉泉庄、田龙庄、袁桥闸等 6 个区域进行水样采集，全年共完成水样采集 72 次。

（王丽苹　孙磊）

【水政水资源管理】

1. 普法宣传

围绕“坚持节水优先，建设幸福河湖”宣传主题，开展纪念第 28 届“世界水日”和第 33 届“中国水周”宣传活动。在办公楼大厅流动字幕播放宣传内容，利用微信工作群发送相关宣传口号和内容。共摆放宣传展板 5 块，张贴标语 50 余幅。

12 月 4 日，围绕“弘扬宪法精神，推进国家治理体系和治理能力现代化”宣传主题，开展内容丰富、形式多样的“12·4”国家宪法日宣传活动。组织职工观看以宣传非职务违法犯罪为主题的系列普法宣传片，张贴标语 50 余条，摆放宣传展板 6 块，同时利用电子屏、宣传栏、微信工作群进行宪法宣传。

2. 水政执法

严格执行水政监察巡查制度，记录完整齐全。坚持“预防为主、打防结合”的原则，对枢纽管理区域进行执法巡查。根据单位实际情况制定巡查计划，携带单兵设备开展水政巡查，做到每月至少巡查一次，形成电子记录，并在水行政执法信息直报系统中及时登记。聘请法律顾问，严格按照授权执法要求和规定程序，做到依法行政，防止和杜绝行政执法程序错误。截至 2020 年年底，四女寺局管理范围内无违法水事案件发生。

3. 河长制

制定《四女寺局河长制工作办法》（四水政〔2020〕6 号），继续加强巡河力度，跟踪监督，与地方河长办加强沟通，及时反馈存在的问题及隐患。认真开展河湖“清四乱”行动“回头看”工作，定期开展巡河，防止河湖清违清障问题反弹，巩固整治成效，确保问题清理全面彻底。截至 10 月 30 日，4 处“乱占”问题均已完成销号工作，未发现新增及反弹问题。至 6 月底，所管辖范围内河湖划界已全部公告完毕。

4. 节水机关建设

强化节水机关建设，制定《四女寺局节水机关建设实施方案》，成立四女寺局节水机关建设工作领导小组，明确分工，细化责任，切实按时间节点完成节水机关建设工作任务。制定《四女寺局节水机关建设考核制度》《四女寺局用水计量管理制度》《四女寺局用水巡回检查制度》《四女寺局用水设备器具定期维护制度》，加强用水设施日常管理，确保节水设施正常运行。举办节水机关建设培训班，向全局干部职工发起节约用水倡议书，组织职工参加节水知识答题。全面排查机关院内用水管网漏损情况和用水设施情况，制定节水设施改造方案，完成各项节水器具的安装改造，全局节水器普及率达到100%。

（翟淑金）

【四女寺枢纽文物陈列展示馆】

2009年3月，四女寺枢纽北进洪闸被鉴定为三类闸，经海委审核批复，该闸除险加固主体工程拆除工作于2019年8月26日正式开工，2020年11月底完工，工程批复总投资9940万元。2013年5月，四女寺枢纽以“古遗址”身份入选第七批全国重点文物保护单位，被列为大运河山东段17处文物保护单位之一。同年作为“其他类（大运河中）”保护文物成为山东省第四批省级文物保护单位。根据山东省文物局鲁文保函〔2017〕29号批复的《四女寺枢纽北进洪闸除险加固工程勘查设计方案（修改完善稿）》要求，于2020年在四女寺局管理区院内建设四女寺枢纽文物陈列展示馆，建筑面积280m^2。馆内陈列展示四女寺枢纽北进洪闸除险加固工程中保留的一扇弧形闸门、一套弧形闸门支臂、一套固定式卷扬启闭机、钢丝绳、电气控制盘柜、一块网格栅、一段桥栏杆等具有文物价值的物品。该弧形闸门、高9.7m、宽10m、自重36t，启闭机重2×25t。

（王丽苹）

【人事管理】

1. 领导班子分工调整

12月31日，四女寺局印发《四女寺局党委关于调整领导班子成员分工的通知》（四党〔2020〕30号），对领导班子成员分工调整如下。

李才德：主持全面工作，负责财务管理、人事工作；分管财务科、人事科。

何传恩：负责全局行政、纪检监察、审计、工程技术、安全生产、精神文明等工作；分管办公室（党委办公室）、工管科、倒虹吸工程管理所、德泓公司。

师家科：负责水资源管理、水行政执法、工会、综合经营、后勤管理等工作；分管水政科、工会、综合事业管理中心、后勤服务中心。

2. 干部任免

（1）4月23日，漳卫南局印发《漳卫南运河管理局关于邱振荣职务解聘的通知》（漳人事〔2020〕24号），对《中共四女寺枢纽工程管理局党委关于邱振荣同志职务解聘的请示》（四党〔2020〕5号）文件进行批复。经研究，同意解聘邱振荣的四女寺局引黄倒虹吸工程管理所所长职务。

（2）4月26日，四女寺局印发《四女寺局关于邱振荣解聘退休的通知》（四人事〔2020〕7号），四女寺局党委2020年4月8日研究，解聘邱振荣四女寺局引黄倒虹吸工程管理所所长职务，自2020年4月30日退休。

(3) 6月28日，四女寺局印发《四女寺局关于张洪元解聘的通知》(四人事〔2020〕8号)，中共四女寺局党委2020年6月19日研究，决定解聘张洪元四女寺局后勤服务中心副主任职务。

(4) 6月29日，四女寺局印发《四女寺局关于王子忠、张鹏职务聘任的通知》(四人事〔2020〕9号)，经中共四女寺局党委2020年5月9日研究决定，聘任王子忠为德州德泓水利工程有限公司经理，张鹏为德州德泓水利工程有限公司副经理。

(5) 7月3日，漳卫南局印发《漳卫南运河管理局关于上官利免职的批复》(漳人事〔2020〕42号)，对《中共四女寺局党委关于上官利同志免职的请示》(四党〔2020〕12号) 文件进行批复。经研究，同意免去上官利的办公室(党委办公室) 主任职务。

(6) 7月29日，漳卫南局印发《漳卫南运河管理局关于王丽苹、孙磊职务任免的批复》(漳人事〔2020〕46号)，对《中共四女寺局党委关于王丽苹、孙磊职务任免的请示》(四党〔2020〕14号) 文件进行批复。经研究，同意任命王丽苹为办公室(党委办公室) 主任，免去其原任职级；聘任孙磊为引黄倒虹吸工程管理所所长。

(7) 7月30日，四女寺局印发《四女寺局关于王丽苹、上官利职务任免的通知》(四人事〔2020〕11号)，中共四女寺局党委研究决定，任命王丽苹为四女寺局办公室(党委办公室) 主任(试用期一年)，免去其办公室二级主任科员职级；免去上官利四女寺局办公室(党委办公室) 主任职务。

(8) 7月30日，四女寺局印发《四女寺局关于孙磊职务聘任的通知》(四人事〔2020〕12号)，四女寺局党委研究决定，聘任孙磊为四女寺局引黄倒虹吸工程管理所所长(试用期一年)。

(9) 8月10日，漳卫南局印发《漳卫南运河管理局党委关于李才德同志任职的通知》(漳党〔2020〕56号)，漳卫南局党委2020年8月7日研究决定，任命李才德同志为中共水利部海委漳卫南运河四女寺局党委书记。

(10) 8月10日，漳卫南局印发《漳卫南运河管理局关于李才德任职的通知》(漳任〔2020〕58号)，经试用期满考核合格，中共漳卫南局党委2020年8月7日研究决定，任命李才德为四女寺局局长。

3. 参照公务员法管理人员职级晋升

(1) 8月17日，漳卫南局印发《漳卫南运河管理局关于张志军、谢磊职级晋升的批复》(漳人事〔2020〕54号)，对《中共四女寺局党委关于张志军、谢磊同志职级晋升的请示》(四党〔2020〕18号) 文件进行批复。经研究，同意张志军、谢磊职级晋升如下：张志军任财务科一级主任科员；谢磊任人事(监察审计) 科一级主任科员。

(2) 8月31日，四女寺局印发《四女寺局关于张志军、谢磊职级晋升的通知》(四人事〔2020〕14号)，中共四女寺局党委研究决定：任命张志军为四女寺局财务科一级主任科员；任命谢磊为人事(监察审计) 科一级主任科员。以上人员职级自2020年7月起算。

4. 事业编制人员职称评定与岗位聘用

(1) 3月12日，四女寺局印发《四女寺局关于李奇光退休的通知》(四人事〔2020〕4号)，李奇光已经达到法定退休年龄，根据有关规定，自2020年3月31日起，李奇光退休。

（2）7月27日，漳卫南局印发《漳卫南运河管理局关于公布、认定专业技术职务任职资格的通知》（漳人事〔2020〕44号），经海委《海委关于批准2019年度高级工程师、工程师任职资格的通知》（海人事〔2020〕29号）批准，刘邑婷具备工程师任职资格，任职资格取得时间为2020年7月8日。

（3）7月29日，四女寺局印发《四女寺局关于刘邑婷聘用的通知》（四人事〔2020〕10号），聘任刘邑婷岗位专业技术岗十级（2020年7月取得工程师资格），自2020年7月31日至2023年7月31日，聘期三年。

（4）7月31日，四女寺局印发《四女寺局关于杨明月、张奇聘用的通知》（四人事〔2020〕13号），聘任杨明月、张奇岗位专业技术岗十二级（2020年7月取得助理工程师资格），自2020年7月31日至2023年7月31日，聘期三年。

5. 机构设置与调整

（1）1月7日，四女寺局印发《四女寺局关于成立2019年度参照公务员法管理人员考核领导小组的通知》（四人事〔2020〕1号），经研究，成立参照公务员法管理人员考核领导小组，人员组成如下。

组　长：何传恩

成　员：谢　磊　上官利　翟淑金　张志军　席　英　孟跃晨　王丽苹　刘青华

领导小组下设办公室，由人事（监察审计）科负责考核工作具体事宜。

（2）1月7日，四女寺局印发《四女寺局关于成立2019年度事业单位职工考核领导小组的通知》（四人事〔2020〕2号），经研究，成立事业单位职工考核领导小组，人员组成如下：

组　长：何传恩

成　员：谢　磊　王丽苹　刘青华　杨长柱　武　军　邱振荣

领导小组下设办公室，由人事（监察审计）科负责考核工作具体事宜。

（3）1月29日，四女寺局印发《中共四女寺局党委关于成立应对新型冠状病毒感染肺炎疫情工作领导小组的通知》（四党〔2020〕2号），决定成立四女寺局应对新型冠状病毒感染肺炎疫情工作领导小组。

组　长：李才德

副组长：何传恩

领导小组负责全局应对新冠肺炎疫情工作的组织领导、统筹协调和督促指导。领导小组办公室设在四女寺局办公室，负责相关工作的组织开展。

主　任：何传恩

成　员：上官利　翟淑金　张志军　谢　磊　孟跃晨　席　英　孙　磊　武　军
杨长柱　王子忠

（4）3月10日，四女寺局印发《四女寺局关于调整安全生产领导小组的通知》（四工管〔2020〕2号），经研究，决定调整安全生产领导小组，人员组成如下。

组　长：李才德

副组长：何传恩

成　员：孟跃晨　上官利　翟淑金　张志军　谢　磊　席　英　武　军　杨长柱
孙　磊　王子忠

安全生产领导小组下设办公室，办公室设在工管科，承担安全生产日常管理工作。

(5) 3 月 10 日，四女寺局印发《四女寺局关于调整各部门安全员的通知》（四工管〔2020〕5 号)，根据工作需要，现对四女寺局安全员进行调整，人员组成如下。

办公室：王丽苹

财务科：陈冉冉

人事科：刘青华

水政科：翟淑金

工管科：吴志文

工　会：刘玉兵

综合事业管理中心：边文生

后勤服务中心：韩洪光

引黄倒虹吸管理所：徐泽勇

维修养护公司：李光桥

(6) 3 月 10 日，四女寺局印发《四女寺局关于成立 2020 年防汛工程设施修复项目管理小组的通知》(四工管〔2020〕6 号)，经研究决定成立四女寺局 2020 年防汛工程设施修复项目管理小组。

组　长：何传恩

成　员：孟跃晨　张志军　王丽苹　吴志文　王　玲　吴　强

防汛工程设施修复项目管理小组在四女寺局的领导下，负责对四女寺局 2020 年防汛工程设施修复项目进行全过程监督和管理，主要包括质量控制、进度控制、财务管理、审计管理、安全生产、档案收集整理和验收等相关工作。

(7) 3 月 10 日，四女寺局印发《四女寺局关于成立 2020 年水利工程确权划界项目管理小组的通知》(四工管〔2020〕7 号)，经研究决定成立四女寺局 2020 年水利工程确权划界项目管理小组。

组　长：何传恩

成　员：孟跃晨　张志军　王丽苹　吴志文　王　玲　吴　强

确权划界项目管理小组在四女寺局的领导下，负责对四女寺局 2020 年水利工程确权划界项目进行全过程监督和管理，主要包括质量控制、进度控制、财务管理、审计管理、安全生产、档案收集整理和验收等相关工作。

(8) 3 月 10 日，四女寺局印发《四女寺局关于成立四女寺枢纽维修养护项目管理办公室的通知》(四工管〔2020〕8 号)，经研究决定成立四女寺枢纽维修养护项目管理办公室（以下简称“项目办”)，项目办为四女寺枢纽维修养护工程项目法人，项目法人代表为何传恩。项目办下设技术及安全组、财务及审计组、档案组三个职能组，人员具体安排如下。

主　任：何传恩

技术及安全组：孟跃晨　吴志文

财务及审计组：张志军　王丽苹

档案组：王　玲　吴　强

(9) 3 月 24 日，四女寺局印发《四女寺局关于成立 2019 年度职称申报初步审核领导小组的通知》（四人事〔2020〕5 号），经研究，成立 2019 年度职称申报初步审核领导小组，人员如下。

组　长：何传恩

成　员：上官利　谢　磊　孟跃晨　邱振荣　刘青华

领导小组下设办公室，由人事（监察审计）科负责初步审核工作具体事宜。

(10) 3 月 24 日，四女寺局印发《四女寺局关于成立档案规范化管理工作领导小组的通知》（四办〔2020〕2 号），经研究，决定成立四女寺局档案规范化管理工作领导小组，人员组成如下。

组　长：何传恩

成　员：上官利　张志军　王丽苹　孟跃晨　孙　磊　潘翠云　陈冉冉　王　玲　李臣山　杨明月

领导小组下设办公室，设在四女寺局办公室，负责四女寺局档案规范化管理工作具体事宜。

(11) 4 月 14 日，四女寺局注册成立德州德泓水利工程有限公司。

(12) 4 月 15 日，四女寺局印发《四女寺局关于成立四女寺局引黄水文站应急监测小组的通知》（四水文〔2020〕2 号），经研究，决定成立应急监测小组，人员组成如下。

组　长：孙　磊

技术负责人：王　玲

测验组：孙　磊　徐泽勇　李臣山　张　奇　崔志华

(13) 4 月 15 日，四女寺局印发《四女寺局关于成立河湖管理范围划定工作领导小组的通知》（四水政〔2020〕4 号），经研究，决定成立四女寺局河湖管理范围划定工作领导小组。

组　长：何传恩

成　员：翟淑金　孟跃晨　吴志文　孙　磊　王　玲　张　奇

领导小组负责贯彻落实水利部、海委和漳卫南局河湖管理范围划定的精神和要求，部署四女寺局河湖管理范围划定工作，依法划定河湖管理范围和水利工程管理与保护范围，研究解决河湖管理范围划定工作中的重要问题。

领导小组办公室设在水政水资源科，承担领导小组的日常工作。

(14) 4 月 27 日，四女寺局印发《四女寺局关于调整 2020 年防汛抗旱组织机构的通知》（四工管〔2020〕11 号），现对四女寺局 2020 年防汛抗旱组织机构调整如下。

1) 局防汛抗旱工作领导小组。

组　长：李才德

副组长：何传恩　上官利

成　员：孟跃晨　张志军　翟淑金　谢　磊　席　英　王丽苹

武　军　孙　磊　杨长柱　赵玉峰（四女寺水文站）

2）职能组。

综合调度组

组　长：孟跃晨

成　员：主要由工管科（防办）人员组成

情报预报组

组　长：孙　磊

成　员：主要由倒虹吸工程管理所（水文站）人员组成

通信信息组

组　长：武　军

成　员：主要由综合事业中心人员组成

后勤保障组

组　长：杨长柱

成　员：主要由后勤服务中心人员组成

物资保障组

组　长：张志军

成　员：主要由财务科人员组成

督查组

组　长：谢　磊

成　员：主要由人事（监察审计）科、办公室、工会人员组成

3）防汛抗旱办公室。

防汛抗旱工作领导小组下设防汛抗旱办公室，办公室设在工程管理科，负责防汛抗旱日常管理工作。

(15) 4 月 27 日，四女寺局印发《四女寺局关于调整 2020 年四女寺枢纽工程防洪抢险队的通知》(四工管〔2020〕12 号)，经研究，决定调整 2020 年四女寺枢纽工程防洪抢险队，人员组成如下。

队　长：何传恩

副队长：王子忠　孟跃晨

1）第一组。

组　长：吴志文

成　员：上官利　张志军　刘玉兵　胡　平　杨长柱　孙　磊　曲志勇　薛德武
武　军　王光恩　康晓磊　徐泽勇　李臣山　张　奇

2）第二组。

组　长：张　鹏

成　员：韩洪光　张洪元　王永鑫　崔志华　李光桥　王春刚　吴　强　陈寿林
边文生　马泽旺　张　振　唐新洲　丁同喜　刘炳亮

(16) 8 月 26 日，四女寺局印发《四女寺局关于成立网络安全与信息化领导小组的通知》(四办综〔2020〕5 号)，经研究，决定成立四女寺局网络安全与信息化领导小组（简

称“网信领导小组”）。

1）网信领导小组主要职责。贯彻落实中央及水利部、海委、漳卫南局关于网络安全和信息化工作的方针、策略，组织指导四女寺局网络安全和信息化工作；协调解决网络安全和信息化有关重大问题；统筹协调推进软件正版化工作，协调推进国产操作系统和应用软件、国产密码应用等推广工作。

2）网信领导小组组成人员。

组　长：李才德

副组长：何传恩　师家科

成　员：王丽苹　杨泳鹏　张志军　谢　磊　孟跃晨　席　英　武　军　杨长柱
　　　　孙　磊　王子忠

3）网信领导小组办公室职责。

网信领导小组下设办公室（以下简称“网信办”），设在四女寺局综合事业中心，承担网信领导小组日常工作。主要职责包括：推进网信领导小组重大决议的落实，监督检查执行情况，提出年度信息化重点工作的建议；组织编制四女寺局信息化制度；统筹推进四女寺局信息化建设项目，促进信息资源整合与共享；组织开展网络安全与信息化工作检查；组织开展网络安全与信息化相关技术培训。

4）网信办组成人员。

主　任：武　军（兼）

成　员：宋　萍　边文生　崔志华

网信领导小组及网信办成员因工作或职务变动不再担任成员的，由继任者接替，不再另行发文。

(17) 8月26日，四女寺局印发《四女寺局关于成立北闸试运行交接接收小组的通知》(四工管〔2020〕28号)，成立北闸试运行交接接收小组。人员组成如下。

组　长：何传恩

成　员：孟跃晨　翟淑金　武　军　杨长柱　王子忠

6. 人员变动

2020年，四女寺局新招录2名参照公务员法管理人员：刘学敏（办公室）、周晓宇（工管科），招聘2名事业人员：许兴虎（引黄倒虹吸工程管理所）、宋佳（综合事业管理中心）。

截至2020年12月31日，四女寺局共有职工107人。其中在职职工63人（包括参照公务员法管理人员25人、事业编制人员24人、德泓公司14人）、退休人员44人。

（刘青华）

7. 职工教育培训

年初，制定《四女寺局2020年培训工作计划》，全年举办节水机关建设培训、安全生产知识培训、防汛抢险知识培训、党风廉政建设培训、普法执法培训、水文新技术测验知识培训、人事教育知识培训、网络安全知识培训、财务管理知识培训共计9个培训班，受训314人次，培训计划完成率为100%。选送30余人参加海委、漳卫南局举办的各类培训班。组织干部职工参加水利部网络教育培训。

（王丽苹　刘青华）

【党建工作】

1. 组织建设

(1) 6月5日，报经漳卫南局直属机关党委批准，中共四女寺局党委成立第三党支部委员会。王子忠任第三党支部书记，张鹏任第三党支部组织委员兼纪检委员，李光桥任第三党支部宣传委员。

(2) 9月25日，中共四女寺局党委批复同意离退休党支部换届选举结果。辛维华任离退休党支部书记，崔金城任离退休党支部组织委员兼纪检委员，于龙和任离退休党支部宣传委员。

(3) 12月25日，中共四女寺局党委批复同意第二党支部书记改选结果。武军任第二党支部书记，翟淑金任第二党支部组织委员兼纪检委员，韩洪光任第二党支部宣传委员。

2. 学习教育

制定印发《四女寺局党委全面从严治党实施意见》(四党〔2020〕3号)、《四女寺局党委中心组2020年学习计划》，利用“学习强国”“灯塔——党建在线”等学习平台，开展党的理论知识学习。严格落实“三会一课”制度，每月10日，开展形式多样的“党员活动日”活动。制定《四女寺局支部党建工作制度》(四党〔2020〕19号)、《四女寺局党委议事规则》(四党〔2020〕20号)、《四女寺局党委开展强化政治机关意识教育实施方案》(四党〔2020〕13号)、《四女寺局开展“灯下黑”问题专项整治方案》(四党〔2020〕15号)。开展“不忘初心、牢记使命”主题教育整改活动，制定《四女寺局党委“不忘初心、牢记使命”主题教育整改方案》(四党〔2020〕1号)。举办庆“七一”主题党日活动，重温入党誓词，四女寺局负责人以《追忆苦难辉煌，赓续砥砺前行》为题讲专题党课，组织党员观看纪录片《建党伟业》。开展水利部部长鄂竟平、副部长叶建春专题党课学习，制定《叶建春副部长专题党课学习的具体方案》，分专题进行集中学习研讨。

(王丽苹)

【党风廉政建设】

(1) 3月26日，召开四女寺局2020年党风廉政建设工作会议。传达漳卫南局2020年党风廉政建设工作会议精神，回顾总结2019年党风廉政建设工作，安排部署2020年党风廉政建设重点工作任务。

(2) 制定《四女寺局2020年全面从严治党监督责任清单》(四党〔2020〕6号)、《四女寺局党委2020年全面从严治党主体责任清单》(四党〔2020〕7号)、《四女寺局党委班子成员履行“一岗双责”主要责任清单》(四党〔2020〕16号)、《四女寺局党委领导干部落实“一岗双责”实施办法》(四党〔2020〕21号)。

(3) 7月16日，四女寺局党委负责人对领导班子成员及各部门负责人开展集体廉政约谈。7月30日，召开纪检专题会，传达漳卫南局2020年第一次纪检工作座谈会精神，安排部署下一步纪检工作。7月31日，对两名新任科级干部进行任前廉政谈话。8月27日，举办党风廉政建设培训班，四女寺局副局长为大家讲授题为《严守纪律规矩　筑牢底线意识》廉政党课。9月16日、11月10日领导班子成员分别对各自分管部门负责人开展廉政约谈。继续开展廉政警示教育活动，制定《四女寺局2020年廉政警示教育活动实施方案》（四党〔2020〕10 号），召开廉政警示教育大会，传达贯彻漳卫南局会议精神，部署集中开展廉政警示教育活动安排。利用楼道文化、庭院文化、电子屏、公开栏等弘扬廉洁精神，培育廉洁理念、倡导廉洁风尚，构建风清气正的政治生态。紧抓重要节点、紧盯关键少数，利用节假日，通过微信工作群及时发送廉政提醒，做到警钟长鸣，防患于未然。

（王丽苹）

【综合管理】

3 月 26 日，召开四女寺局 2020 年工作会，传达漳卫南局 2020 年工作会议精神，回顾总结 2019 年各项工作，安排部署 2020 年重点工作任务。四女寺局负责人作题为《践行新思路　贯彻总基调　实现四女寺局水利事业新发展》的工作报告。加强制度建设，修订完善各项规章制度，共新增 29 项、修订 15 项。先后制定印发《四女寺局督办工作管理办法（试行）》（四办〔2020〕12 号）、《四女寺局车辆管理办法》（四办综〔2020〕1 号）、《四女寺局交通安全管理制度》（四办综〔2020〕2 号）、《四女寺局车辆租赁管理办法》（四水文〔2020〕6 号）、《四女寺局绿化管理办法》（四办综〔2020〕4 号）等规章制度。积极配合实施北闸除险加固附属用房及配套设施建设，促进工程辖区环境面貌、职工工作生活条件、文体场地设施得到改善。

（王丽苹）

【档案管理】

为做好水利档案规范化管理评估申报，根据漳卫南局整体工作安排，四女寺局及时成立水利档案规范化管理工作领导小组，制定《四女寺局水利档案规范化管理评估晋级实施方案》，分解各部门工作任务，制定《四女寺局 2020 年档案工作计划》。根据评估标准逐项逐条梳理归类，查漏补缺，完善资料，加强管理。建立 14 项档案管理制度，包括《四女寺局档案工作管理规定》《四女寺局文书档案管理制度》《四女寺局声像、照片档案管理办法》《四女寺局科技档案管理制度》《四女寺局会计档案管理办法》《四女寺局档案鉴定销毁管理制度》《四女寺局档案设备维护使用制度》《四女寺局重大活动档案登记制度》《四女寺局档案借阅制度》《四女寺局档案库房管理制度》《四女寺局档案保密制度》《四女寺局档案统计制度》《四女寺局办公室岗位职责》《四女寺局档案工作突发事件应急预案》。利用电子屏、微信工作群广泛开展档案法宣传，增强干部职工档案意识。采用线上与线下相结合的方式，组织职工开展档案知识培训，提高专兼职档案管理人员知识素养和业务水平。积极筹措资金，购置专用移动硬盘，安装档案遮光窗帘，完成档案制度上墙，加大档案硬件设施设备配备，为保障档案集中统一管理奠定坚实的基础。同时，加大档案效果利用和档案成果编研，充分发挥档案服务管理职能、展示形象业绩、形成教育阵地、服务领导决策、提高工作效率的重要作用。科学谋划、精心准备，全面做好各类档案的收集、整理、归档、保管、利用等工作，使全局档案管理工作水平得到进一步提升。

11 月 6 日，四女寺局以 93.5 分顺利通过海委水利档案规范化管理三级单位评估验收。

12 月 16 日，海委办公室印发《海委办公室关于印发漳卫南运河管理局及聊城河务局等17个局属单位水利档案工作规范化管理综合评估意见的通知》（办档〔2020〕10号），对《漳卫南运河管理局关于卫河河务局等23个局属单位申报“水利档案工作规范化管理三级单位”的请示》（漳办〔2020〕20号）进行批复。根据《水利档案工作规范化管理综合评估办法》（办档〔2013〕56号）规定，海委评估组于2020年11月6日对四女寺局进行了现场评估，认为四女寺局达到了档案申报三级等级要求，同意通过评估，并报水利部备案。

（王丽苹）

【新冠肺炎疫情防控】

2020年，四女寺局党委认真履行主体责任，深入贯彻水利部海委党组和漳卫南局党委及属地新冠肺炎疫情防控工作要求，及时成立疫情防控工作领导小组，制定疫情防控工作方案，为疫情防控指明工作方向，迅速打响疫情防控阻击战。组织干部职工积极开展新冠肺炎疫情防控，确保各项工作有条不紊、扎实推进。新冠肺炎疫情期间，严格领导值班制度，要求各部门（单位）负责人切实履行第一责任人责任，把打赢疫情防控阻击战作为当时的重大政治任务，做到守土有责、守土担责、守土尽责。要求干部职工增强健康防护意识，养成科学佩戴口罩、随身携带口罩的良好习惯，时刻绷紧疫情防控这根弦，做到疫情不除、防控工作力度不减，确保疫情防控和业务工作两不误。

（王丽苹）

【财务管理】

（1）4月10日，四女寺局印发《四女寺局关于印发机关差旅伙食费和市内交通费收缴管理暂行办法的通知》（四财〔2020〕4号）。

（2）5月12日，漳卫南局印发《漳卫南运河管理局关于四女寺局固定资产处置的批复》（漳财务〔2020〕11号），对《四女寺局关于原北闸闸门启闭机等固定资产处置的请示》（四财〔2020〕3号）进行批复。经研究，同意四女寺局处置方案。要求四女寺局据此办理资产处置事宜，按规定渠道上缴资产处置收入，做好文物保护工作，及时调整资产、资金账目，更新相关财务管理系统数据。

（3）7月20日，漳卫南局印发《漳卫南运河管理局关于2020年预算的批复》（漳财务〔2020〕28号），对《四女寺局关于报送2020年中央部门预算表的报告》（四财〔2020〕5号）进行批复。

（4）9月29日，漳卫南局印发《漳卫南运河管理局关于批复2019年部门决算的通知》（漳财务〔2020〕34号），对四女寺局上报的2019年度决算报告进行批复。

（5）积极开展四女寺北进洪闸报废资产处置工作。完成北闸报废资产公开拍卖，拍卖收入全部到账，扣除部分合理支出，资产处置净收入52.54万元已上缴非税收入收缴专户。

（6）开展内部审计工作。4月29日，成立审计小组对四女寺局2019年度维修养护经费管理使用情况进行审计，并将审计情况进行通报。制定《四女寺局2020年审计工作要点》（四审〔2020〕2号）、《四女寺局内部审计工作规定》（四审〔2020〕4号）。根据《漳卫南运河管理局关于对四女寺局原局长王斌离任经济责任的审计意见》（漳审〔2020〕3

号）中提出的相关问题认真研究整改措施，责成相关部门限期整改，并将整改情况及时上报漳卫南局。

（王丽苹）

【精神文明建设】

先后印发《四女寺局2020年学雷锋活动总体方案》（四便〔2020〕1号）、《四女寺局关于学习贯彻〈新时代爱国主义教育实施纲要〉的通知》（四办〔2020〕5号）、《四女寺局关于学习贯彻〈新时代公民道德建设实施纲要〉的通知》（四办〔2020〕6号）、《四女寺局平安创建及治理不文明现象实施方案》。组织干部职工在四女寺枢纽开展文明交通、美化环境等志愿服务活动。开展遏制餐饮浪费专项行动，向全体干部职工发出“浪费可耻 勤俭养德”倡议书。

2020年，组织开展“三八”妇女节新冠病毒肺炎疫情知识答题、“品味粽香、共庆端午”、“八一”退伍军人座谈会、“扎根基层水利建设厚植爱党爱国情怀”等系列文体活动。节日期间，开展送温暖活动，走访慰问退休老干部及困难职工。关心职工生活，做到职工婚丧嫁娶到场慰问、职工生病住院及时探望。加强与职工的沟通交流，每季度发放征求意见表，就职工关心的热点难点问题及合理化建议进行梳理统计，及时向漳卫南局党委进行汇报反馈。

2020年，四女寺局继续保持“省级文明单位”荣誉称号。

（王丽苹）

【安全生产】

制定《四女寺局安全生产总目标和2020年度安全生产目标》（四工管〔2020〕3号）、《四女寺局2020年安全生产工作要点》（四工管〔2020〕4号），明确安全生产工作重点。调整安全生产领导小组和各部门安全监督员，明确安全生产领导小组和安全监督员的工作职责。签订2020年安全生产管理目标责任书、安全生产责任书。制定《四女寺局安全生产专项整治三年行动实施方案》（四工管〔2020〕20号）、《四女寺局水利安全生产标准化3年（2020—2022年）建设方案》（四工管〔2020〕21号）、《四女寺局水利安全风险分级管控工作实施方案》（四工管〔2020〕22号）。6月28—29日，举办安全生产知识培训班，围绕“消除安全隐患，筑牢安全防线”的主题，学习安全生产相关专业知识，组织职工观看2020年安全生产月警示教育片《安全失守 发展受阻》《扎紧篱笆 防患未然》。6月30日，组织消防演练，现场模拟灭火器的使用。组织专业人员对水工建筑物、机电设备、防汛仓库、35kV防汛专线、车辆等进行专项检查，及时消除安全隐患，确保四女寺局各项工作安全有序进行。

（吴志文）

【荣誉情况】

（1）2月21日，四女寺局印发《四女寺局关于机关公务员及直属事业单位职工2019年度考核结果的通知》（四人事〔2020〕3号），机关公务员2019年度考核结果：优秀等次人员：杨泳鹏、谢磊、孟跃晨；直属事业单位职工2019年度考核结果：优秀等次人员：李奇光、孙磊、陈寿林。

(2) 2月28日，漳卫南局印发《漳卫南运河管理局关于公布局属各单位2019年度处级干部考核优秀结果的通知》（漳人事〔2020〕7号）。按照2019年度考核情况，经漳卫南局党委研究决定：李才德年度考核确定为优秀等次。

(3) 7月1日，漳卫南局直属机关党委印发《关于表彰2019—2020年度先进基层党组织、优秀共产党员和优秀党务工作者的通报》，四女寺局第一党支部被授予漳卫南局直属机关“先进基层党组织”荣誉称号；吴志文、武军、张鹏三名党员被授予漳卫南局直属机关“优秀共产党员”荣誉称号；席英被授予漳卫南局直属机关“优秀党务工作者”荣誉称号。

(4) 10月19日，漳卫南局印发《漳卫南运河管理局关于节水征文、照片及微视频征集活动表彰的通报》（漳资源〔2020〕45号），四女寺局王丽苹被评为“优秀节水征文个人”；吴志文被评为“优秀节水照片个人”；翟淑金被评为“优秀节水微视频个人”。

(5) 11月20日，漳卫南局印发《漳卫南运河管理局关于节水机关建设验收结果和表彰节水机关建设先进单位的通报》（漳资源〔2020〕48号），四女寺局获得“漳卫南局节水机关建设先进单位”荣誉称号。

（王丽苹）

水闸管理局

【概况】

水利部海委漳卫南运河水闸管理局（以下简称“水闸局”）隶属于水利部海委漳卫南局，由漳卫南局授权在其管辖范围内行使水行政管理职责，为具有行政职能的事业单位。管辖祝官屯枢纽、袁桥闸、吴桥闸、王营盘闸、罗寨闸、庆云闸、无棣闸及滨州市无棣县境内漳卫新河至入海口，堤防长度30.6km。机构内设6个科室，下属10个直属单位和1个维修养护公司。全局现有干部职工154人，其中在职人员103人、离退休人员51人。

2020年单位主要负责人如下。

局　长：刘敬玉

副局长：薛德训　贾　卫　石　屹　于清春

【工程管理】

2020年完成水利工程维修养护项目投资608.64万元。其中，祝官屯77.78万元，袁桥57.88万元，吴桥68.95万元，王营盘70.7万元，罗寨72.73万元，庆云70.37万元，辛集74.26万元，堤防114.15万元，控导1.82万元。

按照漳卫南局工程运行管理工作会议要求，落实了干部职工包闸、包堤段责任制，所属各单位分别制定了工程管理责任制度；落实了一线养护人员队伍，对16名闸门运行工进行上岗培训，做到了持证上岗。完成漳卫新河无棣段河湖管理范围和保护范围24块划界标示牌的制作安装任务。积极开展创新工作，将二维码应用到工程管理中；利用玻璃钢材料制作滑轮组护罩解决水下易锈蚀问题等。

（李兴旺　劳道远）

【水旱灾害防御】

优化调整水旱灾害防御组织机构，召开水旱灾害防御工作会议。加强汛前、汛期及汛后工程检查，向漳卫南局及时报送汛前检查报告和防汛工作总结。层层落实防汛责任制，强化防汛值守，严肃值班纪律，对值班情况开展多次检查。积极做好2020年8月的强降雨防范工作，迅速妥善处理祝官屯闸所遭受的灾情，自筹资金对受损的办公楼、职工宿舍、食堂等进行了维修。

加强水文工作，汛前完成4台流速仪的维修检定，完成祝官屯站上、下游基本水尺断面水尺的维修更换工作；严格按照海委水文局下发的测站报汛任务书要求，认真做好汛期报汛工作；2020年，完成水文测验8700余次，汛期累计发送报文644条。

（贾晓洁　魏序）

【水政水资源管理】

1. 水法规宣传

组织开展纪念第28届“世界水日”和第33届“中国水周”宣传活动、“4·15”全民国家安全教育日宣传活动及“12·4”国家宪法日宣传活动，共散发宣传材料16800余份，张贴宣传标语、宣传画66幅（张）。

2. 水行政执法

2020年，辖区内无现场处理水事违法案件，未发生因执法程序过错引起的各类诉讼案件。

3. 节水机关建设

坚持“节水优先”，多措并举开展节水机关建设，水闸局机关及局属各单位全部通过节水机关验收。2020年11月20日，漳卫南局以漳资源〔2020〕48号文，授予水闸局、袁桥闸管理所为漳卫南局节水机关建设先进单位。

4. 漳卫新河河口管理

积极开展河口执法，加强河口地区水政巡查，及时查处和遏制各类水事违法案件。2020年11月23日，在山东省无棣县组织承办第五次漳卫新河河口联席会议，与无棣、海兴县政府在孟家庄子修船厂清理问题上达成共识，并成功开展专项整治行动，共拆除砖瓦房100余m^2、集装箱简易房500余m^2。

5. 河长制工作

2020年6月，召开河长制工作座谈会，加强对秦滨高速跨漳卫新河特大桥涉河建设项目的监管，与项目方积极做好沟通对接。完成所辖7座拦河闸、漳卫新河无棣段河湖管理范围和保护范围划界公告工作，并向漳卫南局河湖处上报测量技术成果。

6. 水资源管理与保护

及时下达年度取水计划，要求各取水户按计划取水。2020年12月，完成18个取水口2020取水工作总结和2021取水计划的编制工作；定期开展取水许可监督检查，全年共开展51次检查。配合漳卫南局完成取用水管理问题“回头看”监督检查、取用水监督检查。开展取水口专项整治，完成取水口核查登记及审核工作。落实水资源信息通报制度，2020 年未发生重大水污染事件。

（李磊　耿书迪）

【人事管理】

1. 人事任免

（1）科级干部任免。2020 年 9 月，经任职试用期满考核合格，任命王静为水闸局办公室（党委办公室）主任；李磊为水闸局水政水资源科科长；刘建为漳卫南运河吴桥闸管理所所长（闸人事〔2020〕80 号）。

2020 年 9 月，经任职试用期满考核合格，聘任刘廷志为水闸局后勤服务中心主任（闸人事〔2020〕81 号）。

2020 年 9 月，中共水闸局党委研究决定，任命马连祯为漳卫南运河王营盘闸管理所所长职务；免去王营盘闸管理所三级主任科员职级（闸人事〔2020〕90 号）。

（2）其他人员。2020 年 7 月，经试用期满考核，任命潘璐瑶为水利部海委漳卫南运河袁桥闸管理所一级科员，任职时间从 2020 年 7 月 1 日开始（闸人事〔2020〕68 号）。

2. 公务员职务与职级并行

2019 年 12 月 6 日，漳卫南局党委研究决定，贾卫、于清春任水闸局二级调研员，职级任职时间自 2019 年 12 月起算（漳任〔2020〕7 号）。

2020 年 6 月 17 日，漳卫南局党委研究决定，免去杨金贵的水闸局三级调研员职级（漳任〔2020〕41 号）。

2020 年 7 月 31 日，漳卫南局党委研究决定，刘春华任庆云闸管理所三级调研员，职级任职时间自 2020 年 7 月起算（漳任〔2020〕59 号）。

2020 年 7 月 31 日，漳卫南局党委研究决定，刘敬玉任水闸局一级调研员；石屹任水闸局二级调研员，免去石屹原任职级。职级任职时间自 2020 年 7 月起算（漳任〔2020〕66 号）。

3. 机构设置与调整

（1）2020 年 3 月 25 日，水闸局印发《水闸局关于成立节水机关建设工作领导小组的通知》（闸政资〔2020〕25 号），成立水闸局节水机关建设工作领导小组。

组　长：刘敬玉

副组长：石　屹

成　员：王　静　翟秀平　李　磊　王海燕　金松森　范连东　刘廷志

领导小组下设办公室，承担领导小组的日常工作。领导小组办公室设在水政科，办公室主任由李磊兼任，办公室副主任由李泽光担任。

（2）2020 年 4 月 8 日，水闸局印发《水闸局关于成立水闸局水文应急监测领导小组及水文应急监测队的通知》（闸水文〔2020〕32 号）。

1）领导小组人员组成。

组　长：贾　卫

副组长：金松森

成　员：刘学峰　霍　光　刘　建　马连祯　姜东峰　刘春华　杨海春

2）水文应急监测队人员组成及职责分工。

队　　长：金松森（全面负责水文应急监测队应急监测事项）

技术负责：魏　序（负责应急监测技术故障排查、数据处理分析）

成　　员：朱卫亮　王圣涛　王　宁　臧庆虎　霍子龙　王　冲　李　昊　贾金涛
陈志勇　曹同才
（负责断面布设、流量测验、数据处理、测流设备拖拽、安全保障）

（3）2020年4月9日，水闸局印发《水闸局关于调整职称申报审核领导小组的通知》（闸人事〔2020〕29号）。由于人员变动，将职称申报审核领导小组人员做如下调整。

组　长：薛德训

成　员：翟永英　王　静　李　磊　翟秀平　李兴旺　蔡丽霞　刘廷志　金松森
范连东　刘学峰　霍　光　刘　建　姜东峰　刘春华　杨海春

（4）2020年5月27日，水闸局印发《水闸局关于调整2020年水旱灾害防御组织机构的通知》（闸工管〔2020〕45号），对水闸局2020年水旱灾害组织机构进行调整。

1）水闸局水旱灾害防御工作领导小组。

组　长：刘敬玉

副组长：薛德训　贾　卫　石　屹　于清春　段俊秀　杨金贵

成　员：李兴旺　王　静　李　磊　翟秀平　翟永英　王海燕　刘廷志　金松森
范连东

2）局领导水旱灾害防御工作职责及包河包闸分工。

刘敬玉：负责水闸局水旱灾害防御全面工作。

薛德训：分管祝官屯枢纽、袁桥闸水旱灾害防御工作。

贾　卫：分管吴桥闸、王营盘闸水旱灾害防御工作。

石　屹：分管无棣河务局水旱灾害防御工作。

于清春：分管罗寨闸、庆云闸水旱灾害防御工作。

3）职能组。

水闸局水旱灾害防御工作设立8个职能组，各组组长由相应科室主要负责人担任，若其工作岗位发生变动由继任者担任。

综合调度组

组　长：李兴旺

成　员：主要由工管科人员组成

职　责：负责组织、指导防洪预案的编制；负责局属水闸的调度；负责组织防洪抢险演习和技术培训；负责灾情的统计上报；负责局水旱灾害防御日常工作。

情报预报组

组　长：金松森

成　员：主要由水文中心人员组成

职　责：负责雨水情测报及洪水预报工作；负责雨水情应用系统的运行维护；负责水文巡测及水质监测工作。

清障组

组　长：李　磊

成　员：主要由水政科人员组成。

职　责：负责组织有关水旱灾害防御法规、政策的宣传工作，督办河系违章建筑和阻水障碍及其他影响防洪安全的水事违法案件。

物资保障组

组　长：翟秀平

副组长：王长振

成　员：主要由财务科人员组成

职　责：负责全局水旱灾害防御资金的使用、检查和监督，负责防汛物资的储备管理。

宣传报道组

组　长：王　静

成　员：主要由办公室人员组成

职　责：负责密切关注水旱灾害防御工作动态，做好有关信息发布和报道工作。

动员组

组　长：王海燕

成　员：主要由工会人员组成

职　责：负责水旱灾害防御工作的思想动员及教育工作。

检查督导组

组　长：翟永英

成　员：主要由人事科人员组成

职　责：负责水旱灾害防御人力资源配置，负责对水旱灾害防御工作中渎职失职、违纪违法行为进行调查和处理。

通信信息及后勤保障组

组　长：刘廷志

副组长：范连东

成　员：主要由后勤服务中心、综合事业中心人员组成

职　责：负责防汛通信联络，保障通信畅通；负责计算机网络、水文遥测、工程视频、视频会商等系统的运行维护。负责防汛车辆及水、电等后勤保障工作。

4）水旱灾害防御办公室。

主　任：石　屹

副主任：李兴旺

成　员：劳道远　孙会权　贾晓洁　苗迎秋　范书春

（5）2020 年 8 月 20 日，水闸局印发《水闸局关于成立网络安全与信息化领导小组的通知》（闸后勤〔2020〕83 号），成立水闸局网络安全与信息化领导小组。

1）网信领导小组。

组　长：刘敬玉

副组长：于清春

成　员：王　静　李　磊　翟秀平　翟永英　李兴旺　王海燕　金松森　范连东
　　　　刘廷志　刘学峰　霍　光　刘　建　马连祯　姜东峰　刘春华　杨海春
　　　　李晓阳

2）网信办。

主　任：刘廷志（兼）

成　员：刘　超　郭全亮　张　鹏　耿书迪　刘燕萍　蔡丽霞　苗迎秋
　　　　王海燕（兼）　魏　序　曹　路

（6）2020 年 11 月 16 日，水闸局印发《水闸局关于调整推进河长制工作领导小组成员的通知》（闸政资〔2020〕97 号），对水闸局推进河长制工作领导小组成员调整如下。

组　长：刘敬玉

副组长：薛德训　贾　卫　石　屹　于清春　段俊秀

成　员：李　磊　李兴旺　王　静　翟秀平　翟永英　金松森　范连东
　　　　刘廷志　刘学峰　霍　光　刘　建　马连祯　姜东峰　刘春华　杨海春

领导小组主要职责不变，原小组成员因工作和职务变动不再担任成员的，由继任者担任相应职责。

4. 职工培训

2020 年，水闸局共举办各类培训班 8 个。参加水闸局及上级各类培训班约 500 人次。为全体在职职工开通了在水利培训教育网的网络学习，网络教育达到全覆盖。

5. 人员变动

7 月，1 名参照公务员法管理人员（杨金贵）调出；12 月，1 名参照公务员法管理人员（李洪云）退休。

3 月，1 名事业编制人员（张雪梅）退休；7 月，2 名事业编制人员（李玉玲、朱秀花）退休；11 月，新招聘 1 名事业编制人员（杨晓帅）；12 月 1 名事业编制人员（臧庆虎）调出。

截至 2020 年 12 月 31 日，水闸局在职职工 103 人，其中，参照公务员法管理人员 41 人，事业编制人员 47 人，海斗公司 15 人。退休人员 51 人，其中，海斗公司 1 人。

6. 职称评定与事业编制人员岗位聘用

（1）2020 年 7 月 20 日，水闸局批复同意海斗公司聘任王伟专业技术职务为经济师（聘任时间自 2020 年 7 月 1 日算起）。

（2）2020 年 7 月 27 日，漳卫南局印发《漳卫南运河管理局关于公布、认定专业技术职务任职资格的通知》（漳人事〔2020〕44 号），经漳卫南局认定，陈智勇具备助理工程师任职资格，专业技术资格取得时间为 2020 年 7 月 25 日。

（3）2020 年 7 月 27 日，水闸局印发《水闸局关于事业编制人员专业技术岗位聘用的通知》（闸人事〔2020〕71 号），聘用陈智勇为专业技术岗位十二级（聘期自 2020 年 7 月至 2023 年 12 月）。

（4）2020 年 12 月 16 日，水闸局印发《水闸局关于事业编制人员专业技术岗位聘用的通知》（闸人事〔2020〕111 号），聘用刘爽为专业技术岗位九级（聘期自 2020 年 12 月至 2023 年 12 月）；臧庆虎 2020 年 12 月 14 日解聘。

7. 表彰奖励

(1) 2020 年 2 月 11 日，漳卫南局印发《漳卫南运河管理局关于表彰 2019 年度先进单位、先进集体的通报》(漳办〔2020〕1 号)，授予水闸局“漳卫南局 2019 年度先进单位”荣誉称号。

(2) 2020 年 2 月 11 日，漳卫南局印发《漳卫南运河管理局关于表彰 2019 年度工程管理先进单位与先进水管单位的通报》(漳建管〔2020〕4 号)，授予水闸局“2019 年度工程管理先进单位”荣誉称号；授予祝官屯枢纽管理所、王营盘闸管理所“2019 年度工程管理先进水管单位”荣誉称号。

(3) 2020 年 1 月 3 日，水闸局印发《水闸局关于公布 2019 年度参照公务员法管理人员和事业人员考核结果的通知》(闸人事〔2020〕1 号)。2019 年度考核结果如下。

1) 参照公务员法管理人员 2019 年度考核结果。优秀等次人员包括刘学峰、姜东峰、马连祯、翟秀平、蔡丽霞、王海燕；其他参加考核的人员均为称职，潘璐瑶见习期不定考核等次。对优秀等次人员嘉奖一次；刘学峰 2017—2019 年连续三年考核被确定优秀等次，记三等功一次。

2) 事业人员 2019 年度考核结果。优秀等次人员包括李玉玲、张云松、李国兴、曹同才、孙立东、曹路、金松森；其他参加考核的人员均为合格，陈智勇见习期不定考核等次。

(翟永英　王静)

【综合管理】

集中开展制度建设工作，完成 11 项制度的制修订任务。加强档案管理工作，2020 年 12 月，水闸局、祝官屯枢纽管理所、袁桥管理所、吴桥闸管理所通过水利档案工作规范化管理三级单位评估验收。

制定年度安全生产工作要点、安全生产月活动实施方案，层层落实安全生产责任制，开展安全生产月活动。推进安全生产标准化建设，配合海委在吴桥闸所开展了危险源辨识与风险评价试点工作，为其编制《海委水利工程运行管理单位安全风险分级管控指导手册(水闸、堤防类)》提供翔实资料。加强网络安全与信息化管理，落实管理责任及具体措施，确保了网络信息安全。加大辛集闸交通桥安全检查检测力度，安排专职技术人员每天按时进行检查，发现安全隐患及时上报，并积极配合好浮桥建设。2020 年，实现全年安全生产无事故。

加强预算执行管理，严格控制压缩“三公”经费支出，按计划完成财政资金序时支付进度。完成固定资产报废处置申报和汛前防汛物资盘点清查等工作。积极做好水费征收、水利工程占用补偿费收取等工作，保障了各项工作正常运转和职工工资按时足额发放。

(翟秀平　孙会权)

【养护公司管理】

按照漳卫南局公司体制调整工作会议及《德州水电集团公司管理体制调整工作方案》要求，2020 年 4 月 14 日，注册成立了独立法人公司——德州海斗水利工程有限公司；推进公司工资制度改革，对公司工资项目进行了规范，全局三类人员工资收入水平基本持平；建立健全公司各项规章制度；对公司人员人事档案逐项进行专项审核。

（翟永英　王静）

【新冠肺炎疫情防控】

认真落实新冠肺炎疫情防控工作有关要求，成立应对疫情工作领导小组（2020 年 1 月，闸党〔2020〕1 号），制定疫情防控工作方案（闸办〔2020〕4 号，闸办〔2020〕48 号），全面落实各项防控措施，坚决做好疫情防控工作，全局未发生新冠肺炎感染病例。

（王静）

【全面从严治党】

（1）强化理论学习，采取党委中心组带头学、党支部集中学、个人自学等方式，对习近平新时代中国特色社会主义思想、十九届五中全会精神、鄂竟平部长和叶建春副部长专题党课精神等进行了深入学习。

（2）2020 年 5 月召开水闸局“不忘初心、牢记使命”主题教育总结会议。深入开展了强化政治机关意识教育、创建“让党中央放心、让人民群众满意的模范机关”活动。抓好意识形态相关工作。做好上级党建督查迎检工作。推进作风建设，开展机关作风、工作纪律、新冠肺炎疫情防控等情况专项检查，以及差旅伙食费和市内交通费收交、中央“八项规定”精神落实情况、“小金库”专项治理等自查自纠工作。配合漳卫南局党委巡察“回头看”并抓好反馈问题整改落实。开展了“灯下黑”问题专项整治工作。

（3）抓好党风廉政建设工作。党委班子成员分别对分管部门、单位负责人进行廉政约谈，约谈覆盖率为 100%；对新提拔干部进行任职谈话；对养护公司负责人及重点领域负责人进行廉政提醒。深化廉政警示教育活动，制定了《2020 年水闸局廉政警示教育活动工作方案》，召开廉政警示教育大会、观看廉政警示教育片、举办党风廉政建设培训班、收看党风廉政建设专题讲座、组织学习党纪国法及有关规章制度等。

（4）推进基层党支部标准化规范化建设，严格落实“三会一课”、党员活动日等组织生活制度，加强党建阵地建设，完善党建工作资料。严格党员发展程序，做好发展党员工作，2020 年共发展 2 名预备党员（苏桂梅、房荣昌）。开展支部达标创建工作，加强党建工作督导检查力度。

（5）2020 年 5 月，成立了海斗公司党支部。2020 年 7 月 1 日，中共漳卫南局直属机关委员会印发《关于表彰 2019—2020 年度先进基层党组织　优秀共产党员和优秀党务工作者的通报》，水闸局第一党支部被评为 2019—2020 年度先进基层党组织；魏序、潘璐瑶、姜东峰、刘春华被评为 2019—2020 年度优秀共产党员；王静被评为 2019—2020 年度优秀党务工作者。2020 年 8 月，水闸局第四党支部进行了换届选举。2020 年 9 月 11 日，漳卫南局党委委员、总工徐林波深入基层蹲点单位、基层党支部联系点庆云闸管理所调研指导工作。2020 年 9 月 16 日，漳卫南局党委委员、副局长张永顺对水闸局领导班子进行集体廉政约谈。同时对全面从严治党和基层党建工作进行督导检查。

（王静　翟永英）

【精神文明建设】

积极参与德州市“创城”，开展点对点小区帮扶、文明交通劝导志愿服务；在春节、国庆节等节日开展丰富多彩的文体娱乐活动，丰富职工文化生活；开展“厉行勤俭节约，反对铺张浪费”承诺、“光盘行动”“文明出行”倡议活动等。加强“职工小家”建设，为部分闸所更换了抽油烟机、煤气灶、电冰箱等。深入开展了走访慰问及困难职工帮扶工作。

2020年7月7日，漳卫南局精神文明建设领导小组办公室印发《漳卫南运河管理局关于表彰“最美职工”“最美家庭”的通报》(漳文明办〔2020〕8号)，水闸局马连祯被授予漳卫南局“最美职工”荣誉称号。

水闸局、祝官屯枢纽管理所、袁桥闸管理所复查合格，被山东省精神文明建设委员会授予2020年度省级文明单位称号；吴桥、王营盘、庆云闸管理所保持“沧州市文明单位”称号；无棣河务局保持“滨州市文明单位”称号。

(周云波　王海燕)

防汛机动抢险队

【概况】

防汛机动抢险队（以下简称“防汛抢险队”）隶属于水利部海委漳卫南局，由漳卫南局授权在其管辖范围做好防汛抢险、物资保障等工作，是公益一类事业单位。机构内设办公室（含党委办公室）、人事科（监察审计科）、财务科、技术科、工会5个科室，抢险一分队、工程二分队、工程三分队、物资供应中心、后勤服务中心5个单位。全队现有在职人员72人、离退休人员59人。

2020年单位主要负责人如下。

党委书记：段百祥（2014年11月至2020年3月）

杨金贵（2020年6月任）

队　长：刘恩杰（2014年11月至2020年6月）

副队长：杨金贵（2020年6月任）

宫学坤　郑萌　王传云（2020年6月任）

总　工：李永波（2002年4月至2020年3月）

【防汛工作】

4月，上报2020年汛前检查的报告，同时及时调整防汛抢险组织机构，明确工作职责。同月，抢险队防汛小组赴抢险队建设项目基地开展汛前检查，切实为2020年水旱灾害防御工作做好准备。5月，按照年度工作计划部署，抢险队组织开展2020年水旱灾害防御知识培训，参加四女寺北闸除险加固工程2020年防汛抢险应急演练1次。7月，召开2020年水旱灾害防御工作会议，加强汛期值班带班纪律，实行24小时带班值班制度，

2020年共计428人次值守。8月，分别开展3期防汛抢险技术研讨，累计45人次参加学习培训。

（田晶）

【防汛物资管理】

定期检查物资设备仓库消防器材设施、电气电路、监控系统的完好情况和工作状况；定期检查物资设备存放情况，做到无损坏和丢失、无隐患、无霉烂变质、无杂物积尘；做好防火、防爆、防盗、防腐、防蛀、防潮工作。设备日常保卫看管工作实行24小时值班制度，认真填写值班记录，严格执行办理交、接班手续。定期对防汛抢险物资设备进行检查、运行、维护保养。

（田晶）

【人事劳动管理】

1. 机构调整

（1）7月24日，根据工作需要，调整队领导分工如下。

杨金贵：主持党政全面工作，负责单位财务工作，分管财务科。

宫学坤：负责人事、防汛抢险、技术、安全生产、工会等工作，分管人事科、技术科、工会、抢险二分队、抢险三分队。

王传云：负责单位政务、党建、精神文明、党风廉政、物资管理、后勤管理工作，分管办公室、监察审计科、抢险一分队、物资供应中心、后勤服务中心。

郑萌：在海委交流。

（2）8月5日，根据防汛抢险队领导班子调整及分工情况，对防汛抢险队党建工作领导小组、巡察整改工作领导小组、应对新冠肺炎疫情工作领导小组、党风廉政建设领导小组成员及责任分解成员调整如下。

1）党建工作领导小组。

组　长：杨金贵

副组长：王传云

成　员：黄风光　彭闽东　薛善林　吕晓霞　王雅伟　魏　杰　刘书奇
　　　　张森林　田　晶　刘　洁

领导小组下设办公室，设在防汛抢险队办公室（党委办公室），黄风光任办公室主任。

2）巡察整改工作领导小组。

组　长：杨金贵

副组长：宫学坤　王传云

成　员：黄风光　彭闽东　刘滋军　代志瑞　张雁北　王吉祥　张森林

领导小组下设办公室，办公室设在人事监察（审计）科，彭闽东任办公室主任。

3）应对新冠肺炎疫情工作领导小组。

组　长：杨金贵

副组长：宫学坤　王传云

成　员：黄风光　彭闽东　刘滋军　代志瑞　刘恒双　赵清祥　薛善林　张雁北

王吉祥

领导小组负责全队应对疫情工作的组织领导、统筹协调和督促指导。领导小组办公室设在防汛抢险队办公室，负责相关工作的组织开展，黄风光兼任办公室主任。

4）党风廉政建设领导小组。

组　长：杨金贵

成　员：宫学坤　郑　萌　王传云

党风廉政建设领导小组办公室设在防汛抢险队办公室（党委办公室），办公室主任由黄风光兼任，办公室成员包括彭闽东、吕晓霞、王雅伟、田晶、张志新、刘洁。

（3）8 月 17 日，根据防汛抢险工作的需要，调整防汛抢险组织机构如下。

1）领导小组。

组　长：杨金贵

副组长：宫学坤　王传云

成　员：黄风光　彭闽东　刘滋军　代志瑞　刘恒双　赵清祥　薛善林　王吉祥　张雁北

领导小组办公室设在技术科，负责日常工作的组织开展，人员组成如下。

主　任：宫学坤

副主任：代志瑞　黄风光

成　员：宋雅美　魏　杰　李志平　刘秀明　吕晓霞　梁新伟　董　燕　万乐天　田　晶

职　责：制定防汛抢险应急响应行动预案；做好水情、雨情、工情以及有关险情信息汇总，及时通知有关领导和相关单位，为防汛抢险决策提供有力依据。

2）职能组。

设备抢险组

组　长：王传云

副组长：张雁北　刘恒双　赵清祥　薛善林

成　员：刘书奇　王泽祥　贺卫国　张森林　魏玉涛　贾廷学　赵建利　刘明忠　刘风昌　崔磊磊　张石华　崔雁卿　张志坚　王　建　付丙贵　王建平　于晓青　苑冀冬　李春静　汪　彪　张玉胜　马书臣　俎文斌　于其忠　范怡海　李国栋　付延刚　陈世勇　刘培成

职　责：承担防汛抢险队防洪工程紧急抢险任务，组织好救援物资、设备、车辆的进场施救；抢险救援结束后，针对抢险过程中进行总结评估，形成应急响应行动评估报告；负责防汛抢险队防汛物资和抢险设备的日常管理、养护和维修工作。

技术组

组　长：宫学坤

副组长：代志瑞　刘恒双（兼）　赵清祥（兼）　薛善林（兼）

成　员：宋雅美　魏　杰　田冬梅　国贞新　李志平　刘秀明

职　责：指导设备抢险组实施应急预案；完善应急预案中存在的缺陷；及时向外部救援机构提供准确的抢险救援信息；收集整理雨情、水情、灾情等信息，及时传达指挥中心的命令、通令，提供上报下传的资料。

后勤保障组

组　长：王吉祥

成　员：史文利　马　勇　辛　勇　王　勇　刘俊青　刘来峰　汤　咏

职　责：保障救援人员必需的防护、救护用品及生活物质的供给；维持抢险现场秩序；保持抢险救援通道的畅通。

宣传组

组　长：黄风光

副组长：吕晓霞

成　员：梁新伟　董　燕　万乐天　田　晶　刘　洁

职　责：负责防汛抢险队防汛信息的宣传报道工作；保障防汛通信，系统网络安全可靠；确保异地会商系统正常运行。

劳资组

组　长：彭闽东

副组长：刘滋军　王雅伟

成　员：侯贻芹　崔冰冰　王　青　张志新　于　勇　宋爱莲

职　责：筹集防汛抢险经费，保证资金能满足救援抢险的需要。

(4) 8月25日，调整抢险队安全生产应急管理机构和人员如下。

1) 防汛抢险队安全生产应急管理领导小组。

组　长：杨金贵

副组长：宫学坤　王传云

成　员：黄风光　彭闽东　刘滋军　代志瑞　刘恒双　赵清祥　薛善林　王吉祥　张雁北

应急管理领导小组办公室设在技术科，负责日常工作的组织开展，人员组成如下。

主　任：宫学坤

副主任：代志瑞

成　员：魏　杰　宋雅美　刘秀明　李志平

2) 防汛抢险队安全生产应急管理工作组。

应急救援组

组　长：宫学坤

副组长：刘恒双　赵清祥　薛善林　张雁北

成　员：刘书奇　贺卫国　张森林　王泽祥　贾廷学　魏玉涛　崔雁卿　刘风昌　崔磊磊　刘明忠　赵建利　张石华　付丙贵　王建平　张志坚　王　建　于晓青　李春静　于其忠　张玉胜　马书臣　俎文斌　汪　彪　范怡海　李国栋　陈世勇　辛　勇　刘培成　王　勇　付延刚　史文利　刘来峰

技术组

组　长：宫学坤

副组长：代志瑞　刘恒双　赵清祥　薛善林

成　员：魏　杰　宋雅美　国贞新　刘秀明　李志平

后勤保障组

组　长：王传云

副组长：黄风光　刘滋军　王吉祥

成　员：吕晓霞　梁新伟　董　燕　万乐天　田　晶　崔冰冰　侯怡芹　王　青
刘俊青　马　勇　汤　咏　田冬梅

事故调查组

组　长：王传云

副组长：彭闽东　代志瑞

成　员：王雅伟　魏　杰　宋雅美　于　勇　张志新　宋爱莲　刘秀明　李志平

善后处理组

组　长：王传云

副组长：彭闽东

成　员：王雅伟　于　勇　张志新　宋爱莲　刘　洁

（5）8 月 25 日，调整信访工作领导小组、精神文明建设工作领导小组等 12 个临时机构如下。

1）信访工作领导小组。

组　长：杨金贵

副组长：王传云

成　员：黄风光　彭闽东　刘滋军　代志瑞　刘恒双　赵清祥　薛善林　张雁北
王吉祥

信访工作领导小组办公室设在防汛抢险队办公室，负责日常工作的组织开展，主任由黄风光兼任。信访工作领导小组及办公室成员因工作和职务变动不再担任成员的，由继任者担任，不再另行发文。

2）精神文明建设工作领导小组。

组　长：杨金贵

副组长：王传云

成　员：黄风光　彭闽东　刘滋军　代志瑞　刘恒双　赵清祥　薛善林　张雁北
王吉祥

精神文明建设领导小组下设办公室具体负责日常工作的组织开展，其成员组成如下。

主　任：王传云

副主任：黄风光　王吉祥

成　员：吕晓霞　宋雅美　魏　杰　王泽祥　张森林　田　晶　万乐天　于　勇
崔冰冰　刘秀明　李志平　刘　洁　王　建　张玉胜　刘俊青

精神文明建设领导小组及办公室成员因工作和职务变动不再担任成员的，由继任者担任，不再另行发文。

3）保密工作领导小组。

组　长：王传云

成　员：黄风光　彭闽东　刘滋军　代志瑞　刘恒双　赵清祥　薛善林　张雁北
　　　　王吉祥

保密工作领导小组办公室设在防汛抢险队办公室，负责日常工作的组织开展，主任由黄风光兼任。保密工作领导小组及办公室成员因工作和职务变动不再担任成员的，由继任者担任，不再另行发文。

4）档案工作突发事件应急处置领导小组。

组　长：王传云

成　员：黄风光　彭闽东　刘滋军　代志瑞　张雁北　王吉祥

档案工作突发事件应急处置领导小组办公室设在防汛抢险队办公室，负责日常工作的组织开展，主任由黄风光兼任。档案工作突发事件应急处置领导小组及办公室成员因工作和职务变动不再担任成员的，由继任者担任，不再另行发文。

5）信息宣传工作组。

组　长：王传云

副组长：黄风光

成　员：吕晓霞　田　晶　万乐天　于　勇　张志新　王　青　刘秀明　王泽祥
　　　　王　建　张森林　贾廷学　刘俊青

信息宣传工作组成员因工作和职务变动不再担任成员的，由继任者担任，不再另行发文。

6）档案规范化管理申报工作组。

组　长：王传云

副组长：黄风光　刘滋军　代志瑞　张燕北

成　员：吕晓霞　梁新伟　董　燕　万乐天　田　晶　王　青　魏　杰　崔磊磊

档案规范化管理申报工作组成员因工作和职务变动不再担任成员的，由继任者担任，不再另行发文。

7）节水机关建设工作领导小组。

组　长：杨金贵

副组长：宫学坤　王传云

成　员：黄风光　彭闽东　刘滋军　代志瑞　刘恒双　赵清祥　薛善林　张雁北
　　　　王吉祥　刘俊青　陈世勇

节水机关建设领导小组下设办公室，承担领导小组的日常工作。领导小组办公室设在后勤服务中心，办公室主任由后勤服务中心主任王吉祥兼任。节水机关建设工作领导小组及办公室成员因工作和职务变动不再担任成员的，由继任者担任，不再另行发文。

8）普法工作领导小组。

组　长：杨金贵

副组长：宫学坤

成　员：彭闽东　黄风光　代志瑞　刘滋军　王雅伟　于　勇　张志新

普法工作领导小组办公室设在人事科，负责日常工作的组织开展，主任由彭闽东兼任。普法工作领导小组及办公室成员因工作和职务变动不再担任成员的，由继任者担任，不再另行发文。

9）干部人事档案专项审核工作领导小组。

组　长：杨金贵

副组长：宫学坤

成　员：彭闽东　王雅伟　张志新

干部人事档案专项审核工作领导小组办公室设在人事科，负责日常工作的组织开展，主任由彭闽东兼任。干部人事档案专项审核工作领导小组及办公室成员因工作和职务变动不再担任成员的，由继任者担任，不再另行发文。

10）防汛抢险队内部控制领导小组。

组　长：杨金贵

成　员：刘滋军　彭闽东　黄风光　代志瑞　侯贻芹

内部控制工作牵头部门为财务科。

11）防汛抢险队内部控制风险评估领导小组。

组　长：宫学坤

副组长：刘滋军

成　员：黄风光　代志瑞　王雅伟　侯贻芹

内部控制风险评估工作牵头部门为财务科。

12）安全生产领导小组。

组　长：杨金贵

副组长：宫学坤　王传云

成　员：黄风光　彭闽东　刘滋军　代志瑞　刘恒双　赵清祥　薛善林　王吉祥　张雁北

安全生产领导小组办公室设在技术科，负责安全生产领导小组日常工作，办公室主任由宫学坤兼任，办公室副主任由代志瑞担任。安全生产领导小组及办公室成员因工作和职务变动不再担任成员的，由继任者担任，不再另行发文。

（6）11 月 24 日，调整防汛抢险队网信办领导小组如下。

1）网信领导小组。

组　长：杨金贵

副组长：宫学坤　王传云　郑　萌

成　员：黄风光　彭闽东　刘滋军　代志瑞　刘恒双　赵清祥　薛善林　张雁北　王吉祥

2）网信办。

主　任：王传云

副主任：黄风光

成　员：万乐天　吕晓霞　刘秀明　王雅伟　王　青　王泽祥　王　建　张森林　刘俊青　贾廷学

2. 职工培训

2020 年，组织本级培训和参与上级培训共计 23 班次，参培人员 490 人次。举办内部培训班 12 期，内部培训达到 484 人次；参加外部培训班 5 期，参加培训达到 6 人次；其中网络培训答题 7 期，参与答题 136 人次。全队干部职工参训率达到 100%。

3. 岗位聘任与职称评定

（1）6 月 28 日，漳卫南局党委 2020 年 6 月 17 日研究决定，聘任王传云为水利部海委漳卫南局防汛抢险队副队长（试用期一年）（漳任〔2020〕35 号）。

（2）6 月 28 日，中共漳卫南局党委 2020 年 6 月 17 日研究决定，任命王传云同志为中共水利部海委漳卫南局防汛抢险队委员会委员（漳党〔2020〕40 号）。

（3）7 月 21 日，漳卫南局党委 2020 年 6 月 17 日研究决定，聘任杨金贵为水利部海委漳卫南局防汛抢险队副队长（试用期一年），解聘刘恩杰的水利部海委漳卫南局防汛抢险队队长职务；解聘段百祥的水利部海委漳卫南局防汛抢险队副队长职务（漳任〔2020〕43 号）。

（4）7 月 21 日，中共漳卫南局党委 2020 年 6 月 17 日研究决定，任命杨金贵同志为中共水利部海委漳卫南局防汛抢险队委员会书记（试用期一年），免去刘恩杰同志中共水利部海委漳卫南局防汛抢险队委员会副书记职务；中共漳卫南局党委 2020 年 3 月 19 日研究决定，免去段百祥同志中共水利部海委漳卫南局防汛抢险队委员会书记职务（漳党〔2020〕53 号）。

（5）7 月 27 日，经海委《海委关于批准 2019 年度高级工程师、工程师任职资格的通知》（海人事〔2020〕29 号）批准，张森林具备高级工程师任职资格。

（6）7 月 28 日，根据《漳卫南运河管理局关于印发事业单位岗位设置后续管理工作有关问题处理意见的通知》（漳人事〔2017〕60 号）文件精神，经 2020 年 7 月 13 日抢险队党委会研究同意，并公示合格，决定聘任王建平工勤岗二级，聘期自 2020 年 7 月 28 日至退休之日。

（7）12 月 30 日，根据《漳卫南运河管理局关于印发事业单位岗位设置后续管理工作有关问题处理意见的通知》（漳人事〔2017〕60 号）文件精神，经 2020 年 12 月 24 日抢险队党委会研究同意，并公示合格，决定聘任薛善林专业技术五级岗，于晓青专业技术六级岗，宋雅美专业技术七级岗，刘书奇专业技术九级岗，马勇工勤技能二级岗，薛善林、马勇聘期为 2020 年 12 月 30 日至退休之日，其余人员聘期为 2020 年 12 月 30 日至 2023 年 12 月 29 日。

4. 表彰奖励

（1）1 月 14 日，按照《中共漳卫南运河管理局党校优秀论文评比办法》，经漳卫南局党校 2019 年科技干部培训班优秀论文评审委员会评审，黄风光《关于支部工作的几点思考》获得优秀论文（漳党校〔2020〕3 号）。

（2）2 月 28 日，经漳卫南局党委研究决定，防汛抢险队 2019 年度处级考核优秀人员为段百祥、宫学坤（漳人事〔2020〕7 号）。

（3）3 月 23 日，经民主推荐、选票评选，队党委同意，授予办公室、人事科“2019 年度安全生产先进集体”荣誉称号；授予技术科“2019 年度安全生产先进集体”荣誉称号；授予吕晓霞、刘恒双、张森林、刘滋军、贾廷学、黄风光、彭闽东、于勇、王泽祥、侯贻芹、刘秀明、马莉莉、刘俊青等 13 名职工“2019 年度先进工作者”荣誉称号，现予以通报表彰（抢险人〔2020〕3号）。

(4) 7月1日，经漳卫南局党委批准，对机关直属各党组织2019—2020年度先进基层党组织、优秀共产党员和优秀党务工作者予以通报表彰。防汛抢险队第一党支部被漳卫南局机关党委评为2019—2020年度先进基层党组织，刘书奇、张森林、田晶被评为2019—2020年度优秀共产党员，黄风光被评为2019—2020年度优秀党务工作者。

（田晶）

【新冠肺炎疫情防控】

2020年防汛抢险队党委认真落实上级决策部署和属地有关要求，全面落实防控措施，成立应对新冠肺炎疫情工作领导小组，制定和印发《防汛抢险队防控新型冠状病毒感染肺炎疫情工作方案》，全面做好疫情防控工作。组织全队党员干部在疫情期间挺身而出，坚持工作，带领全队职工进行防疫值守，充分发挥党员先锋模范作用。协助社区摸底排查（返德情况、入住情况、健康情况、联系电话等），发放临时出入证，做好办公楼和居民区消毒防疫工作。在微信工作群发布防疫知识，对身边先进典型进行报道，印发抗疫专刊信息简报。组织党员干部自愿捐款，支持新冠肺炎疫情防控工作，全队共募集捐款4000元整。

（田晶）

【综合管理】

1. 制度建设

2019年，根据新形势新要求整理完善有关政务管理、财经与审计管理、人事与教育管理、安全管理等方面规章制度60余项，并编印成册。新制定会议、节水、档案管理、合同管理、车辆管理等制度20项。

2. 综合政务

(1) 8月18日，防汛抢险队召开2020年中工作会，聚焦主责主业，转变工作思路，安排部署2020年下半年重点工作任务。杨金贵作题为《齐心戮力　锐意进取全力开启抢险队发展新征程》的工作报告，并对2019年度先进单位和个人进行通报表彰。

(2) 成立防汛抢险队信息宣传工作小组，明确信息宣传员，大力开展信息宣传工作。2020年编辑印发简报12期，在漳卫南局网站刊发文章52篇。在全队推广漳卫南运河动态号，及时在单位工作群转发最新信息，做好宣传。进一步规范公文印发流程，做好档案规范化评估各项工作。2020完成收文180件、发文98件，完成档案规范化评估准备工作及档案安全工作。

（田晶）

【安全生产管理】

1. 安全生产制度

2020年年初，编写2020年抢险队安全生产工作要点，组织相关科室编制修订2020年安全生产管理制度，制定并印发《防汛抢险队安全生产专项整治三年行动实施方案》《防汛抢险队安全生产标准化3年（2020—2022年）建设方案》，开展安全生产标准化工作。

2. 安全生产会议

6月12日，召开安全生产会议，传达漳卫南局安全生产会议精神，同时启动安全生产月活动。

3. 安全生产检查

组织有关部门、人员开展了重大节假日、汛期前等重点时期的安全生产大检查工作，积极查找隐患，全年无安全事故发生。

4. 安全生产月活动

制定《防汛抢险队2020年安全生产月宣传活动实施方案》，大力开展安全生产宣传教育活动，召开安全生产会议1次，组织和参加安全生产培训2次，开展安全生产大检查1次。

5. 安全生产培训

开展安全生产培训班，提交海委组织的水利安全征文3篇，参加水利部组织的安全生产网络竞赛和“水安将军”答题活动共50人次，全队总成绩在漳卫南局17支参赛队中位列第七。

（田晶）

【党建工作】

1. 加强政治理论学习

深入开展专题党课学习，召开党建工作会议、“不忘初心、牢记使命”主题教育总结大会，巩固和强化教育成果，开展应知应会知识测试，提高党员综合素质和党建工作水平，2020年党委中心组集中学习14次。

2. 完善党建制度建设

制定和印发《理论学习中心组2020年理论学习计划》《防汛抢险队党支部标准化规范化建设实施方案（2019—2021）的通知》《防汛抢险队党委2020年全面从严治党主体责任清单》《防汛抢险队党委2020年全面从严治党监督责任清单》《防汛抢险队党委关于深入推进党建工作与业务工作深度融合的意见》等文件。

3. 推进党支部标准化规范化建设

严格执行“三会一课”制度；大力推进党支部建设，发挥战斗堡垒作用；严格按照发展程序，2020年发展培养对象3名，完成接收预备党员1名，预备党员按期转正2名。2020年8月举办党务培训班，系统学习《中央和国家机关党支部落实全面从严治党责任清单》等相关文件。

4. 完善党建活动阵地

开展党建制度上墙活动，明确主体责任，开展“节水优先、空间均衡、系统治理、两手发力”的治水思路和水利改革发展总基调的宣传；发放《习近平谈治国理政（第三卷）》《长江之子——郑守仁》和党报党刊等读物，丰富了学习素材。

5. 创新党建形式，丰富党建活动

通过“学习强国”“灯塔——党建在线”等网络平台紧跟时事进行党性教育，建立党支部微信工作群，及时安排部署各项党建任务，提升党建工作效率；开展“七一”主题党日活动，组织全体党员观看红色影片《沂蒙六姐妹》，观看全国抗击新冠肺炎疫情表彰大会上的讲话和抗疫剧《最美逆行者》；组织党员干部到“党报头条”新闻媒体中心参观学习，丰富党建活动。

6. 做好党建督查和巡查整改工作

根据漳卫南局第四轮巡察第一巡察组巡察“回头看”反馈意见和党建督查意见，防汛抢险队党委迅速安排部署成立整改工作领导小组，制订《防汛抢险队巡察整改工作落实情况的报告》和《党建督查整改情况的报告》，明确整改措施、整改时限、责任领导和责任部门，把各项整改措施落细落实落到位，做到件件有着落、事事有回音，确保取得实实在在的成效。

（田晶）

【党风廉政建设】

8月18日，防汛抢险队召开2020年党风廉政建设工作会议，全面总结2019年党风廉政建设和反腐败工作，安排部署2020年工作任务。签订《廉政建设承诺书》《党风廉政建设责任书》。

9月，开展廉政警示教育月活动，召开廉政警示教育月动员大会，制定了《防汛抢险队廉政警示教育活动方案》。举办廉政警示教育培训班，观看警示教育宣传片，修订及编印《廉政风险防控手册》。

（田晶）

【精神文明建设】

2020年继续保持“市级文明单位”称号。积极参与德州市文明城市创建工作，组织450人次参与文明交通劝导志愿服务，组织全体职工做好帮扶小区“创城”工作。举办4次青年理论学习小组专题学习，加强思想工作。

（田晶）

德州水利水电工程集团有限公司

【概况】

水利部海委漳卫南局德州水利水电工程集团有限公司（以下简称“水电集团公司”）是隶属于水利部海委漳卫南局具有水利水电施工总承包贰级资质的施工企业。集团公司内设5个科室和1个全资子公司，现有干部职工30人，其中在职人员29人、退休人员1人。

2020年单位主要负责人如下。

总 经 理：刘志军（2013年12月至2020年7月）

潘岩泉（2020年11月任；2020年7—11月主持工作）

副总经理：万军（2014年7月至2020年3月）

潘岩泉（2015 年 6 月至 2020 年 11 月）

副总经理：王宇（2020 年 9 月任）

刘红艳（2020 年 9 月任）

【生产经营】

（1）2020 年，水电集团公司共签订项目合同额约 5390 万元，主要为辛集闸浮桥建设 EPC 总承包项目、卫河界桩标识牌项目和系统外 5 个建设项目。完成收入约 4190 万元，主要来源为四女寺北闸除险加固项目和水利系统外项目。

（2）在坚定不移做好疫情防控工作的同时，全力推进四女寺枢纽北进洪闸除险加固工程、辛集闸交通桥临时浮桥工程项目建设。

（3）四女寺枢纽北进洪闸除险加固工程标段施工全部完工并通过验收。辛集闸交通桥临时浮桥工程建设项目是水电集团公司第一次承建浮桥类工程，在项目建设资金短缺、工期紧、任务重的情况下，积极调配骨干力量，及时合理调整工期，确保了浮桥项目于 12 月 1 日完成投入使用验收。

（王海英）

【企业管理体制调整】

按照漳卫南局党委关于水电集团公司管理体制调整的要求，水电集团公司积极推进管理体制调整的各项工作，完成对各养护公司人员划转、档案交接及党组织关系转接工作，各子（分）公司之间的债权债务基本理清，并账工作基本完成。

结合水电集团公司管理体制调整后实际和发展需要，梳理现有管理制度，制定制度建设清单，共涉及制度 18 项，其中完成修订制度 13 项，建立制度 2 项，废止 3 项。按照上级文件要求，完成年度工资总额预算申报工作，水电集团公司严格按照漳卫南局的批复，确保年度工资总额发放不超标准。

（王海英）

【新冠肺炎疫情防控】

自新冠肺炎疫情发生以来，水电集团公司党委坚决贯彻落实习近平总书记重要指示批示精神，把疫情防控作为压倒一切的政治任务，及时召开专题会议安排相关工作，成立应对新冠肺炎疫情工作领导小组，制定疫情防控方案，严格落实各项防疫措施。在值守人员不足情况下，水电集团公司党员干部冲锋在前，迎难而上，24 小时社区轮值坚守，为疫情防控贡献自身的力量。疫情缓解后，及时做好公司复工复产工作，对在建项目部明确疫情防控第一责任人，完善各项疫情防控举措，做好防护物资和防疫人员配备，严格返岗人员健康检查，强化宣传引导，确保项目施工平稳有序开展。

（王海英）

【党建工作】

组织召开“不忘初心、牢记使命”主题教育总结大会，总结了主题教育的成效及经验，对进一步巩固和扩大主题教育成果进行了部署。全面落实党建工作责任，认真组织开展“三会一课”、民主评议党员、主题党日等党组织生活。完善党组织结构设置，成立了

第一党支部和第二党支部，按要求配备支部委员。扎实做好“灯下黑”专项整治工作，对党建工作存在问题进行自查，制定下发实施方案，确保问题整改工作落实见效。强化全面从严治党主体责任落实，组织召开 2020 年水电集团公司党风廉政建设工作会议，制定印发《2020 年全面从严治党主体责任清单》《2020 年全面从严治党监督责任清单》《2020 年全面从严治党工作要点》。认真开展警示教育，组织召开警示教育大会，制定印发警示教育相关方案。

（王海英）

【其他工作】

组织召开职工大会，完成工会换届选举工作；“五一”“十一”节假日到项目部慰问坚守一线的职工；组织职工开展交通引导、社区清扫等一系列活动；完成节水机关建设相关工作；顺利通过了 2020 年水利档案工作规范化管理三级单位评估验收；安全生产保持良好态势，未发生安全生产责任事故；完成环境和质量管理体系复审工作。

（王海英）